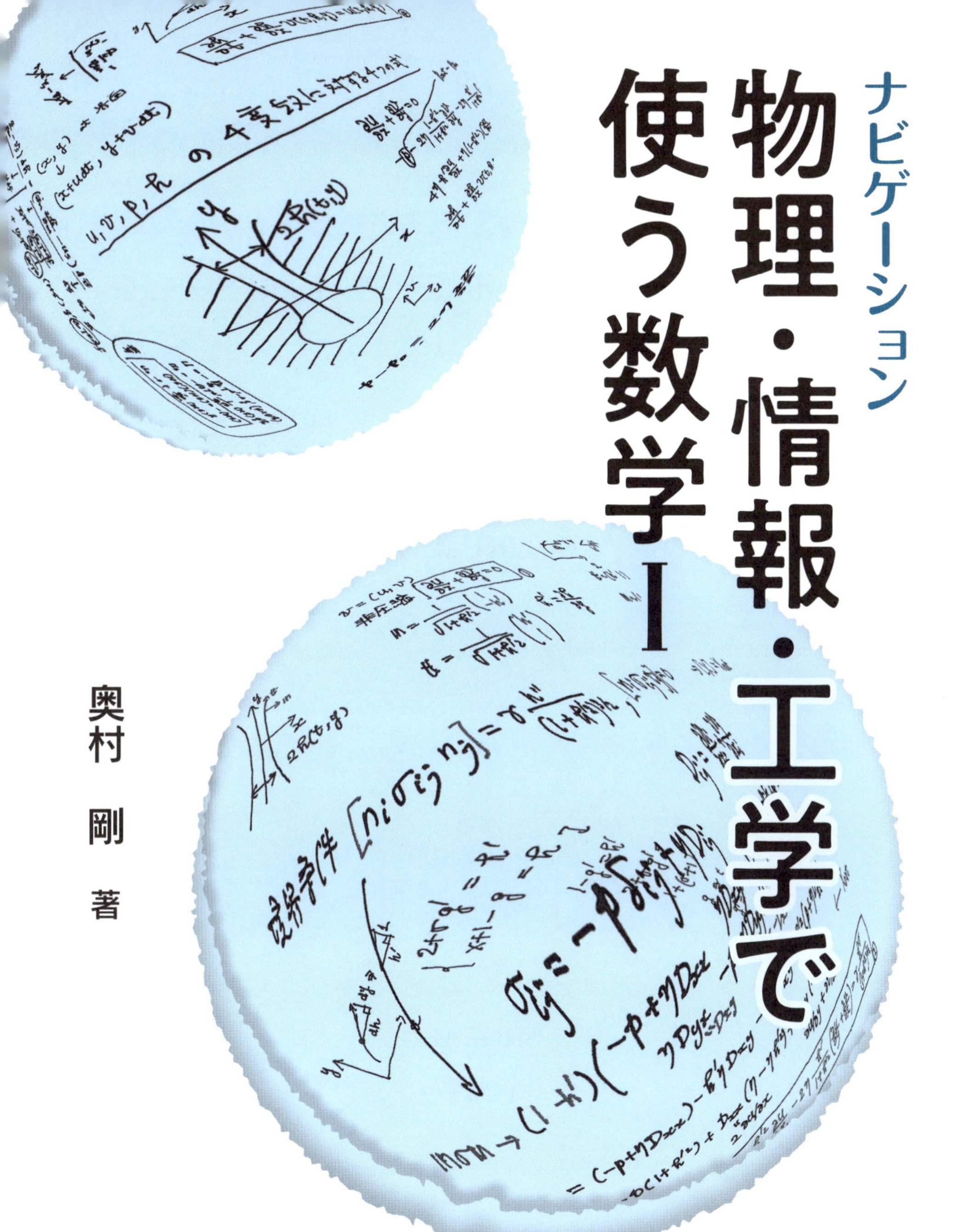

ナビゲーション

物理・情報・工学で使う数学 I

奥村 剛 著

裳華房

Mathematical Methods for Physical Sciences
Vol. I

by

Ko OKUMURA

SHOKABO

TOKYO

まえがき

この教科書は，私がお茶の水女子大学の物理学科で毎年，約 20 名程度の学生を前に，25 年近くおこなってきた授業のノートをもとに書き上げたものである．学生からくり返し質問を受けてきた場所などをしっかりと反映してある．すべての内容をマスターすれば，物理学科のどの研究室へ行っても対応ができる基礎が身につく．他大学に比べ決して総数は多くないかもしれないが，この授業を受けた学生たちが，産学の研究の第一線で活躍したり，高校の物理教諭をはじめとして，いろいろな意味での教育者となったりしていることを私は誇りに思っている．

この教科書は，あたかも授業を聞いているように読み進めることができるよう，構成とレイアウトをいままでにない斬新なものにした．自習書として使う人にも理解しやすいレイアウトであると信じている．とくに，私が最近書いた一般啓蒙書『印象派物理学入門 — 日常にひそむ美しい法則 —』(2020，日本評論社)の読者が，大学数学を勉強してみたいと思うこともあると思い，そのような読者にも対応できるよう配慮した．また，このスタイルは，既修者が基礎を確認するためにも効果的であると思う．既修者は，しっかりわかっていれば〝板書〞だけを見れば効果的な復習ができる．あやふやであれば，〝レクチャー〞のコメントで理解を深めればよい．扱っている範囲からしても，このような利用法をすれば，物理・情報・工学の数学系科目の大学院入試の対策本としての利用にも適しているだろう．話の流れをつかみやすくするために，難しくはないが理解を完成するために必要な **HW** を効果的に配置した点も特色になっている．まずは **HW** は飛ばして一読して流れをつかんでから，**HW** に取り組みながら，もう一度読んで完全な理解に到達してほしい．本書の独特のスタイルは，情報や工学系の学生の数学の習得にも役に立つと信じている．

ここで，本書で取りあげる範囲についての基本的考えを述べておく．

学問が進んでくると，その世界に若くして挑む研究者には，膨大な過去の研究を勉強しなくてはならないのでは，という問題がつきまとうかもしれない．しかし，実は，物理の独創的な研究をおこなうのには，必ずしもたくさんのことを勉強しつくしてからでなくてもよい．むしろ，あまり分野の常識を身につけてしまわないほうがよいことすらある．また，良質な基礎を深く理解していれば，研究に必要なテクニカルなスキルは，短期間で習得することができる．このことは，この本の第 II 巻，178 ページのコラムでも取りあげるので参考にしてほしい．

私は，この教科書を書く際に，このことを頭に置き，取りあげる題材の選択をした．具体的には，網羅的であるより，学部レベルの物理で直接に必要になる数学を中心に取りあげ，大学院レベルでどの分野に進んでも基礎として必要になる事柄は，ほんのさわり程度にとどめたり(偏微分方程式など)，あるいは，まったく取りあげなかったりした(群論，グリーン関数など)．こういう判断をしたのは，このような理由に基づいている．そこで皆さんには，この教科書にある題材をしっかりと身につけ，まずは学部レベルの物理を克服し，その面白さを味わってほしい．一方で，付録には，通常このレベルの教科書では扱わない微分形式をなるべく平易に解説してみたので，挑戦してみてほしい(学部レベルでは相対論の習得に役立つであろう)．

第 I 巻の第 1 章は無限級数・べき級数から始まる．大学の関数はべき級数で定義され，それによって第 2 章で複素数への関数の拡張がなされる．第 3 章では熱力学を学ぶために必要な多変数の微分である偏微分について触れる．そして第 4 章では，量子力学を学ぶのに避けて通れない線形代数を学ぶ．第 5 章で大学の力学に必要な 1 変数の微分方程式である常微分方程式を扱う．第 6 章では多変数の積分について学び，電磁気学の習得に必要な数学に備える．分冊の都合上，付録はすべて第 I 巻に収めた．第 II 巻では，ベクトル解析，特殊関数，複素関数論，フーリエ級数，積分変換，偏微分方程式，級数解法・直交関数系へと進む．

これまでにない，まったく新しい試みとなる本書の独特なスタイルの実現は，本書担当編集者の亀井祐樹氏の存在なしにはあり得なかった．内容を完全に理解しつつ膨大な作業を緻密におこなってくださったことに深く感謝し，このスタイルが読者に広く受け入れられることを願っている．なお出版後に判明した訂正事項については(株)裳華房の Web ページ(https://www.shokabo.co.jp/mybooks/ISBN978-4-7853-2830-6.htm)などでお知らせしたい．

2024 年 10 月

奥村　剛

目　　次

1. 無限級数，べき級数

2. 複 素 数

3. 偏 微 分

4. 線形代数

5. 常微分方程式

6. 多重積分とその応用

付　録

『II巻』主要目次

CHAPTER 1

無限級数，べき級数

大学では，高校で習った無限級数で関数を定義します．たとえば三角関数も，実は無限級数として表すことができるのです．その準備として，まず高校で習った等比級数の復習から入ります．収束性の議論が出てきますが，これについては直感的な説明にとどめることにします．くわしく知りたい人は付録 A.1 を参照してください．

1.1　等比級数

❶

$a,\ ar,\ ar^2,\ ar^3,\ \cdots$

和：$S_n = \dfrac{a(1-r^n)}{1-r} \qquad (r \neq 1)$

↑ HW1

無限級数

$$a + ar + ar^2 + ar^3 + \cdots + ar^{n-1} \underbrace{+ \cdots}_{\text{無限に続く}}$$

和：$S = \lim_{n \to \infty} S_n$

収束条件：$|r| < 1 \quad \longrightarrow \quad S = \dfrac{a}{1-r}$

1.2　定義と記法

2

3

$$\begin{cases} a_1 + a_2 + a_3 + \cdots + a_n + \cdots = \sum_{n=1}^{\infty} a_n & (1) \\ a_0 + a_1 + a_2 + \cdots + a_n + \cdots = \sum_{n=0}^{\infty} a_n & (2) \end{cases}$$

4

$$x - x^2 + \frac{x^3}{2!} - \frac{x^4}{3!} + \cdots \qquad (3)$$

x ← $n=1$ or $n=0$

$\dfrac{x^3}{2!}$ ← $n=3$ or $n=2$

$$= \begin{cases} \sum_{n=1}^{\infty} \dfrac{(-1)^{n-1}}{(n-1)!} x^n & (\text{初項 } x : n=1) \qquad (4) \\ \sum_{n=0}^{\infty} \dfrac{(-1)^n}{n!} x^{n+1} & (\text{初項 } x : n=0) \qquad (5) \end{cases}$$

1.3 級数の収束と発散

部分和 $S_n = \sum_{m=1}^{n} S_m$ ❺

無限級数の和

$$S = \lim_{n\to\infty} S_n$$ ❻

- S が有限確定 ⟶ "S に収束" ❼
- そうでない ⟶ "発散級数"

❶ 大学では，高校生のときに習った無限級数で関数を定義します．そのために，まず高校で習った等比級数を復習しましょう．

❷ ここで，今後用いる記法(記号の使い方，notation)を紹介しましょう．

❸ たいていの場合，初項は $n = 1$ または $n = 0$ とします (式(1)と(2))．

❹ 式(3)では，初項 x を $n = 0$ と見るか，$n = 1$ と見るかで，一般項の表記が変わってきます(式(4)と(5))．

❺ 次に，無限級数の収束と発散を考えます．今度は，等比級数ではない場合も含めて一般的に考えるので，その収束性をどのように判断するか，という問題です．

❻ 第 n 項までの和である部分和 S_n を考え，次いで n を無限大にしたときの振舞いを考え，S が有限で確定した値をとれば収束，そうでなければ発散と定義します．

❼ これから，このように定義した収束性を判定する方法を紹介していきます．ここでは天下り的に，結果として知られている事実を紹介して，それを直感的に説明するのみとします(興味のある人は，付録 A.1 を勉強してください)．

1.4 収束性のチェック

第1テスト(必要条件)

❶

$$\lim_{n\to\infty} a_n \begin{cases} =0 & \text{収束するかもしれない} \\ \neq 0 & \text{発散} \end{cases}$$

❷

例 調和級数

❸

$$\sum_{n=1}^{\infty} \frac{1}{n} = 1 + \frac{1}{2} + \frac{1}{3} + \cdots$$

第1テスト OK(実は発散)

例 $\frac{1}{2} + \frac{2}{3} + \frac{3}{4} + \frac{4}{5} + \cdots$

❹

$$a_n = \frac{n}{n+1} \xrightarrow{n\to\infty} 1 \quad ➡ \text{発散}$$

1.5 収束判定法

1.5.1 “公比” テスト

5

$$\rho_n = \left| \frac{a_{n+1}}{a_n} \right|, \quad \rho = \lim_{n\to\infty} \rho_n \tag{1}$$

$$\rho \begin{cases} <1 & \text{収束} \\ =1 & \text{別にテストが必要} \\ >1 & \text{発散} \end{cases} \tag{2}$$

例 $a + ar + ar^2 + \cdots + ar^n + \cdots \qquad (a \neq 0)$

6

$$\rho_n = \left| \frac{ar^{n+1}}{ar^n} \right| = |r|$$

$$\rho = |r|$$

$\therefore\ |r| < 1$ 収束，$|r| > 1$ 発散

☑**注** この場合，$|r| = 1$ のときは，実は発散($\because\ a + a + \cdots = \infty$)

例 $1+\frac{1}{2!}+\frac{1}{3!}+\cdots+\frac{1}{n!}+\cdots$ 7

$$\rho_n=\left|\frac{n!}{(n+1)!}\right|=\frac{1}{n+1}\xrightarrow{n\to\infty}\rho=0$$

$\rho<1$ なので収束

❶ まず最初にチェックしておくべきなのはこの第 1 テストです．一般項 a_n が，n を無限大にもっていったときどう振る舞うかを見ます．これで必要条件が調べられます．

❷ 収束性の議論には，n が大きなときに a_n がどう振る舞うかが大切になります．なぜなら，n が有限である限り，S_n は有限だからです．そう考えれば，第 1 テストに通過しなければ望みはなさそうだ，と直感的に了解できるでしょう（n が大きいところで有限の値をもっていたら，それをたくさん足すことになって発散してしまう）．

❸ この **例** は，一般項が $\frac{1}{n}$ の場合．これは**調和級数**とよばれます．この場合は第 1 テスト通過です．ただ，あとでわかるように，実は，この級数は発散します．

❹ この **例** では，一般項は，n が無限大で 1 となるため，発散と判断できます．

5 次に〝**公比**〟**テスト**です．これは，式(1)のように定義される〝公比〟ρ_n あるいは ρ を使って，式(2)のように判定します．このように ρ が定義できるなら，a_n は n が十分大きな場合には公比 ρ の等比数列のように振る舞うことになります．ですので式(2)の判定が妥当なことは直感的には納得ができますね（付録 A.1.1 参照）．

6 ρ_n は，この **例** でわかるように，等比数列の場合には**公比**そのものになります．だから〝公比〟テストです．

7 この **例** は，第 1 テストを通過する場合です．

例 再び調和級数：$1+\frac{1}{2}+\frac{1}{3}+\cdots+\frac{1}{n}+\cdots$ ❶

$$\rho_n=\left|\frac{n}{n+1}\right| \longrightarrow \rho=1$$

判定不能(実は発散)

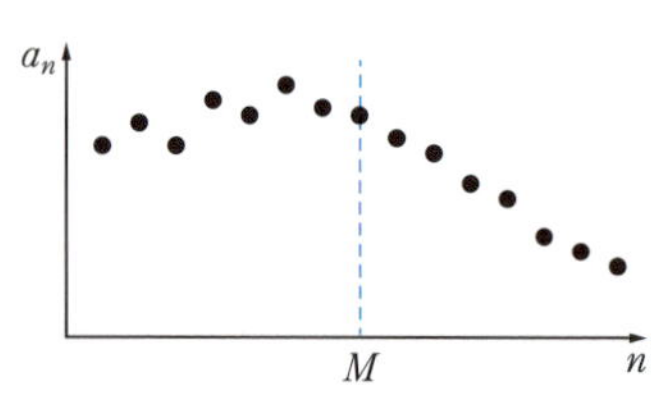

1.5.2　積分テスト ❷

各項が**正**．図のように，ある程度以上大きな n に対して a_n が**単調減少**

❸

$$\underbrace{\int^{\infty}}_{\text{上端のみ評価}} a_n dn \text{ が} \begin{cases} \text{有限} \longrightarrow \sum_n a_n \text{ は収束} \\ \text{発散} \longrightarrow \sum_n a_n \text{ は発散} \end{cases} \tag{3}$$

例 $\sum_n \frac{1}{n^2}$ ❹

$$\int^{\infty}\frac{1}{n^2}dn=\left[-\frac{1}{n}\right]^{\infty}=0 \longrightarrow \text{収束}$$

☑**注** $\left[-\frac{1}{n}\right]_0^{\infty}=0+\infty$　としてはいけない

例 $p>0$ に対し，$\sum_n \frac{1}{n^p}$ は $\begin{cases} p>1 & \text{収束} \\ p\leq 1 & \text{発散} \end{cases}$ (4) ❺

HW1 実数 p に対し($p>0$)，式(4)を示せ

ヒント　$p=1$ のとき $\int\frac{dx}{x}=\log x$

$$p \neq 1 \text{ のとき } \int\frac{dx}{x^p}=\frac{1}{1-p}x^{1-p} \xleftrightarrow[p\neq 1]{p=1-q} (x^q)'=qx^{q-1} \tag{5}$$

$\because y=x^q$ とおくと ❻

$$\log y=q\log x$$

❶ この 例 は，第1テストでは判断がつかない例です(これは，先に出てきた調和級数なので，実は発散します).

❷ 次は**積分テスト**です．ここでは各項が正の場合を考えます．収束性の議論には，すでに述べたとおり，n が大きなときに a_n がどう振る舞うかが大切になります．ここでは，n が十分大きなときに，a_n が単調減少している場合を考えます(数学的には，〝ある整数 M が存在し，n が M 以上で**単調減少**〟と表現します).

❸ このとき，収束性は式(3)のようにして判断できます(付録 A.1.2 参照)．ここで，式(3)の積分記号の下端に何も書いてありませんが，この積分記号は，本来，整数の n を連続な実数変数と見なして積分をしたあと，その上端での値(無限大での値)だけを代入した結果を表すものです．

なお，各項が正の場合を考えましたが，全部が負のときは全項の符号を付けかえれば，同じ議論で収束性が議論できます(あとで，符号が代わる代わる交代する交代級数も扱います)．さっそく，積分テストを使ってみましょう．

❹ この 例 は，収束と判断できる例です．積分の下端の値に0を入れてしまって考えるとまちがえますので注意(☑注 参照).

❺ この 例 は，今後，公式として使ってもよい重要な結果です． HW1 で確めてください．積分テストによれば，実数 p に対して，n^p の n での積分がわかれば，この公式(4)が了解できるはずですが，これには，ヒントに示したように $p=1$ と $p \neq 1$ の場合に分けて示してください．

❻ 式(5)の積分公式は，p が整数のときには，高校生で習ったものですが，実は，次ページの式(6)にいたる式変形で示したように p が(1 でない)一般の有理数に対して成立します($p=1$ のときは，高校のときから知っている式(5)を使う).

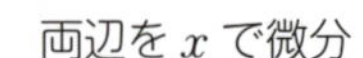

両辺を x で微分

$$\frac{y'}{y} = \frac{q}{x} \longrightarrow y' = \frac{q}{x} y = q x^{q-1} \tag{6}$$

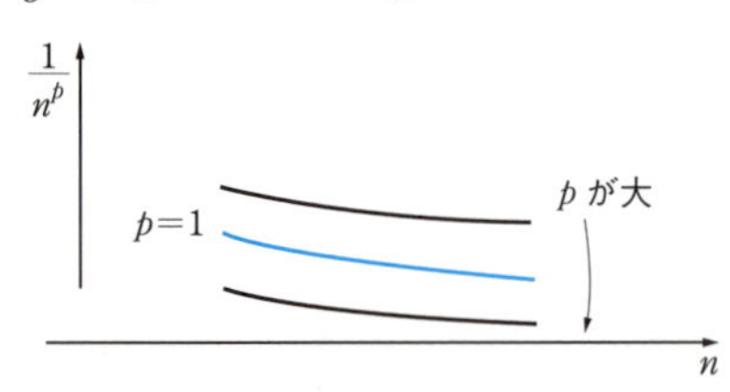

1.5.3　その他

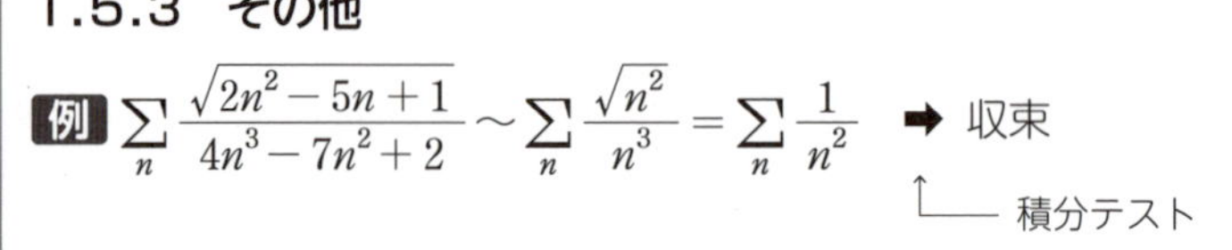

例 $\sum_n \frac{\sqrt{2n^2-5n+1}}{4n^3-7n^2+2} \sim \sum_n \frac{\sqrt{n^2}}{n^3} = \sum_n \frac{1}{n^2}$ ➡ 収束

└── 積分テスト

例 $\sum_n \frac{3^n - n^3}{n^5 - 5n^2} \sim \sum_n \frac{3^n}{n^5}$

$\because n \to \infty$ のとき $3^n \gg n^3$ ← HW2

⟶ 公比テスト

$$\rho_n = \frac{3^{n+1}}{(n+1)^5} \frac{n^5}{3^n} \xrightarrow{n\to\infty} \rho = 3 > 1$$ ➡ 発散

1.6　交代級数

例 $$1 - \frac{1}{2} + \frac{1}{3} - \frac{1}{4} + \cdots \tag{1}$$

交代級数の収束条件：$\lim_{n\to\infty} |a_n| = 0$ 　(2)

⟶ 式(1)は収束

❶ $\sum_n a_n$ が十分に広い範囲の n に対する和であるとき，これが積分 $\int dna_n$ に対応して〝曲線 $y = a_n$ と n 軸に囲まれた面積に相当する〟ことに気づけば，積分テストの妥当性が直感的に理解できるでしょう．さらに，この理解に基づけば，公式(4)も直感的に理解できます．このグラフに示したように，$\frac{1}{n^p}$ は n の関数として見ると，p が大きいほど，n が大きいところで急激に減少します．なので，ある p を境に，p が小さければ発散，大きければ収束すると直感的に予想できるでしょう．この公式(4)は，発散する境界値が $p = 1$ であることを示しています．

❷ その他，より複雑な一般項の場合を考えてみましょう．収束性の判定にはとにかく n が大きいところの振舞いを見ればよく，また比例係数も 1 に見なしてしまって判定すればよいので，この最初の **例** のように収束性が判定できます．つまり，まず分子のルートの中身でいちばん大きくなる項だけを残し，その係数を 1 としています．さらに，分母でも同様にし，そして分母と分子の比をとって判定しています．

❸ この **例** では，まず分子の大小関係を見て，大きいほうを残します．n の関数と見たときに指数関数のほうが，べき関数よりも n が大きいところで大きくなることに注意してください(**HW2** のヒント：グラフを用いる．あるいは，両辺の対数をとった式を示す)．

次に，分母の大きい項を残します．最後に，公比テストをして判定します．

4 次は，前述の交代級数です．この場合の収束性は，式(2)のように，絶対値をつけた一般項が第 1 テストを通過すれば直ちに収束する，との判断になります．

直感的には，プラス部分の和とマイナス部分の和があるので，符号が一定の場合よりも収束しやすいという直感から，受け入れやすい結論でしょう．式(2)より，式(1)は収束すると判定できます．

1.7　べき級数と収束域 ❶

$$1-\frac{x}{2}+\frac{x^2}{4}-\frac{x^3}{8}+\cdots+\frac{(-x)^n}{2^n}+\cdots \tag{1}$$

$$1+\frac{x+2}{\sqrt{2}}+\frac{(x+2)^2}{\sqrt{3}}+\cdots+\frac{(x+2)^n}{\sqrt{n+1}}+\cdots \tag{2}$$

$$\sum_{n=0}^{\infty}a_n(x-x_0)^n=a_0+a_1(x-x_0)+a_2(x-x_0)^2+\cdots \tag{3}$$

例 式(1)の収束性 ❷

$$\rho_n=\left|\frac{a_{n+1}}{a_n}\right|=\left|\frac{(-x)^{n+1}}{2^{n+1}}\cdot\frac{2^n}{(-x)^n}\right|=\left|\frac{x}{2}\right|\xrightarrow{n\to\infty}\rho=\left|\frac{x}{2}\right|$$

- $\rho<1 \Longleftrightarrow |x|<2$ のとき収束
- $\rho=1$ のときは別に調べる ❸

$x=2$ のとき $1-1+1-1+\cdots$ ｝発散
$x=-2$ のとき $1+1+1+1+\cdots$ ｝発散

$\Longrightarrow -2<x<2$ で収束：

例 式(2)の収束性 ❹

$$\rho_n=\left|(x+2)\sqrt{\frac{n+1}{n+2}}\right|\xrightarrow{n\to\infty}\rho=|x+2| \tag{4}$$

- $\rho<1 \Longleftrightarrow |x+2|<1$ のとき収束
  $\longrightarrow -1<x+2<1$ で収束
  $\longrightarrow -3<x<-1$ で収束
- $\rho=1$ のとき ❺

$x=-3$ のとき

$$1-\frac{1}{\sqrt{2}}+\frac{1}{\sqrt{3}}-\frac{1}{\sqrt{4}}+\cdots\longrightarrow 収束$$

↑ 交代級数かつ $|a_n|\to 0$

$x = -1$ のとき

$$1 + \frac{1}{\sqrt{2}} + \frac{1}{\sqrt{3}} + \frac{1}{\sqrt{4}} + \cdots \longrightarrow \text{発散}$$

└ $\sum_n \frac{1}{n^p}$

$\Longrightarrow$ 式(2)は $-3 \leq x < -1$ で収束：

例 $x - \frac{x^2}{2} + \frac{x^3}{3} - \frac{x^4}{4} + \cdots + \frac{(-1)^{n+1}}{n} x^n + \cdots$ ❻

$\Longrightarrow$ $-1 < x \leq 1$ で収束

└ **HW1**

ヒント　式(4)と同様に，公比テストで $\rho_n \to \rho$ を求め，さらに $\rho = 1$ で場合分け

レクチャー

❶　次に，べき級数について説明します．式(1)や(2)がその例です．一般的には，式(3)のような，$x - x_0$ のべき乗の和として書けるものをいいます．x を変数と見なすと，べき級数は，x の関数と見なせることに注意してください．

❷　それでは，これらのべき級数の収束性を調べましょう．まずは，式(1)の場合から．公比テストを使うと，簡単に収束域が出てきます．

❸　ただし $\rho = 1$ のときは，ここに示したように個別に調べないとわかりません．

❹　式(2)も，この **例** のように同様に調べることができます．

❺　$\rho = 1$ のときは，やはり個別に調べます．このとき，いままでに習った収束判定法をフル活用しましょう．

❻　この **例** は，各自で **HW1** のヒントを参考に，収束域を調べてみましょう．

例 $x - \dfrac{x^3}{3!} + \dfrac{x^5}{5!} - \cdots + \dfrac{(-1)^{n+1}}{(2n-1)!}x^{2n-1} + \cdots \quad (= \sin x)$　(5)　❶

$$\rho_n = \left|\frac{(2n-1)!}{\{2(n+1)-1\}!}x^2\right| = \left|\frac{x^2}{(2n+1)2n}\right| \xrightarrow[x固定]{n\to\infty} \rho = 0$$ ❷

$\Longrightarrow$ すべての x で収束

1.8　収束級数

3

収束域では，級数を用いて関数を定義できる

$$S(x) \equiv \sum_{n=0}^{\infty} a_n x^n \qquad (x は収束域にある) \tag{1}$$

性質　4

1 項別に微分，積分ができる

2 2つの級数は加減乗除できる

3 代入できる

4 べき級数は一意

☑**注** 合成してできた級数の収束域には注意が必要

1.9　関数のべき級数展開

例 $\sin x$　❺

$x = 0$ のまわりで級数展開できると**仮定**

$$\sin x = a_0 + a_1 x + a_2 x^2 + a_3 x^3 + \cdots + a_n x^n + \cdots \tag{1}$$

この展開が存在

$\Longrightarrow$ $x = 0$ は収束域．$x = 0$ で成立

$\Longrightarrow$ 式(1)で $x = 0$

$$0 = a_0 \tag{2}$$

収束していれば項別微分できるので式(1)より　❻

$$\cos x = a_1 + 2a_2x + 3a_3x^2 + \cdots + na_nx^{n-1} + \cdots \tag{3}$$

$x = 0$ とする

$$1 = a_1 \tag{4}$$

❶ 式(5)は，実はすぐあとで示すように $\sin x$ そのものです．すべての x で収束し，$\sin x$ に一致します．

❷ ここで，〝x を固定して n を無限大にしたときの極限を考える〞ことに注意してください．

❸ 無限級数は，収束域では，関数の定義として使うことができます．実際，大学の数学では，式(1)に示したように無限べき級数で関数を定義すると，いろいろと便利なことがわかってきます．

❹ 無限級数で定義された関数(当然，収束性は保証されているとします)は次の[1]から[4]の性質をもちます．これらの言葉の意味は，追々説明していきます．

❺ この **例** では，$\sin x$ の場合を例に，〝べき級数展開〞を導いてみます．

まず，式(1)のような展開が存在すると仮定をして話を始めます．式(1)で $x = 0$ とおくと式(2)のように係数 a_0 が求められます．

❻ さらに，各項の足し算として表されている表現の微分は，それを項ごとに微分してやればよいことを使います．これを〝項別に微分ができる〞と表現します(上の性質 [1])．そして，式(3)で $x = 0$ とおけば，式(4)のように係数 a_1 が求められます．

❶

式(1)をもう1回微分

$$-\sin x = 2a_2 + 6a_3x + \cdots + n(n-1)a_nx^{n-2} + \cdots$$

$x=0$ とおく

$$0 = 2a_2$$

もう1回微分

$$-\cos x = 6a_3 + \cdots = 3\cdot 2\cdot 1\, a_3 + \cdots$$

$x=0$ として

$$-1 = 3!\, a_3$$

まとめると

$$a_0 = 0, \quad a_1 = 1, \quad a_2 = 0, \quad a_3 = -\frac{1}{3!}, \quad \cdots$$

ゆえに式(1)より

$$\sin x = x - \frac{x^3}{3!} + \frac{x^5}{5!} + \cdots + (-1)^n \frac{x^{2n+1}}{(2n+1)!} + \cdots \qquad (5)$$

❷

収束域 ⟶ すべての x で収束

↑―― 12ページ冒頭の **例**

HW1 上の計算を，式(5)の x^5 まで確めよ

❸

☑**注** $\sin x \simeq x \quad (x \ll 1) \qquad (6)$

↑ x がラジアンのとき成立

たとえば $30^\circ = \dfrac{\pi}{6} < 1$ なので

$$\sin\frac{\pi}{6} \sim \frac{\pi}{6}$$

は悪くない〝近似〟（～は近似，≒と同じ）

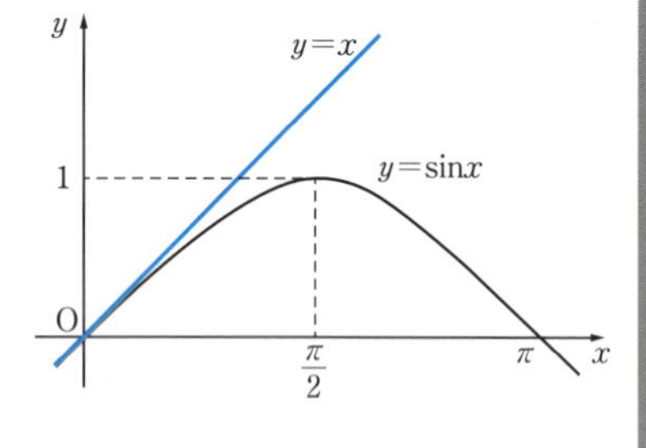

❹

1.9.1 テーラー展開

〝$x=0$ のまわり〟 ⟶ 〝$x=b$ のまわり〟

$$f(x) = a_0 + a_1(x-b) + a_2(x-b)^2 + \cdots + a_n(x-b)^n + \cdots \qquad (7)$$

$$f'(x) = a_1 + 2a_2(x-b) + 3a_3(x-b)^2 + \cdots + na_n(x-b)^{n-1} + \cdots$$

$$f''(x) = 2a_2 + 3\cdot 2a_3(x-b) + \cdots + n(n-1)a_n(x-b)^{n-2} + \cdots$$

$$\vdots$$

$$f^{(n)}(x) = n!\,a_n + \square(x-b) + \square(x-b)^2 + \cdots$$

$x = b$とおく

$$f(b) = a_0, \quad f'(b) = a_1, \quad f''(b) = 2!\,a_2, \quad \cdots$$

$$\Longrightarrow \quad f^{(n)}(b) = n!\,a_n \tag{8}$$

❺

❶ さらに，以下のようにくり返していくと，係数a_nが決まり，展開が式(5)のように定まります．

❷ この収束域が〝すべてのx〟であることはすでに示しました(12ページ冒頭の **例**)．

❸ 展開(5)はxがラジアン(rad)で表されているときに成立します．これは，式(6)の近似式が成立することを示していますが，このことは右のグラフからも納得できますね．さらに，この☑**注** に説明しているように，xが角度にして30°であっても，第1項だけである程度良い近似になっていることがわかります．

❹ 次に，関数を$\sin x$ではなく，一般の$f(x)$にして，(さらに$x = 0$ではなく)$x = b$のまわりでの展開を考えて，同じように考えてみます．つまり，式(7)の展開が存在すると仮定し，項別微分した式が$x = b$でも成立するとします．

❺ こうして，式(8)が得られます．ここでn階微分を表すのに$f^{(n)}$という記法を使いました．$0! = 1$であることに注意すると，$n = 0$のときも含めて，この式が成立することに注意してください．

したがって式(7)より，次の**テーラー展開**が成立

$$f(x) = f(b) + f'(b)(x-b) + \frac{1}{2!}f''(b)(x-b)^2 + \cdots + \frac{1}{n!}f^{(n)}(b)(x-b)^n + \cdots \quad (9)$$

$b=0$ のまわり ⟶ **マクローリン展開**

$$f(x) = f(0) + f'(0)x + \frac{1}{2!}f''(0)x^2 + \cdots + \frac{1}{n!}f^{(n)}(0)x^n + \cdots$$

❶

☑**注** テーラー展開できない場合もある ❷

例 $\frac{1}{x}$，$\log x$ は $x=0$ のまわりで展開できない

例 $\frac{1}{1+x} = 1 - x + x^2 - \cdots$ ❸

$|x| > 1$ のとき発散 ⟵ 公比テストで確めよ(**HW2**)

❶　こうして，**テーラー展開**の公式(9)が得られます．とくに $b=0$ の場合を，**マクローリン展開**といいます．テーラー展開を求めるには，公式(9)を使ってひたすら微係数を求めていってもよいですし，式(5)や(9)を求めたように展開の存在を仮定してその式を次々に微分して求めていってもよいです．

代表的な展開公式　❹

$$\sin x = x - \frac{x^3}{3!} + \frac{x^5}{5!} - \cdots \quad (\text{収束域：すべての } x) \tag{10}$$

$$\cos x = 1 - \frac{x^2}{2!} + \frac{x^4}{4!} - \cdots \quad (\text{収束域：すべての } x) \tag{11}$$

$$e^x = 1 + x + \frac{x^2}{2!} + \frac{x^3}{3!} + \cdots \quad (\text{収束域：すべての } x) \tag{12}$$

$$\log(1+x) = x - \frac{x^2}{2} + \frac{x^3}{3} - \frac{x^4}{4} + \cdots \quad (\text{収束域：} -1 < x \leq 1) \tag{13}$$

❺

HW3 式(11)と(12)を導出せよ

❷　ただし，そもそもテーラー展開できないこともあります．

❸　この **例** は，ある条件の場合にだけ収束し，その条件のもとで関数の定義として使える場合です．

❹　このように，式(5)にいたる方法と，式(9)を使う方法の2つの展開方法がありますが，これらの方法を使って，ここにあげた式4つの代表的な結果を，収束性も含めて確めてみてください(**HW3**)．

❺　なお以上の話から，ある関数に対応する無限べき級数は，それが存在するならば一意であることがわかったと思います(12ページの性質 4)．

1.10　べき級数展開を得る他の方法

❶

1.10.1　多項式×級数など

例 $(x+1)\sin x = (x+1)\left(x - \frac{x^3}{3!} + \frac{x^5}{5!} - \cdots\right)$

$$= x + x^2 - \frac{x^3}{3!} - \cdots$$

↑ **HW1**

❷

例 $e^x \cos x = \left(1 + x + \frac{x^2}{2!} + \cdots\right)\left(1 - \frac{x^2}{2!} + \frac{x^4}{4!} - \cdots\right)$

$$= 1 + x - \cdots$$

↑ **HW2** x^2 の係数が 0 であることも確めよ

❸

1.10.2　級数÷多項式など

例 $\frac{1}{x}\log(1+x) = \frac{1}{x}\left(x - \frac{x^2}{2} + \frac{x^3}{3} - \cdots\right)$

$$= 1 - \frac{x}{2} + \frac{x^2}{3} - \cdots$$

❹

1.10.3　代入法

例 $e^{-x^2} = 1 + (-x^2) + \frac{(-x^2)^2}{2!} + \cdots$

↑ 公式(12)で $x \to -x^2$

❺

1.10.4　組合せ

例 $\int_0^x \frac{dt}{1+t^2} = \int_0^x dt\,(1 - t^2 + t^4 - \cdots)$

↑ $\frac{1}{1+X} = 1 - X + X^2 - X^3 + \cdots$

↑ **HW3** 次の 2 通りの方法で確めよ

①公式(9)を使う

②公式(13)の両辺を微分する

❻

$$= \left[t - \frac{t^3}{3} + \frac{t^5}{5} - \cdots\right]_0^x$$

$$= x - \frac{x^3}{3} + \frac{x^5}{5} - \cdots$$

❶　以上のやり方では，基本的にもとの関数を何度も微分する必要があり，積の微分公式を使わなければならないときには，高次の係数を求めるのは大変です．そのような場合に使えるラクな方法を紹介します．

❷　この **例** のように，多項式と関数が掛け算になっているときには，このように展開しても，テーラー展開を正しく求めることができます．テーラー展開は，近似式として最初の数項が知りたいことが多いので，そのような場合には有効な方法です．

❸　この **例** のように，2つの級数展開できる関数の掛け算になっているときには，このようにそれぞれの展開を掛けあわせて，それを展開していけば最初の数項を簡単に求められます．

❹　ある関数を多項式で割り算する形の場合も，この **例** のように展開ができます．

これらの例から，無限べき級数は加減乗除ができるとわかります(12ページの性質 **2**)．

❺　この **例** のような場合には，代入法とよばれる方法で，やはり最初の数項が求められます(12ページの性質 **3**)．

❻　この **例** は，これまでの方法を組み合わせた例です．代入法を使って被積分関数を展開し，それを項別微分しています．

1.10.5　公式の利用

例 $\log x = \log\{1 + (x-1)\}$　❶

└→ 1を〝足して引く〟

$$= (x-1) - \frac{(x-1)^2}{2} + \cdots$$

↑└─ 公式(13)で $x \to x-1$

1.11　級数の利用例

1.11.1　級数和

例 $1 - \frac{1}{2} + \frac{1}{3} - \frac{1}{4} + \cdots = \log 2$　2

↑

$$\log(1+x) = x - \frac{x^2}{2} + \frac{x^3}{3} - \cdots$$

1.11.2　不定形極限値　3

例 $\lim_{x\to 0} \frac{1-e^x}{x}$　は　$\frac{0}{0}$　？

e^x を展開

$$\lim_{x\to 0} \frac{1-e^x}{x} = \lim_{x\to 0} \frac{1-\left(1+x+\frac{x^2}{2!}+\cdots\right)}{x}$$

$$= \lim_{x\to 0}\left(-\frac{x+\frac{x^2}{2!}+\cdots}{x}\right)$$

$$= -1$$

例 ロピタルの定理　4

$$\lim_{x\to 0} \frac{f(x)}{\phi(x)} = \lim_{x\to 0} \frac{f'(x)}{\phi'(x)} \tag{1}$$

↑└─ $(f(0) = \phi(0) = 0$ とする$)$

$$\because \frac{f(x)}{\phi(x)} \xrightarrow{x\to 0} \frac{f(0)+f'(0)x+\dfrac{f''(0)}{2!}x^2+\cdots}{\phi(0)+\phi'(0)x+\dfrac{\phi''(0)}{2!}x^2+\cdots}$$

$$\Longrightarrow \frac{f'(0)}{\phi'(0)}$$

5

❶ この **例** のように〝足して引く〟ことで，展開をおこなう点が $x=0$ からシフトした場合を容易に求められます．

2 級数の知識を使えば，この **例** のようにして，この無限和が $\log 2$ であることがわかります．

3 次の 2 つの **例** は，ロピタルの定理にかかわるものです．この定理は，ひょっとしたら高校で受験技術として天下り的に教えてもらったことのある人がいるかもしれません．

ロピタルの定理とは，この **例** のような，いわゆる不定形の極限値に関するものです．この場合，分子をテーラー展開してみれば，すぐに極限値がわかります．

ロピタルの定理を使うと次の **例** でわかるように，これをテーラー展開の知識なしに天下り的に求めることができます．

4 ロピタルの定理とは，式(1)の左辺のような不定形の場合，右辺のように分母と分子をともに微分した比を考え，その極値を求めれば正しい結果が得られる，というものです．

5 このことがどうして正しいかは，ここに示したように，テーラー展開を使えばすぐに了解できますね．別の言い方をすると，テーラー展開を知っている人は，ロピタルの定理を知っている必要はない，ということです．

CHAPTER 2

複素数

これから複素数について学びます．複素数は過去の高校数学において，くり返し学ぶ範囲が変更になってきた部分です．履修年度によっては，これから話すことの多くは〝もう高校で学習済み〟という人も多いと思います．その場合は，はじめの部分は記法の確認と思ってください．指数関数を使った複素数の表示方法が出てきますが，これを複素平面とあわせて使いこなせるようになってもらうことが１つの目標となります．

2.1　虚数単位

$$i = \sqrt{-1}, \quad i^2 = -1 \tag{1}$$ ❶

例 $\sqrt{-2} \cdot \sqrt{-8} = i\sqrt{2} \cdot i\sqrt{8} = -4$

2.2　実部と虚部 ❷

$5 + 3i$
実部：5
虚部：3（$3i$ ではなく 3）

例 $0 + 3i = 3i$　純虚数

$7 + 0i = 7$　実数

2.3　複素平面 ❸

$$5 + 3i \longrightarrow (5, 3)$$

$$z = x + iy \longrightarrow (x, y)$$

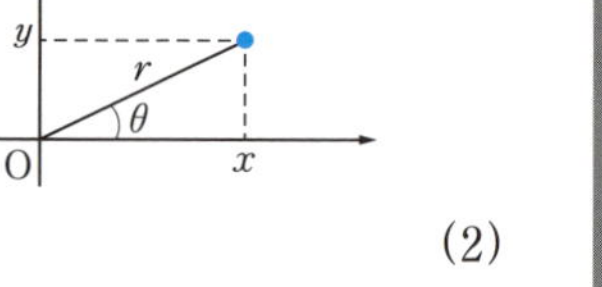

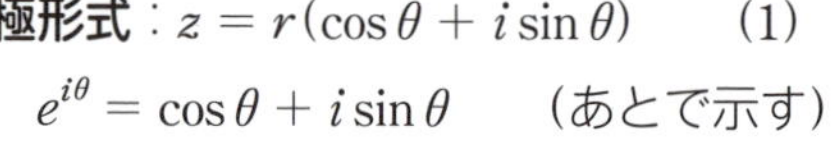

極形式：$z = r(\cos\theta + i\sin\theta)$　(1) ❹

$$e^{i\theta} = \cos\theta + i\sin\theta \quad \text{（あとで示す）} \tag{2}$$ ❺

から式(1)は

$$z = re^{i\theta} \quad \longleftarrow \quad \text{“大学生の } r\text{-}\theta \text{ 表示”} \tag{3}$$ ❻

2.4　記 法

$$z = re^{i\theta} = x + iy$$ ❼

$\mathrm{Re}\, z = x$　（実部）

$\mathrm{Im}\, z = y$　（虚部）

$|z| = r = \sqrt{x^2 + y^2}$　（絶対値）

$\arg z = \theta$　（偏角）

HW1 $z = 5 + 3i$ のとき $\mathrm{Re}\, z$, $\mathrm{Im}\, z$, $|z|$, $\arg z$ を求めよ

❶ まず，式(1)のように，**虚数単位**を導入します．2乗すると -1 になる数ですね．すぐ下の **例** も参考にしてください．

❷ 次に**実部**(real part)と**虚部**(imaginary part)の定義です．どちらも実数であることに注意．**例** にもあるように，実部が0の場合，**純虚数**とよばれます．

❸ 次に**複素平面**です．これは，図のように複素数の実部と虚部を (x, y) 平面の点に対応させたものです．

❹ 複素平面上の点を，原点からの距離 r と，図のように定義した角度 θ を使って式(1)のように表示することもできます(**極形式**).

❺ ここで，式(2)の関係を当面認めて使いましょう．しばらく後に証明します．

❻ すると，式(3)のような表記ができます．この表示は〝大学生の r-θ 表示″とよぶことにしましょう．複素平面の図を使って複素数の値を調べるときにとても便利です．この公式を図と一緒に使いこなせるようになることが，しばらくの目標となります．

❼ 以下で，使う記法をまとめておきます．**HW1** で慣れてください．

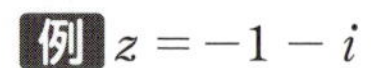

例 $z = -1 - i$

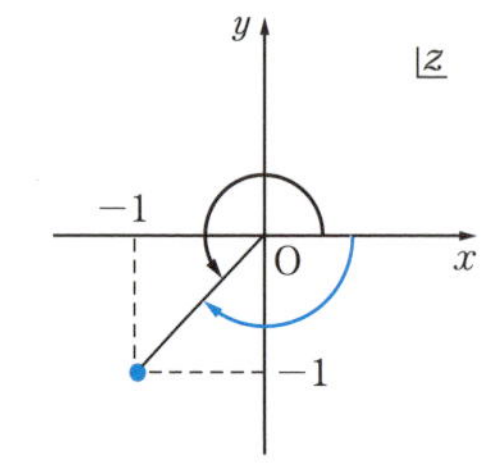

$$r = \sqrt{2} \tag{1}$$ ❶

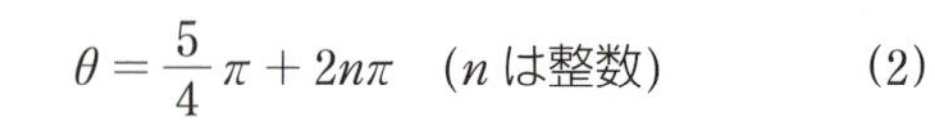

$$\theta = \frac{5}{4}\pi + 2n\pi \quad (n \text{ は整数}) \tag{2}$$

↑ 主値 θ_0　$(0 \leq \theta_0 < 2\pi)$ ❷

$\left(-\pi < \theta_0 \leq \pi \text{ とすれば } \theta_0 = -\frac{3}{4}\pi\right)$

式(1)と(2)から ❸

$$z = \sqrt{2}\, e^{i\left(\frac{5}{4}\pi + 2n\pi\right)} = \sqrt{2}\, e^{i\frac{5}{4}\pi} \cdot e^{2n\pi i} \tag{3}$$

↑ $e^{z_1 + z_2} = e^{z_1} e^{z_2}$　(z_1, z_2 は複素数)

$$= \sqrt{2}\, e^{i\frac{5}{4}\pi} \tag{4}$$

└→ $e^{2\pi n i} = 1$　(5)

複素共役(c.c.) ❹

complex conjugate

$z = x + iy$

$$\longrightarrow \left.\begin{matrix} \bar{z} \\ z^* \end{matrix}\right\} = x - iy$$

例 $7i - 5 \xrightarrow{\text{c.c.}} -7i - 5$

$$\mathrm{Re}\, z = \frac{z + \bar{z}}{2} \tag{6}$$

$$\mathrm{Im}\, z = \frac{z - \bar{z}}{2i} \tag{7}$$ ❺

$$zz^* = |z|^2 \tag{8}$$ ❻

HW2 式(6)と(7)を示せ〔**ヒント**　$z = x + iy$, $\bar{z} = x - iy$〕

HW3 式(8)を示せ〔**ヒント**　$x^2 + y^2 = r^2$〕

❶ さっそく練習してみましょう．複素平面に図を描いてみると，偏角 θ は任意の整数 n(整数は 0 を含む)を使って，式(2)のように書けることがわかります．

❷ ずっとあとの第 9 章で複素関数論を学習しますが，そのときには，1 つの複素平面上の点に 1 つの角度が定まってくれる〝1 対 1 対応〞にしておかないと都合が悪くなります．

そのために考えるのが**主値**という概念です．1 つの角度に定めるために〝ぐるっと 1 周分〞の角度領域を選んでやるのです(角度領域を制限する)．これを〝主値を選ぶ〞と表現します．

たとえば，〝ぐるっと 1 周〞を $0 \leq \theta_0 < 2\pi$ に選べば主値は $\dfrac{5}{4}\pi$ となりますね．一方，$-\pi < \theta_0 \leq \pi$ に選べば $-\dfrac{3}{4}\pi$ となりますね．このような理由から，角度領域を選ぶことで〝主値が選ばれる〞わけです．

❸ ところで，式(1)と(2)から式(3)が成立しますが，θ に入っている n は，$n = 0$ にとってもいいはずなので式(4)も成立します．こうして得た式(3)と(4)を比べると，式(5)が成立することがわかります．ただしここでは，式 $e^{z_1+z_2} = e^{z_1}e^{z_2}$ を使いました．この式は z_1, z_2 が実数ならすでによく知っている式ですが，あとで示すように z_1, z_2 が複素数でも成り立ちます．

❹ さて**複素共役**(complex conjugate)は，このように虚部の符号を変えることで得られます．英語の complex conjugate から，よく **c.c.** と略記するので慣れてください．

❺ 複素共役を使うと，実部と虚部を式(6)と(7)のように表すことができます．これは，簡単にチェックできるので確めましょう(**HW2**)．これら 2 つはよく使う式ですが，導出法をしっかり確認しておけば，なんとなくおぼえておけばすぐ思い出せるでしょう．

❻ 複素共役を使って，z の大きさ $|z|$ を表すこともできます．

2.5 複素数の代数計算 ❶

2.5.1 $x + iy$ にする ❷

例 $(1+i)^2 = 1 + 2i + i^2$

$= 1 + 2i - 1$

↑ $i^2 = -1$

$= 2i \longrightarrow x = 0,\ y = 2$

例 $\dfrac{2+i}{3-i} = \dfrac{2+i}{3-i}\dfrac{3+i}{3+i} = \dfrac{1+i}{2}$ ❸

↑ HW1

例 $(1+i)^2$ ❹

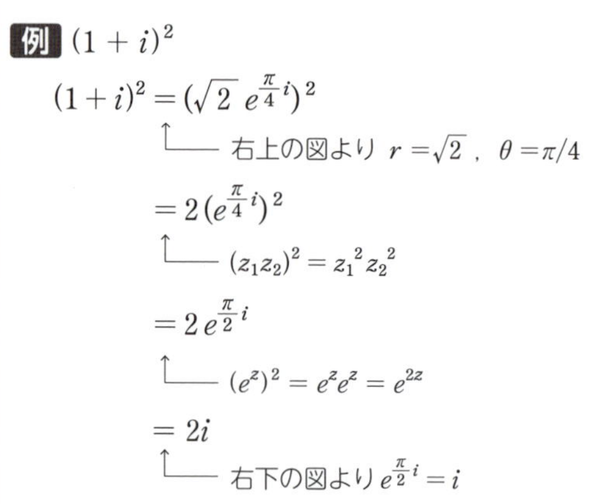

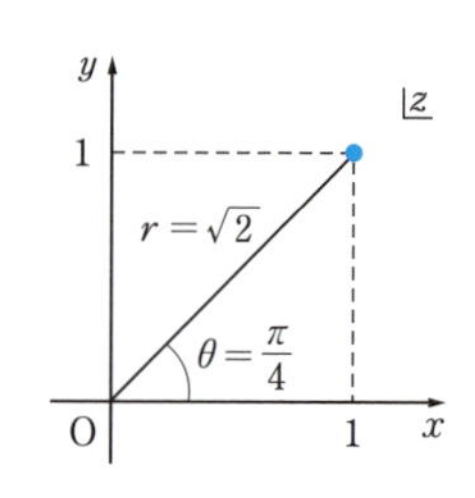

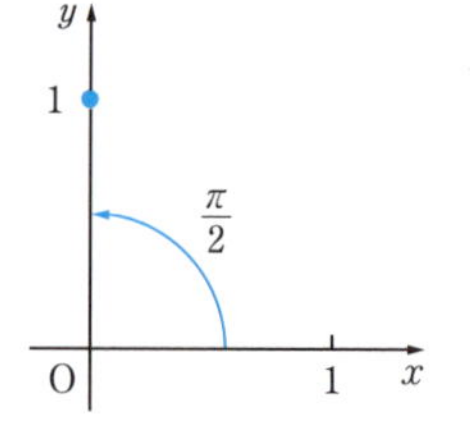

2.5.2 複雑な表現の複素共役 ❺

$$\overline{z_1 + z_2} = \overline{z}_1 + \overline{z}_2 \tag{1}$$ ❻

$$\overline{z_1 - z_2} = \overline{z}_1 - \overline{z}_2 \tag{2}$$

$$\overline{z_1 z_2} = \overline{z}_1\,\overline{z}_2 \tag{3}$$ ❼

$$\overline{z_1 / z_2} = \overline{z}_1 / \overline{z}_2 \tag{4}$$ ❽

式(1)の証明

$$z_1 = x_1 + iy_1,\ \ z_2 = x_2 + iy_2$$
$$z_1 + z_2 = (x_1 + iy_1) + (x_2 + iy_2)$$
$$\overline{z_1 + z_2} = x_1 - iy_1 + x_2 - iy_2$$
$$= \overline{z}_1 + \overline{z}_2$$

HW2 式(2)を示せ

HW3 式(3), (4)を示せ

ヒント $z_i = r_i e^{i\theta_i}$. $z = re^{i\theta}$ のとき $\overline{z} = re^{-i\theta}$ を使う

❶ 次に，複素数を使った計算練習をしましょう．

❷ まずは $x + iy$ の形に直す方法を 1 つ．

❸ この **例** は有理化とよばれる方法で，高校でも学習していますね．

❹ **例** を，大学生らしい方法で計算しなおしてみましょう．

右上や右下に描いた複素平面図を使って幾何学的に考えれば，面倒な三角関数の公式をくり返し使うことなく最終結果にいたります(第 2 , 3 等号の変形で使う複素関数の公式はあとで示します，第 1 , 4 等号の変形のときに，それぞれ右上と右下の図を使います)．

ぜひ，このように三角関数を持ち出さずに図を使って，直接に計算できるようになりましょう．$(1 + i)^2$ の計算では高校生の方法も通用しますが，あとで見るように $(1 + i)^8$ を計算するとなると，大学生らしい方法に軍配があがります(42 ページ末の **例** 参照)．

❺ 次に，いくつかの表現における複素共役について考えます．

❻ 式(1)のように〝和の複素共役〟は〝複素共役の和〟となります．差についても同様です(式(2))．

❼ 次に式(3)のように〝積の複素共役〟は〝複素共役の積〟となります．この証明には〝大学生の r-θ 表示〟(24 ページの式(3))とこれまでに出てきている $e^{z_1}e^{z_2}=e^{z_1+z_2}$ を使うと，簡単に了解できます．

❽ 商についても積と同様になります(式(4))．

一般に

$$\overline{f \pm ig} = \overline{f} \mp i\overline{g}, \quad \overline{fg} = \overline{f}\,\overline{g}, \quad \overline{f/g} = \overline{f}/\overline{g} \tag{5}$$

含まれているすべての i を $-i$ に変えると c.c. が得られる

例 $\dfrac{1+2i}{3-4i}e^{\pi i} \overset{\text{c.c.}}{\longleftrightarrow} \dfrac{1-2i}{3+4i}e^{-\pi i}$

↑ 式(5)をくり返し使う

たとえば

$$\overline{\frac{1+2i}{3-4i}e^{\pi i}} = \left(\overline{\frac{1+2i}{3-4i}}\right)(\overline{\cos\pi + i\sin\pi})$$

$$= \overline{\frac{1+2i}{3-4i}}\,e^{-\pi i}$$

2.5.3 絶対値

26ページの式(8)より

$$|z| = \sqrt{zz^*} \tag{6}$$

例 $\left|\dfrac{\sqrt{5}+3i}{1-i}\right| = \sqrt{\dfrac{\sqrt{5}+3i}{1-i}\,\dfrac{\sqrt{5}-3i}{1+i}} = \sqrt{7}$

↑ HW4

2.5.4 複素方程式

例 $z^2 = 2i$

$(x+iy)^2 = 2i$

$x^2 - y^2 + 2ixy = 2i$

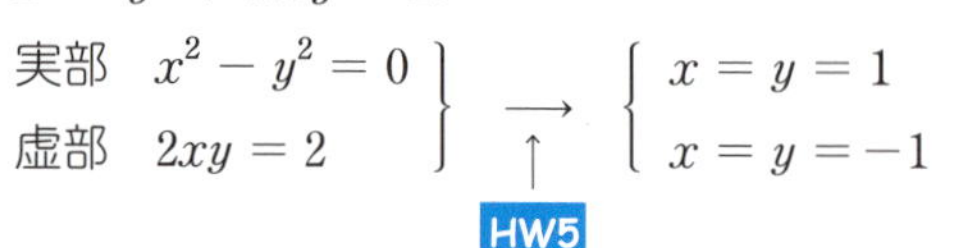

$$\left.\begin{array}{ll} \text{実部} & x^2 - y^2 = 0 \\ \text{虚部} & 2xy = 2 \end{array}\right\} \longrightarrow \left\{\begin{array}{l} x = y = 1 \\ x = y = -1 \end{array}\right.$$

↑ HW5

2.5.5 グラフ

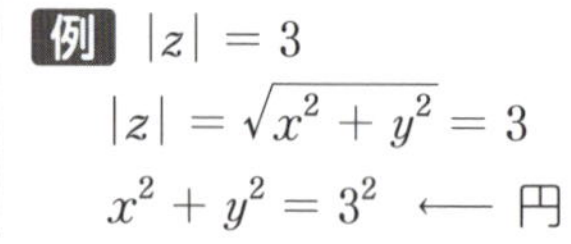

例 $|z| = 3$

$|z| = \sqrt{x^2 + y^2} = 3$

$x^2 + y^2 = 3^2$ ⟵ 円

例 $|z-1|=2$ ❻

$$|z-1|=|x-1+iy|=2$$

$(x-1)^2+y^2=2^2$ ⟶ 中心 (1, 0)，半径 2 の円

例 $\arg z=\dfrac{\pi}{4}$ は $y=x$ かつ $x\geqq 0$ の直線 ⟶ 下図 ❼

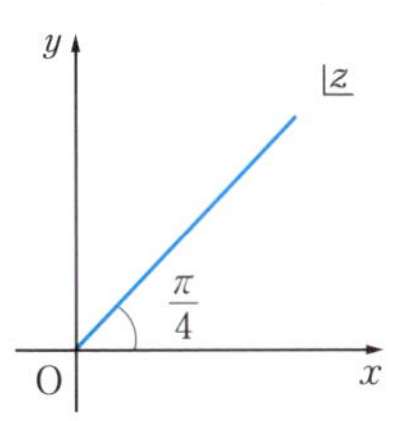

❶　これまでの議論から f, g を複素数とすると，この公式(5)が成立することがわかります．ということは，この公式をくり返し使えば結局，複雑な表現においても，中に入っている虚数単位の符号をすべて反転させれば，複素共役が得られることがわかります．

❷　次に，絶対値と複素共役の関係(式(6))を再掲しますので，使用例を **例** で確認してください．

❸　次に，複素方程式を考えてみましょう．〝複素数が等しい〟ということは〝実部，虚部がそれぞれ等しい〟ということに注意すると方程式を解くことができます．

❹　次に複素数の関係式と，複素平面上での図形との対応を例で見ていきましょう．

❺　この **例** のように絶対値を与える式は，複素平面上での円に対応します．

❻　この **例** は，中心が原点ではない例です．

❼　この **例** は，直線領域を表す例．

例 $\mathrm{Re}\,z > 2$ は $x > 2$ の領域 ⟶ 右図

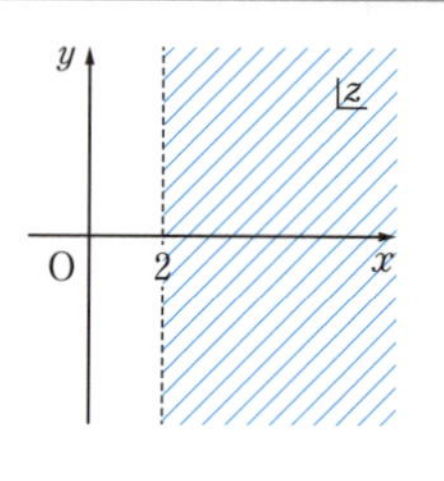

2.6　複素無限級数

$z_k = x_k + iy_k$ $(k = 1, 2, \cdots)$ とする

$z_1 + z_2 + z_3 + \cdots$ の部分和 Z_n

$$Z_n = X_n + iY_n \tag{1}$$

$$X_n = x_1 + x_2 + \cdots + x_n \tag{2}$$

$$Y_n = y_1 + y_2 + \cdots + y_n \tag{3}$$

収束性

$n \to \infty$ のとき

$X_n \to X$, $Y_n \to Y$ として

$$Z_n \to Z \equiv X + iY \tag{4}$$

X と Y が有限確定ならば

級数 $z_1 + z_2 + \cdots$ は収束

その和は Z

絶対収束

$$z_1 + z_2 + z_3 + \cdots$$

に対して

$$|z_1| + |z_2| + |z_3| + \cdots \tag{5}$$

が収束 ⟶ 級数 $z_1 + z_2 + \cdots$ は絶対収束

$|z|$ は正の実数

⟶ $|z_1| + |z_2| + \cdots$ は実数の無限級数

⟶ 第1章での方法がそのまま使える

☑**注** 絶対収束 $\underset{\not\Leftarrow}{\Longrightarrow}$ 収束

1
2
3
4
5
6

❶　この **例** は，面積領域を表す例です．

2　さて，すでに実数の関数をべき級数で定義することを見てきましたが，これからそこで学んだことを，複素数の場合に〝一般化〟，あるいは〝拡張〟していきます．

数学では，これから見るように，より一般的な場合に，〝なるべく自然な形で定義を拡張する〟ことがあります．以下の例では，実数が複素数に格上げされます．実数は複素数の特殊な場合なので〝一般化〟という言葉を用いるのです．

3　複素級数の場合には，部分和は実部と虚部に分ければ，それぞれは実数なので，実数のときと同じように定義してやります(式(1)～(3)参照)．

4　収束性についても，実部と虚部に分けて考えれば，実数のときと同様に定義できます(式(4))．

5　ここで複素級数特有の事情として，絶対収束という概念が出てきます．収束性を定義に基づいて判定するには，実部と虚部に分けて論じる必要があるわけですが，各項の絶対値をとった無限級数(式(5))は，実数の級数になりますので，その収束性は1.5節でおこなった方法で判定ができます．このようにして収束することがわかった場合，もとの複素無限級数は**絶対収束**するといわれます．

6　ここでは立ち入りませんが，絶対収束すれば収束することは保証されます．ただ，逆は必ずしも真ではありません．このことは，絶対収束のほうが収束よりも厳しい条件だ，ということを示していますが，直感的には，2つの複素数の足し算を複素平面上で考えれば納得できます(付録A.1.3参照)．このような注意はありますが，通常，複素級数については収束を調べるより，絶対収束を調べるほうが簡単なので，こちらで済ませることも多いのです．

例 $1+\dfrac{1+i}{2}+\dfrac{(1+i)^2}{4}+\cdots+\dfrac{(1+i)^n}{2^n}+\cdots$

❶

絶対収束を調べる

$$\rho_n=\left|\frac{1+i}{2}\right| \xrightarrow{n\to\infty} \rho=\left|\frac{1+i}{2}\right|$$

$$=\frac{\sqrt{2}}{2}<1$$

↑ $|1+i|=\sqrt{2}$（右図）

⟶ 絶対収束 ⟶ 収束

例 $\displaystyle\sum_{n=1}^{\infty}\frac{i^n}{\sqrt{n}}$

❷

$$\rho_n=\left|\frac{\sqrt{n}}{\sqrt{n+1}}i\right|=\sqrt{\frac{n}{n+1}} \xrightarrow{n\to\infty} \rho=1$$

判定不能

別途調べる

$$\sum_{n=1}^{\infty}\frac{i^n}{\sqrt{n}}=i-\frac{1}{\sqrt{2}}-\frac{i}{\sqrt{3}}+\frac{1}{\sqrt{4}}+\frac{i}{\sqrt{5}}-\frac{1}{\sqrt{6}}+\cdots$$

$n=1$　$n=2$　$n=3$　$n=4$

$i^n : i \to -1 \to -i \to 1$　(6)

❸

実部　$X=-\dfrac{1}{\sqrt{2}}+\dfrac{1}{\sqrt{4}}-\dfrac{1}{\sqrt{6}}+\cdots$

虚部　$Y=1-\dfrac{1}{\sqrt{3}}+\dfrac{1}{\sqrt{5}}-\cdots$

ともに交代級数 ⟶ 収束条件：$|a_n| \xrightarrow{n\to\infty} 0$ ⟹ 収束

2.7　複素べき級数

❹

一般形：$\displaystyle\sum_{n=0}^{\infty}a_n(z-b)^n$　　(a_n, z, b は複素数)　(1)

❶ さっそく，この **例** で絶対収束を調べることで収束性を見てみましょう．絶対収束を調べるのであれば実数無限級数について調べればいいので，公比テストが使えます．右の図のように，うまく複素平面を使って大きさを評価しましょう．この結果，絶対収束することがわかり，したがって収束することがわかりました．

❷ この **例** でも，まず絶対収束を調べてみましょう．公比テストでは判定不能となってしまいました．そこで定義に立ち返り，実部と虚部に分けて収束性を調べていきましょう．このとき式(6)のように i^n の周期性に注意しましょう．

❸ それぞれは実数なので，これまた実数のときの判定法が使えて，どちらも交代級数の判定法から収束することが結論できます．

4 さて，いよいよ複素べき級数を使って，関数を定義してみましょう．一般には式(1)のような形をしています．

例 1 $1-z+\dfrac{z^2}{2}-\dfrac{z^3}{3}+\dfrac{z^4}{4}-\cdots$　(2)

❶

絶対収束？

$$1+|z|+\left|\frac{z^2}{2}\right|+\left|\frac{z^3}{3}\right|+\cdots$$

という実級数を考える

$$\rho_n=\left|\frac{n}{n+1}z\right|\xrightarrow{n\to\infty}\rho=|z|$$

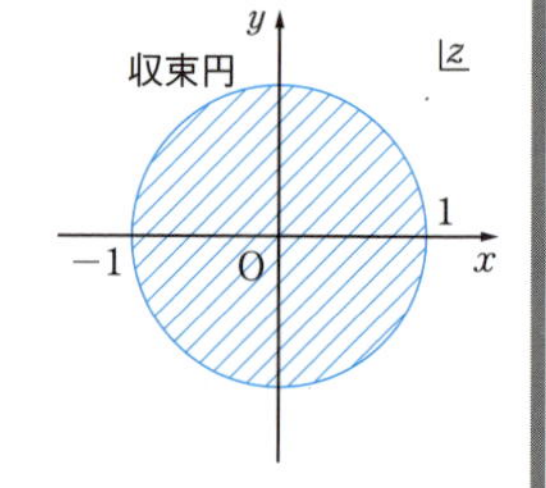

$\rho<1$ なら収束 $\Longleftrightarrow$ $|z|<1$ なら収束

❷

☑**注** 収束円の円周上は絶対収束しない．∵ $\rho=1$ で判定不能

❸

円周上の点の例

- 式(2)で $x=1,\ y=0$ のとき

❹

$$1-1+\frac{1}{2}-\frac{1}{3}+\frac{1}{4}-\cdots$$

交代級数 ⟶ 収束

- 式(2)で $x=-1,\ y=0$ のとき

❺

$$\underbrace{1+1+\frac{1}{2}+\frac{1}{3}+\frac{1}{4}+\cdots}_{\text{調和級数}}$$

$\Longrightarrow$ 発散

例 2 $1+iz+\dfrac{(iz)^2}{2!}+\dfrac{(iz)^3}{3!}+\cdots\ (=e^{iz})$ ← あとで説明

❻

絶対収束

$$\rho_n=\left|\frac{n!}{(n+1)!}iz\right|=\left|\frac{1}{n+1}z\right|\xrightarrow[z\text{固定}]{n\to\infty}\rho=0$$

すべての z で絶対収束 ⟶ 収束

例 3 $\displaystyle\sum_{n=1}^{\infty}\frac{(z+1-i)^n}{3^n n^2}$

❼

$$\rho_n=\left|\frac{3^n}{3^{n+1}}\underbrace{\frac{n^2}{(n+1)^2}}_{\xrightarrow{n\to\infty}1}(z+1-i)\right|\xrightarrow{n\to\infty}\rho=\frac{|z+1-i|}{3}$$

$\rho < 1 \iff |z+1-i| < 3$ のとき収束

$|z+1-i| = |x+1+i(y-1)| < 3$

$\longrightarrow$ 中心 $(-1, 1)$，半径 3 の収束円

❶ まず，**例1** で具体例を考えます．絶対収束性を調べると，複素平面上での円の内部の点であれば絶対収束することがわかり，したがって収束します．

❷ このように複素べき級数の絶対収束性を調べると，しばしば，円の内部領域で収束することが結論され，このような円を**収束円**とよびます．

❸ ただし，この場合，収束円の円周上では公比テストの ρ が 1 となっていて，絶対収束するかの判定は不能になります．

❹ このような場合，円周上の点については，別の議論が必要になります．ここでは，円周上の 1 点 $(1, 0)$ について，べき級数の定義式(2)に戻って判定してみましょう．するとこの場合は収束することがわかります．

❺ 円周上の別の点 $(-1, 0)$ についても調べてみましょう．すると，この場合は発散することがわかりますね．このように円周上の点については，本来，各点ごとに調べないと収束性はわからないのですが，通常は調べ切ることは現実的ではないし，必要もありません．

❻ **例2** は，複素平面全域で絶対収束，したがって収束がいえる例です．この級数はあとで説明するように，実は e^{iz} をべき展開したものです．

❼ **例3** は，絶対収束性を調べると **例1** のように収束円が現れます．

2.8 複素関数

z^n, $z^{\frac{1}{n}}$, e^z, $\sin z$ などをどのように定義すればよいか？ ❶

必要条件：$z = x + iy$ として，$y = 0$ としたときに，実数の公式が再現されなければならない ❷

例 $e^z = 1 + z + \dfrac{z^2}{2!} + \dfrac{z^3}{3!} + \cdots$ (1) ❸

とすればよい ⟵ べき級数で定義する

チェック1 $y = 0$ とする

$$e^x = 1 + x + \frac{x^2}{2!} + \cdots \longrightarrow \text{OK}$$

チェック2

$$e^{z_1}e^{z_2} = \left(1 + z_1 + \frac{{z_1}^2}{2!} + \cdots\right)\left(1 + z_2 + \frac{{z_2}^2}{2!} + \cdots\right)$$

$$= 1 + (z_1 + z_2) + \frac{(z_1 + z_2)^2}{2!} + \cdots$$

$$= e^{z_1 + z_2}$$

↑ 3次の項までチェックせよ(**HW1**)

$y = 0$ とする

$\longrightarrow$ $e^{x_1}e^{x_2} = e^{x_1 + x_2}$ $\longrightarrow$ OK(実数の公式を再現)

チェック3 ❹

$$\frac{de^z}{dz} = \frac{d}{dz}\left(1 + z + \frac{z^2}{2!} + \cdots\right) = 1 + z + \frac{z^2}{2!} + \cdots = e^z$$

↑ $\dfrac{dz^n}{dz} = nz^{n-1}$ (あとで示す)

$y = 0$とする

$$\frac{de^x}{dx} = e^x \qquad \longrightarrow \text{OK(実数の公式を再現)}$$

❶ 次に，いままで実数xの関数として定義されてきたいろいろな関数のxを，複素数zに置き換えることを考えます．

❷ このとき，実数のときに知られている公式は，zに拡張された定義に含まれていなければ矛盾を生じます．そこで$y = 0$とおいたときに，実数xのときの公式が再現されなくてはいけません．このような要請を満たす自然な方法は，いろいろな実数関数の無限べき級数による定義において，実数xを複素数zに置き換えることです．これだけでよいのです．

❸ この **例** で指数関数の場合に，この様子を見てみます．これらのチェック1～3を通して，確かに実数の世界に戻っても矛盾を生じないことがわかります．

そこで，このように無限べき級数を使って**複素関数**への拡張，一般化をおこないます．

❹ なおチェック3では，複素数zのべき乗の微分公式を使います．この公式は，第9章で複素関数論を学ぶときに証明します．形式的には，よく知っている公式のxをzに書きかえただけですので，ここでは認めて使いましょう．

2.9　オイラーの公式

$$e^{i\theta} = \cos\theta + i\sin\theta \qquad (1)$$

❶

証明

$$e^z = 1 + z + \frac{z^2}{2!} + \frac{z^3}{3!} + \cdots$$

↑── 38ページの式(1)より

$z \to i\theta$

❷

$$e^{i\theta} = 1 + i\theta + \frac{(i\theta)^2}{2!} + \frac{(i\theta)^3}{3!} + \frac{(i\theta)^4}{4!} + \frac{(i\theta)^5}{5!} + \cdots$$

$$= \underbrace{\left(1 - \frac{\theta^2}{2!} + \frac{\theta^4}{4!} - \cdots\right)}_{\cos\theta} + i\underbrace{\left(\theta - \frac{\theta^3}{3!} + \frac{\theta^5}{5!} - \cdots\right)}_{\sin\theta}$$

$= \cos\theta + i\sin\theta$　⟶ 式(1)が成立(証明終)

Review

$z = x + iy = r(\cos\theta + i\sin\theta)$

を思い出すと

$z = re^{i\theta}$　(大学生の r-θ 表示)

$e^{i\theta}$ の値の求め方 ⟶ 図を使うべし！

❸

例 $e^{i\pi} = -1$　(∵ 図1)

❹

図1

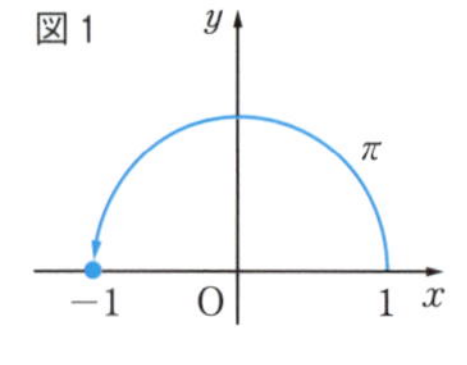

図2

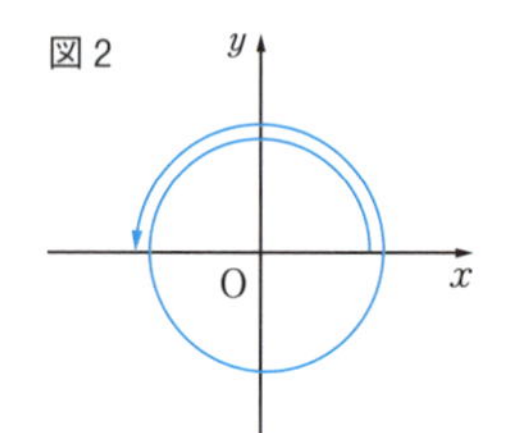

例 $e^{i3\pi} = -1$　(∵ 図2)

❺

例 $2e^{\frac{\pi}{6}i} = \sqrt{3} + i$ （∵ 図3） ❻

図3

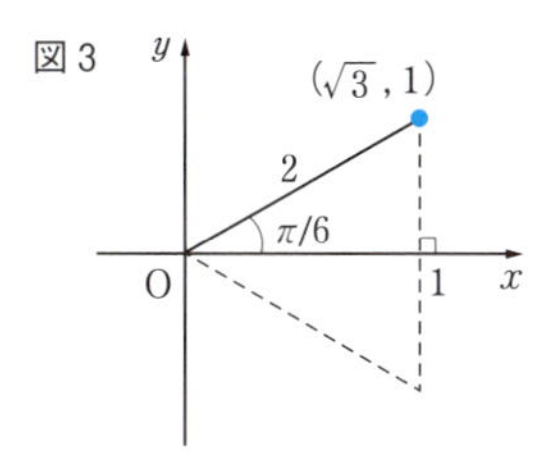

❶ ここで，この流儀（実関数の無限べき級数による定義で実数 x を複素数 z に置き換える）で複素関数を定義することで，〝大学生の r-θ 表示〟にも関係する**オイラーの公式**を示してみましょう．

❷ まず，すでに示した複素変数に対する指数関数の定義式において，z を純虚数 $i\theta$ とおきます．θ は実数です．その定義式を，実部と虚部に分けてまとめてみると，それぞれ，実数 θ に対する三角関数の無限べき級数の定義が現れ，オイラーの公式が成立していることがわかります．

❸ さて，オイラーの公式が了解されたところで，〝大学生の r-θ 表示〟を使いこなす練習をしましょう．くり返しますが，なるべく三角関数の値の評価を避け，代わりに複素平面の図形を考えてください．

❹ この **例** は $r = 1$，$\theta = \pi$ なので複素平面上で $(-1, 0)$ に対応することから $-1 + 0i = -1$ となります．

❺ この **例** では $r = 1$，$\theta = 3\pi$ なので同様に -1 です．

❻ この **例** も，図示すれば正三角形の半分が現れ，たちどころに値がわかります．

ここでオイラーの公式を使って，三角関数を持ち出しても同じ値が得られますが，どうか期末テストでそういう答案を作らないでください．ちょっとがっかりしてしまうので……

例 $3e^{-\frac{\pi}{2}i} = -3i$　（∵ 図4）

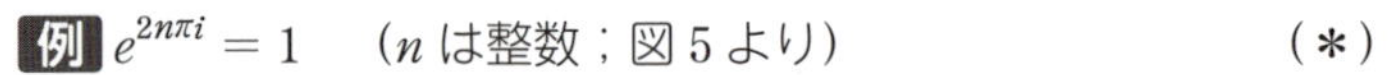

例 $e^{2n\pi i} = 1$　（n は整数；図5より）　　(＊)

図4

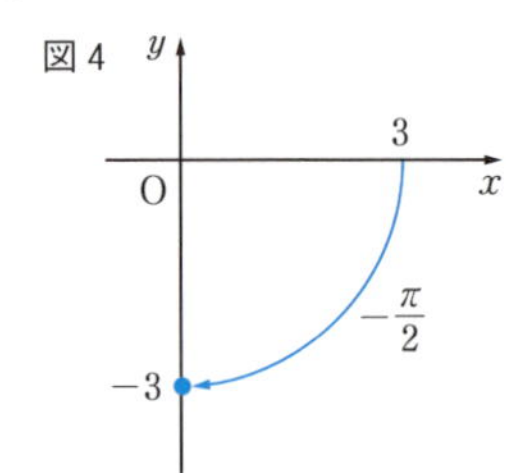

図5

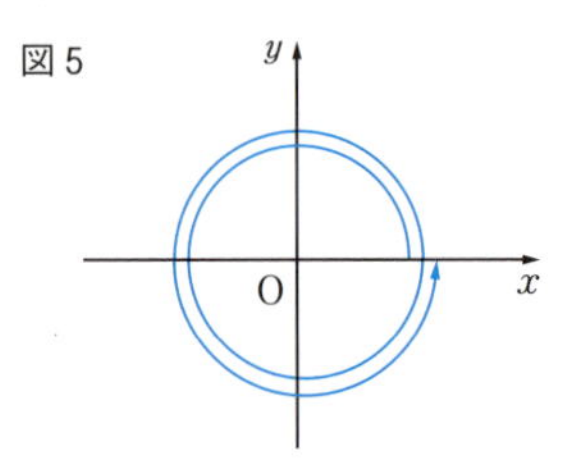

2.10　複素数のべきと根

べき（n 乗）

$$z^n = (re^{i\theta})^n = r^n e^{in\theta} \tag{1}$$

↑ $(e^{z_1})^n = e^{nz_1}$

式(1)で $r = 1$ とおくと($e^{i\theta} = \cos\theta + i\sin\theta$)

ド・モアブルの定理

$$(\cos\theta + i\sin\theta)^n = \cos n\theta + i\sin n\theta \tag{2}$$

根（n 乗根）

$$z^{\frac{1}{n}} = (re^{i\theta})^{\frac{1}{n}} = \sqrt[n]{r}\ e^{i\frac{\theta}{n}} = \sqrt[n]{r}\left(\cos\frac{\theta}{n} + i\sin\frac{\theta}{n}\right) \tag{3}$$

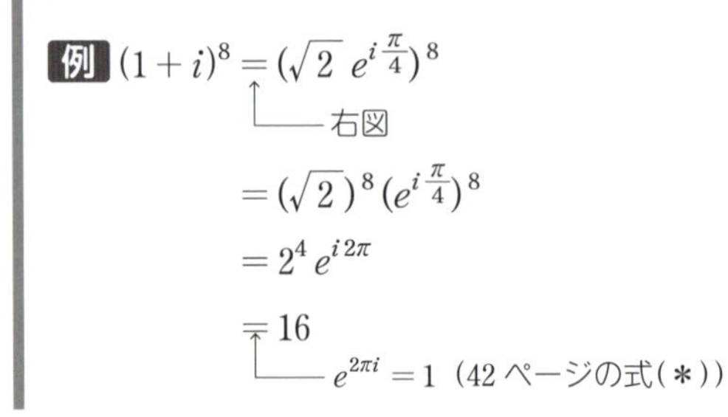

例 $(1+i)^8 = (\sqrt{2}\ e^{i\frac{\pi}{4}})^8$

↑ 右図

$= (\sqrt{2})^8 (e^{i\frac{\pi}{4}})^8$

$= 2^4 e^{i2\pi}$

$= 16$

↑ $e^{2\pi i} = 1$（42ページの式(＊)）

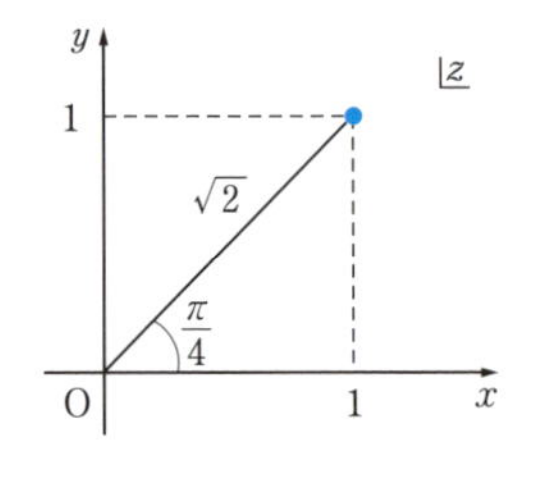

6

例 $8^{\frac{1}{3}} = (8e^{2n\pi i})^{\frac{1}{3}}$

↑ $e^{2n\pi i} = 1$ （42ページの式(∗)）

$= 2e^{\frac{2n}{3}\pi i}$ ⟵ n は整数

相異なるものは 3 つ

$2,\ -1 \pm \sqrt{3}\,i$ （右の図A参照）

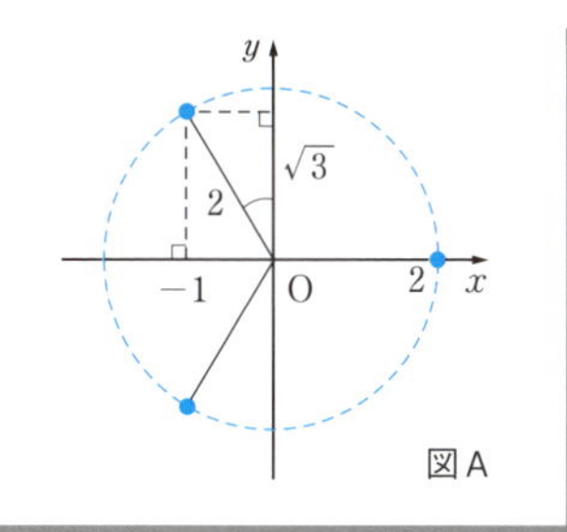

図A

❶ この **例** も，$r = 3,\ \theta = -\dfrac{\pi}{2}$ なので，図を使えば点$(0,\ -3)$，すなわち $-3i$ であることがすぐに了解されますね．

❷ この **例** が整数 n(整数は 0 を含みます)に対して成立することも図を使って確認してください．

3 次に複素数のべきと根について．複素数の n 乗べきの値は，式(1)から r と θ の値を使って計算できます．$r = 1$ とおいた式(2)は**ド・モアブルの定理**として知られ，それだけ見ると不思議な式ですが，複素関数を使えば(あとに示す公式$(e^{z_1})^n = e^{nz_1}$ は認めることにすると)自明な式です．

4 複素数の n 乗根は，式(3)のように計算できます．

5 この **例** は n 乗べきの例です．高校生の知識では$(1 + i)$を 8 回掛けて展開することになり，あまりしたくない計算ですね．ところが，このように複素平面での図を考えて，$1 + i$ が $r = \sqrt{2},\ \theta = \dfrac{\pi}{4}$ となることを確認すれば，容易に計算できます．

6 この **例** は n 乗根の例です．これも図を考えてみると 3 つの相異なる点に対応するので，3 つの相異なる値をとることがわかりますね．

☑**注** n 乗根は n 個ある ⟶ 多価関数　❶

HW1 $\sqrt[4]{-16}$ の相異なる4つの値を求めよ

☑**注** 1価関数にするために主値を選ぶ方法　❷

$z = re^{i\Theta}$ について

(a) $0 \leq \Theta < 2\pi$,　(b) $-\pi < \Theta \leq \pi$

など偏角 Θ を〝ぐるっと1周分〟に制限すればよい．すると，

$z^{\frac{1}{n}} = r^{\frac{1}{n}} e^{i\frac{\Theta}{n}}$ より $z^{\frac{1}{n}}$ の偏角 $\Theta' = \dfrac{\Theta}{n}$ は

(a) $0 \leq \Theta' < \dfrac{2\pi}{n}$,　(b) $-\dfrac{\pi}{n} < \Theta' \leq \dfrac{\pi}{n}$

に制限される

例 $(-i)^{\frac{1}{2}} = \left(e^{\frac{3}{2}\pi i} e^{2n\pi i}\right)^{\frac{1}{2}} = e^{\frac{3}{4}\pi i + n\pi i}$　❸

↑── $-i \leftrightarrow (0, -1) \longrightarrow \theta = \dfrac{3}{2}\pi$ (図1)，$e^{2n\pi i} = 1$

$(-i)^{\frac{1}{2}}$ の偏角 Θ' とする

(a) の場合：　$0 \leq \Theta' < \pi \longrightarrow \Theta' = \dfrac{3}{4}\pi$

(b) の場合：$-\dfrac{\pi}{2} < \Theta' < \dfrac{\pi}{2} \longrightarrow \Theta' = -\dfrac{\pi}{4}\pi$

図2参照

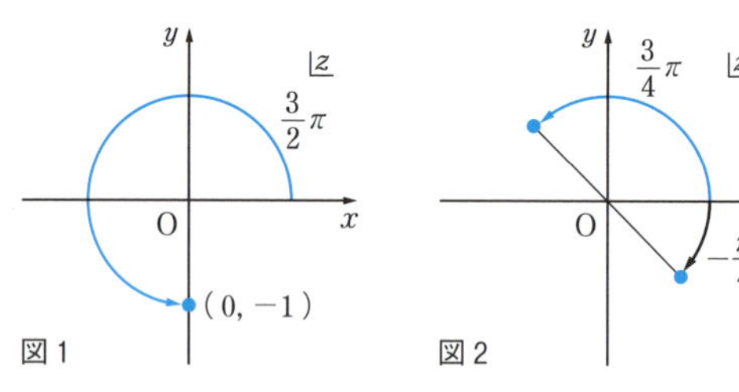

図1　図2

HW2 $8^{\frac{1}{3}}$ の場合，(a)の場合も(b)の場合も $\Theta' = 0$ となることを確めよ　❹

ヒント　$8^{\frac{1}{3}}$ の偏角 Θ' とすると(a)の場合 $0 \leq \Theta' < \dfrac{2}{3}\pi$，(b)の場合 $-\dfrac{\pi}{3} < \Theta' \leq \dfrac{\pi}{3}$ となることを考える

2.11　指数関数と三角関数

5

$$e^z = e^{x+iy} = e^x e^{iy}$$
$$= e^x(\cos y + i\sin y) \qquad (1)$$

$$e^{i\theta} = \cos\theta + i\sin\theta \qquad (2)$$
$$e^{-i\theta} = \cos\theta - i\sin\theta \qquad (3)$$
↑── $e^{i(-\theta)} = \cos(-\theta) + i\sin(-\theta)$

式(2)+(3)

$$e^{i\theta} + e^{-i\theta} = 2\cos\theta$$
$$\cos\theta = \frac{e^{i\theta}+e^{-i\theta}}{2} \qquad (4)$$

同様に

$$\sin\theta = \frac{e^{i\theta}-e^{-i\theta}}{2i} \qquad (5)$$
↑── HW1

❶　一般に，n 乗根は相異なる n 個の値をもちます．ですから n 乗根は，そのままでは 1 対 n 対応の n 価関数です．

❷　一般の関数 $z = re^{i\Theta}$ は，ここに示した(a)，(b)のように偏角 Θ のとり得る範囲を〝ぐるっと 1 周分〞選んで〝主値を選ぶ〞ことで，1 価関数にすることができます．

❸　この 例 は，主値を考えて 1 価関数にする具体例です．複素平面図を使って理解してください．

❹　HW2 も 43 ページの図Aを再び使って確めてみましょう．

5　次に，複素変数に対する指数関数と三角関数です．**指数関数**はすでに導入しましたが，式(1)のように評価できます．

これを使うと式(4)，(5)のように実数の三角関数を指数関数で定義できます．

三角関数の定義 ❶

$$\sin z = \frac{e^{iz} - e^{-iz}}{2i}, \quad \cos z = \frac{e^{iz} + e^{-iz}}{2}, \quad \tan z = \frac{\sin z}{\cos z} \tag{6}$$

☑**注** $e^z = 1 + z + \frac{z^2}{2!} + \cdots$ より，上の定義から ❷

$$\sin z = z - \frac{z^3}{3!} + \frac{z^5}{5!} - \cdots \tag{7}$$ ❸

↑── $\frac{1}{2i}\{(1 + iz + \cdots) - (1 - iz + \cdots)\} = z + \cdots$

例 $\cos i = 1.54\cdots$ ❹

↑── $\frac{e^{ii} + e^{-ii}}{2} = \frac{e^{-1} + e}{2}$,　$e = 2.71828\cdots$

☑**注** sin，cos は 1 を超えることもある

例 $\sin^2 z + \cos^2 z = 1$　(8) ❺

↑── 下の式(9)を完成し，確めよ(**HW2**)

$$\because \sin^2 z = \left(\frac{e^{iz} - e^{-iz}}{2i}\right)^2 = \frac{e^{2iz} - 2 + e^{-2iz}}{-4}$$

↑── $e^{z_1}e^{z_2} = e^{z_1 + z_2}$

$$\cos^2 z = \left(\frac{e^{iz} + e^{-iz}}{2}\right)^2 = \boxed{} \tag{9}$$

❶ 前ページの式(4)，(5)において，実数 θ を複素数 z に置き換えれば，複素変数 z に対して**三角関数**が定義できます(式(6))．

❷ 式(6)において，指数関数は無限べき級数で定義されているので，式(6)は，三角関数を無限べき級数で定義していると見なすことができます．

例 $\dfrac{d}{dz}\sin z = \cos z$

$$\uparrow\ \frac{1}{2i}\frac{d}{dz}(e^{iz}-e^{-iz}) = \frac{1}{2i}\{ie^{iz}-(-i)e^{-iz}\}$$

6

2.12　双曲線関数

7

$$\sinh z = \frac{e^z - e^{-z}}{2} \tag{1}$$

$$\cosh z = \frac{e^z + e^{-z}}{2} \tag{2}$$

$$\tanh z = \frac{\sinh z}{\cosh z} \tag{3}$$

☑**注** sinh → sh，cosh → ch，tanh → th

8

❸　もっと直接的に，実数の三角関数の無限べき級数の公式で変数を z に置き換えた式(7)とも等価の定義になっています．

❹　さて，この **例** のように定義された複素変数に対する三角関数は，1より大きくなることもありえます．

❺　一方，2乗して足すと1になる，という公式(8)は複素関数版でも同様に成立します．

❻　微分公式も実数の場合と同様に成立します．

7　ここで，**双曲線関数**について触れておきましょう．式(1)と(2)のように，三角関数の定義(46ページの式(6))において，虚数単位を取り去ったものとして定義されます．なお双曲線関数はハイパボリック関数ともいいます．

8　sinh，cosh や tanh は sh，ch や th と略記することもあります．

$z=x$ の場合のグラフ

❶

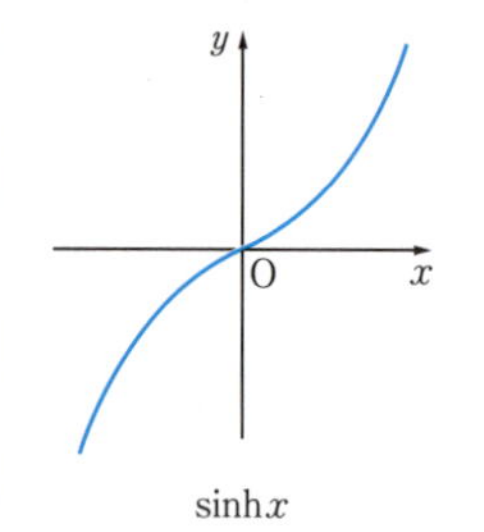

$\sinh x$

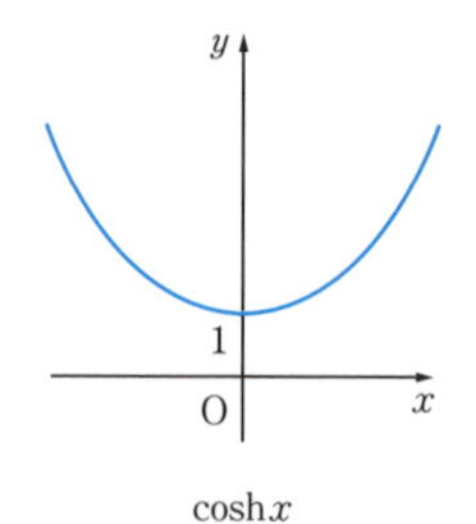

$\cosh x$

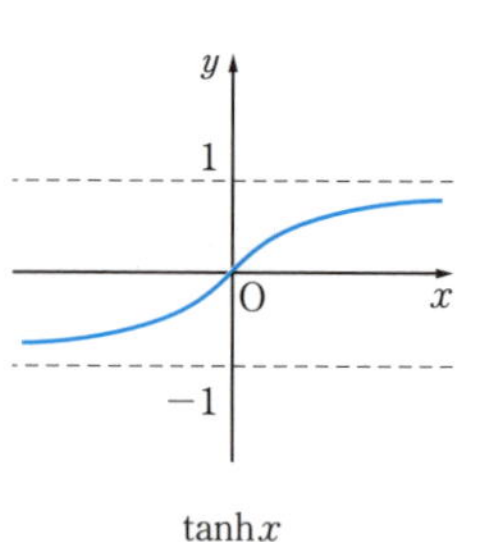

$\tanh x$

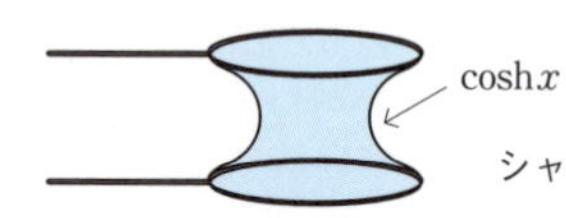

性質

❷

$$\sin iz = i\sinh z \tag{4}$$

$$\cos iz = \cosh z \tag{5}$$

$$\cosh^2 z - \sinh^2 z = 1 \tag{6}$$

HW1 式(1), (2)より式(4)-(6)を示せ

$$\frac{d}{dz}\cosh z = \sinh z \tag{7}$$

$$\frac{d}{dz}\sinh z = \cosh z \tag{8}$$

HW2 式(1)と(2)を使って式(7)と(8)を示せ

2.13　対数関数

❸

$\log_e$ を log や ln と書く

実数の世界

❹

$$y = \log x \ (x > 0) \quad \Longleftrightarrow \quad x = e^y \tag{1}$$

5

log z の定義

$$z = e^w \iff w = \log z \qquad (2)$$

1 次に，これらの関数の実数関数版のグラフの形を確認しておきましょう．

原点での値，$\pm\infty$ での振舞いを考えれば，グラフがこのようになることがわかりますね．

なお $\cosh x$ のグラフは懸垂線ともよばれ，やわらかいひもの両端を保持したときや，2 つの円形リングを使ってシャボン膜をつくったときなど，それらの形に現れてきます．

2 定義式(1)～(3)より，式(4)～(6)が成り立つこともわかります．双曲線関数の場合は 2 乗の和ではなく差が 1 となります．また微分公式(7)，(8)には三角関数と異なり，符号変化が現れません．

3 次に**対数関数**です．大学数学では，対数関数は基本的に，底が $e = 2.718\cdots$ の自然対数を使います．ただし実験データの解析には，底が 10 の常用対数を使います．

4 実数の世界では，対数関数は式(1)のように，指数関数の逆関数として定義されていました．

5 これにならって複素数でも，複素数版の指数関数の逆関数として定義します(式(2))．

例 $\log z_1 z_2 = \log z_1 + \log z_2$　(3)　❶

$\because \begin{cases} z_1 = e^{w_1} \\ z_2 = e^{w_2} \end{cases} \longleftrightarrow \begin{cases} w_1 = \log z_1 \\ w_2 = \log z_2 \end{cases}$

$z_1 z_2 = e^{w_1} e^{w_2} = e^{w_1 + w_2}$

$\downarrow \longleftarrow$ logをとる $\longrightarrow \downarrow$

$\log z_1 z_2 \qquad w_1 + w_2 = \log z_1 + \log z_2$

logは(無限)多価関数　❷

$z = re^{i\theta}$

$\longrightarrow z = re^{i\theta}e^{2n\pi i}$

$\log z = \log r + \log e^{i(\theta + 2n\pi)}$　($\because$ 式(3))

$\therefore \log z = \log r + i(\theta + 2n\pi)$　(nは整数)　❸

$\longrightarrow$ logは無限多価．1対1対応(1価関数)にしたい　❹

$\longrightarrow$ θの値を制限：〝主値を選ぶ〟

$\log z$の主値

$\mathrm{Log}\, z = \log r + i\Theta$

↑主値　↑Θの範囲を制限

($-\pi < \Theta \leq \pi$ あるいは $0 \leq \Theta < 2\pi$ など)　❺

☑**注** θ, Θはラジアン　❻

❶ この **例** のように式(2)の定義から，よく知られた〝積の対数〟＝〝対数の和〟という公式が導けます．

❷ 次に，対数関数も多価関数であることを確認しておきましょう．

❸ ここでnは任意の整数となるので，対数関数は1対無限対応で，無限多価関数です．

❹ これを1対1対応にする，すなわち1価関数にするために，主値を選ぶ方法を説明します．

2.14　複素べき(複素根)

7

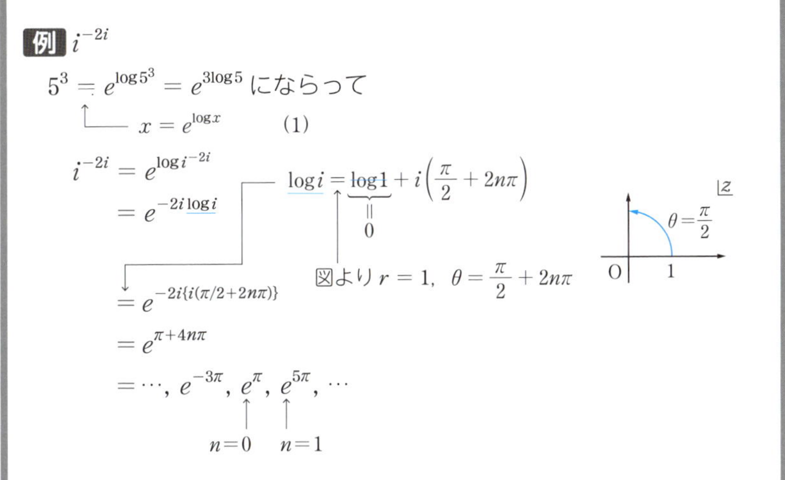

☑注 i^{-2i}：すべて実数

10

❺　この場合にも n 乗根のときと同様に，偏角のとり得る範囲を〝ぐるっと1周分〟に制限すればOKです．よく使われるのは，ここに示した2通りです．

❻　ただし，ここに現れた θ や Θ はラジアンで与えられるものとします．

7　次に，べき指数などが複素数になる場合を考えます．

8　この **例** のように，対数関数と指数関数が逆関数の関係にあることを表す式(1)を使うと，べき乗は対数関数を使って計算できます．

9　式(1)の複素数版を使い，さらに，複素平面での図を利用して log での計算を進めると，複素数版の対数関数が無限多価であることに対応して，無限個の値が導出されます．

10　ここで，複素数の〝複素数べき〟を考えたのに，なんと答えは，実数になってしまっていることに注目してください．

複素べき(複素根)の定義

$$z_1^{z_2} = e^{z_2 \log z_1} \qquad \left(z_1^{1/z_2} = e^{(1/z_2)\log z_1}\right) \tag{2}$$

❶

例 $i^{\frac{1}{2}} = e^{\frac{1}{2}\log i}$

$= e^{\frac{1}{2}i\left(\frac{\pi}{2}+2n\pi\right)}$

$= e^{\frac{\pi}{4}i}\, e^{n\pi i}$

$= \pm e^{\frac{\pi}{4}i}$

↑ 右図より $e^{n\pi i} = \pm 1$

❷

☑**注** $i^{\frac{1}{2}}$ は2価

❶　上の i^{-2i} の例にならって，複素数の〝複素数べき〟あるいは〝複素根〟はこの定義(2)を採用します．

❷　さらに，この定義を使って例題を1つ．ここに見るように複素数の2乗根は，実数の場合と同様に相異なる2つの値をとることがわかります．もちろん，主値を選べば1価(1対1対応)にもできますが．

3　ここですこし脱線して，**逆三角関数**を扱います．なお，この節では，実数関数の場合を考えます．

4　**逆正弦関数**は，正弦関数の逆関数として定義し，このように書きます．あとのほうの記法はべき乗(-1 乗)と区別がつかないので，文脈をはっき

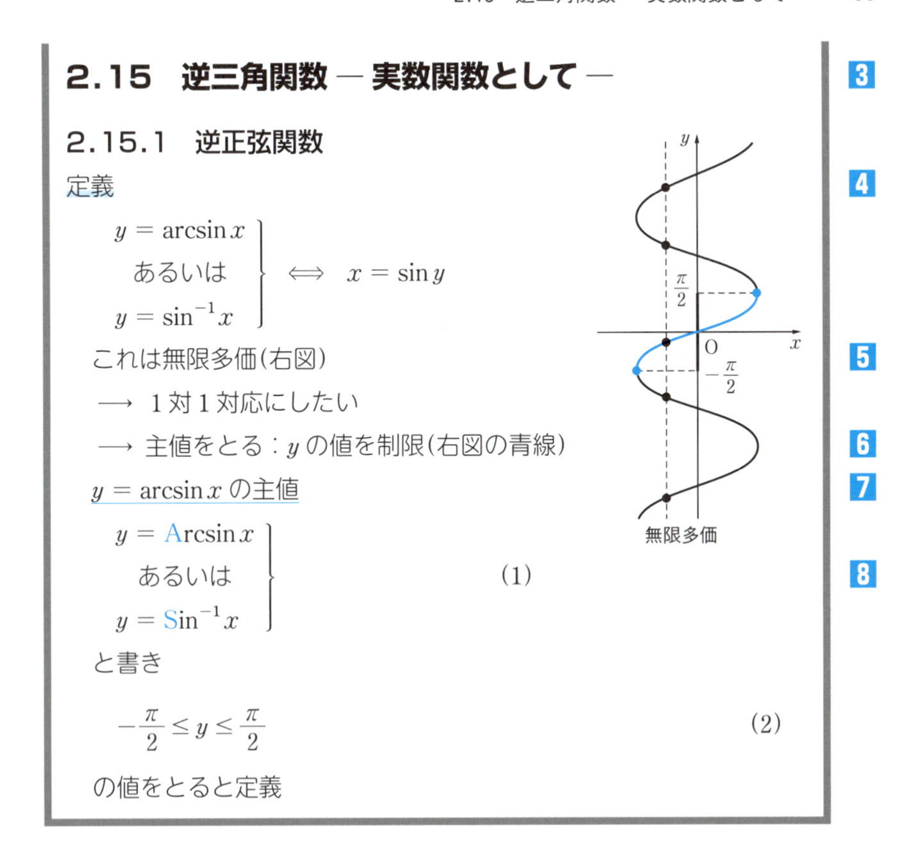

りさせて使う必要があります．

5 グラフを描いてみるとわかるように，この関数は無限多価関数となります．

6 そこで，ここでは関数 y のとり得る値を図の青線で示した $-\frac{\pi}{2} \leq y \leq \frac{\pi}{2}$ の領域に制限します．こうすることで 1 対 1 対応の関数として逆正弦関数が定義できます．

7 この場合は，式(2)以外の主値の選び方をすることはまずありません．

8 記号は式(1)のどちらかを使います．

微分・積分公式

❶

$$x = \sin y \qquad (\longleftrightarrow\ y = \arcsin x)$$

両辺を x で微分

$$1 = \cos y \cdot \frac{dy}{dx}$$

$\cos y \longrightarrow \pm\sqrt{1-\sin^2 y} = \pm\sqrt{1-x^2}$

$\uparrow\ \sin^2 y + \cos^2 y = 1$

$y = \mathrm{Arcsin}\, x$ の場合

$$\longrightarrow\ -\frac{\pi}{2} \leq y \leq \frac{\pi}{2}$$

$$\longrightarrow\ \cos y \geq 0\ (\text{右図})$$

$$\longrightarrow\ \cos y = \sqrt{1-x^2}$$

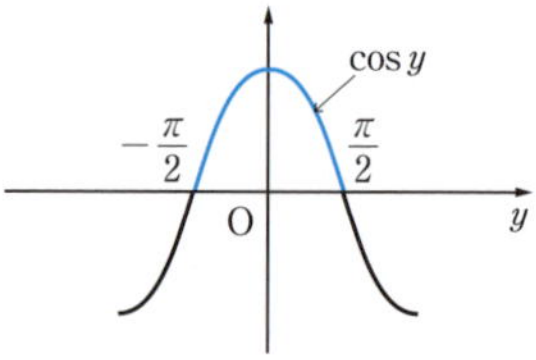

$$\longrightarrow\ \frac{dy}{dx} = \frac{1}{\sqrt{1-x^2}}$$

$$\left.\begin{aligned} &\longrightarrow\ \frac{d}{dx}\mathrm{Arcsin}\, x = \frac{1}{\sqrt{1-x^2}} \\ &\Longleftrightarrow\ \int \frac{dx}{\sqrt{1-x^2}} = \mathrm{Arcsin}\, x + C \end{aligned}\right\} \tag{3}$$

log との関係

❷

$$x = \sin y = \frac{e^{iy} - e^{-iy}}{2i} = \frac{u - 1/u}{2i} \tag{4}$$

$\uparrow\ e^{iy} = u$

よって

$$u - 1/u = 2ix$$

$$u^2 - 2ixu - 1 = 0$$

$$\therefore\ u = ix \pm \sqrt{1-x^2} = e^{iy}$$

$\uparrow\ e^{iy} = u$

$$iy = \log(ix \pm \sqrt{1-x^2})$$

$$\arcsin x = -i\log(ix \pm \sqrt{1-x^2}) \tag{5}$$

$\uparrow$ 式(4)：$x = \sin y$

2.15.2　逆余弦関数

❸

定義

主値として $0 \leq y \leq \pi$ を考える(図の青線の部分)

$$\left.\begin{array}{c} y = \mathrm{Arccos}\,x \\ \text{あるいは} \\ y = \mathrm{Cos}^{-1}x \end{array}\right\} \iff x = \cos y$$

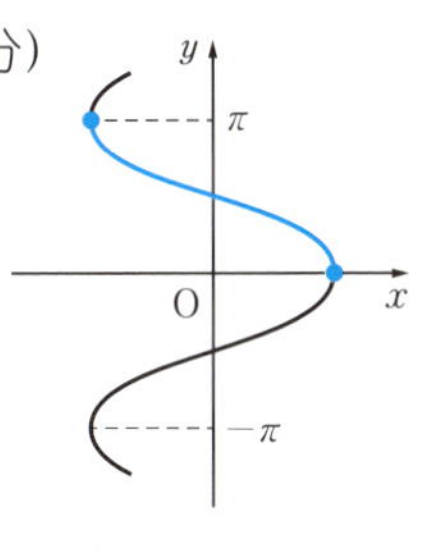

53 ページの図と右の図を比較

$$\mathrm{Cos}^{-1}x = -\mathrm{Sin}^{-1}x + \frac{\pi}{2} \qquad (6)$$

❶　逆三角関数の微分や積分について考えます．ここに示した方法はとても便利です．公式(3)をおぼえるより，この方法に習熟してください．そうすれば公式はすぐに導出できますので，おぼえる必要はありません．

❷　逆三角関数は対数関数でも表現できます．それにはすでに紹介した正弦関数の指数関数による定義式である 45 ページの公式(5)を利用します．本ページの公式(5)もおぼえるのではなく，導出法をマスターしてください．なお，この公式で $|x| \leq 1$ より log の中身の複素数の実部は $\pm\sqrt{1-x^2}$ で虚部は x なので，この複素数の大きさ r は 1 です．したがって，この log は純虚数となるので，この公式は，$\arcsin x$ が実数であることに矛盾していないことにも注意しましょう．

❸　次は，余弦関数の場合です．逆余弦関数の主値 $y = \mathrm{Arccos}\,x$ はグラフの青線で定義します．53 ページの $y = \mathrm{Arcsin}\,x$ のグラフ(青線)の符号を反転(x 軸に関し対称移動)し，$\dfrac{\pi}{2}$ だけ y 軸方向にずらせば $y = \mathrm{Arccos}\,x$ のグラフになるので式(6)が成立します．

したがって

$$\left.\begin{array}{l}\dfrac{d}{dx}\mathrm{Cos}^{-1}x=-\dfrac{1}{\sqrt{1-x^2}}\\ \Longleftrightarrow \displaystyle\int\frac{dx}{\sqrt{1-x^2}}=-\mathrm{Cos}^{-1}x+C\end{array}\right\}\quad (7)$$

❶

HW1 $\mathrm{Sin}^{-1}x$ のときと同様にして，$\cos y = x$ の両辺を微分して式(7)をチェックせよ

2.15.3　逆正接関数

❷

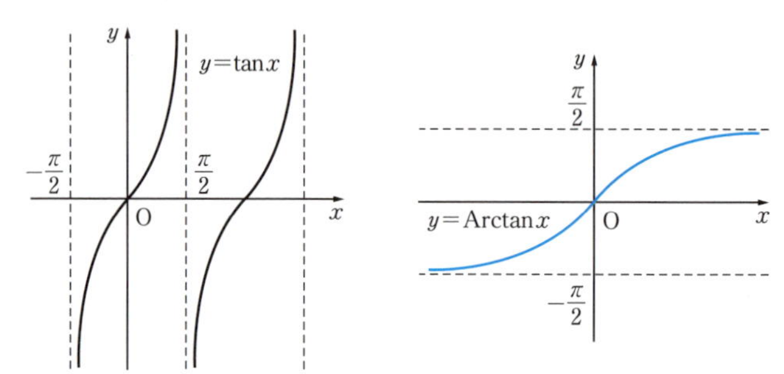

定義

主値として $-\dfrac{\pi}{2}<y<\dfrac{\pi}{2}$ を考える（上の右図の青線）

$$\left.\begin{array}{c}y=\mathrm{Arctan}\,x\\ \text{あるいは}\\ y=\mathrm{Tan}^{-1}x\end{array}\right\}\Longleftrightarrow\quad x=\tan y$$

HW2 以下を示せ〔**ヒント**　$x=\tan y$ の両辺を x で微分〕

$$\left.\begin{array}{l}\dfrac{d}{dx}\mathrm{Tan}^{-1}x=\dfrac{1}{1+x^2}\\ \Longleftrightarrow \displaystyle\int\frac{dx}{1+x^2}=\mathrm{Tan}^{-1}x+C\end{array}\right\}\quad (8)$$

☑ **注** $\sinh x$, $\cosh x$, $\tanh x$ といった双曲線関数に対しても，同様に逆関数が定義できる ❸

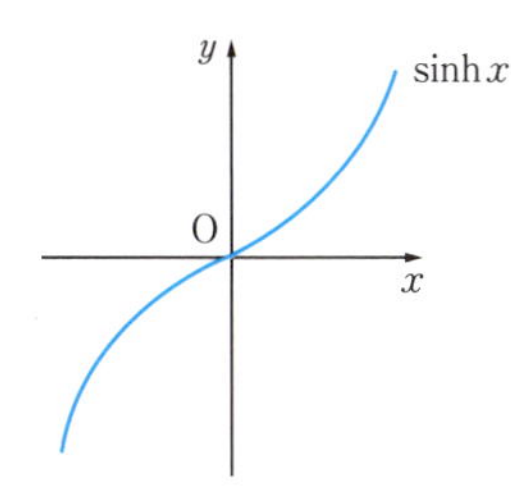

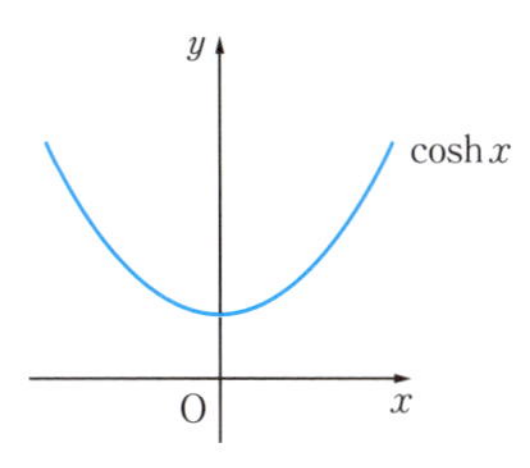

$\sinh x$ は主値をとる必要はなく，1 対 1 対応(上の左図)

$y = \sinh x$

$\longrightarrow\ \sinh x = \dfrac{e^x - e^{-x}}{2}$

$\longrightarrow$ 似たような微積公式 ❹

例 $\displaystyle\int \frac{dx}{\sqrt{x^2 + a^2}} = \sinh^{-1}\frac{x}{a} + C$

$\displaystyle\qquad = \log\left(x + \sqrt{x^2 + a^2}\right) + C'$

❶ 逆余弦関数についても同様に，微分や積分の公式(7)を導出できます．ぜひ，自分で確めて，導出法をマスターしてください．

❷ 次は，逆正接関数です．図の青線で定義します．また同様の導出法を使って微積分公式(8)を確めてください(**HW2**)．

❸ 同様にして，双曲線関数にも逆関数を定義できます．ただし，単調増加の sinh は主値をとるまでもなく 1 対 1 対応です．

❹ 三角関数と同様に，微積公式や対数関数での表現を導出することができます．

CHAPTER 3

偏微分

さて，これから偏微分というものについて説明します．高校では，微積分は 1 変数の場合だけを考えてきましたが，物理ではいろいろな量が時間や空間に対応した変数の関数となるので，多変数の微積分が必要になります．全微分は，大学での熱力学や統計力学で必要になる大切な概念です．合成関数の微分法を多変数に拡張した連鎖則も学びます．

3.1　偏微分とは

(a)

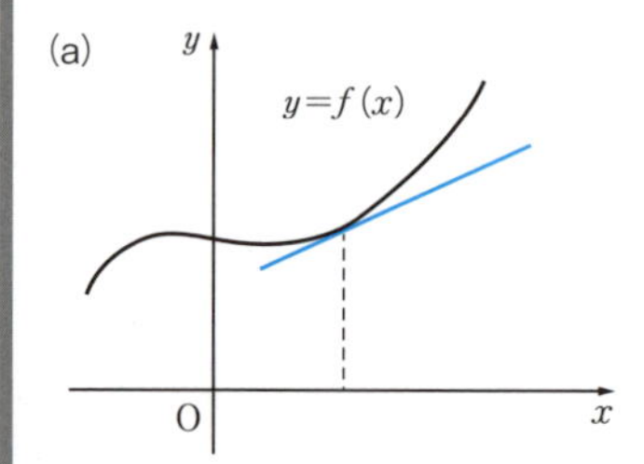

高校の復習

図(a)：曲線 $y=f(x)$

$\dfrac{df}{dx}=\dfrac{dy}{dx}$　“接線の傾き”　❶

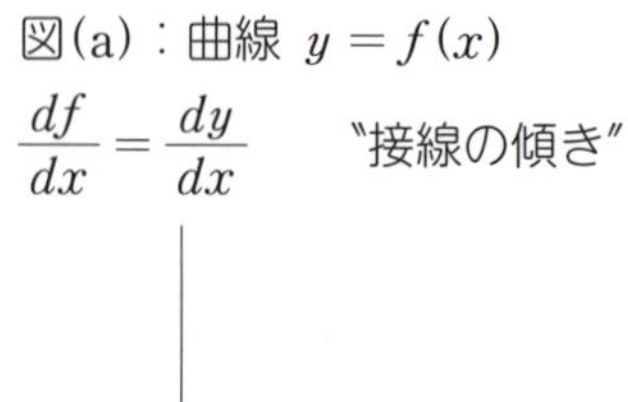

(b)

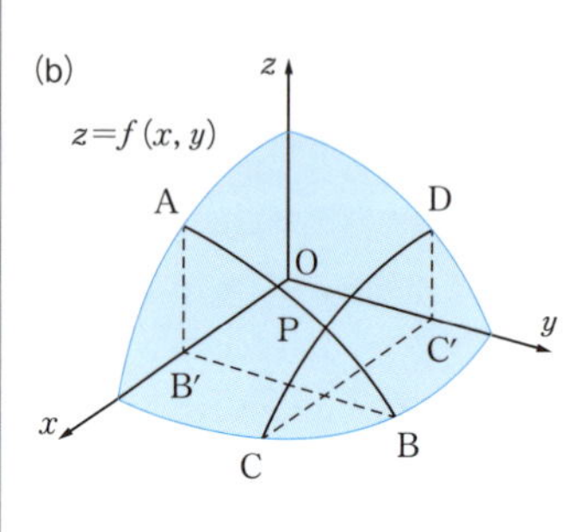

図(b)：曲面 $z=f(x, y)$　❷

図(c)：“接線の傾き” $\dfrac{dz}{dy} \Longrightarrow \left.\dfrac{\partial z}{\partial y}\right)_x$　❸

∂ “ラウンド”

一定

略記

$$\frac{\partial z}{\partial y}=\frac{\partial f}{\partial y} \tag{1}$$

❹

(c)

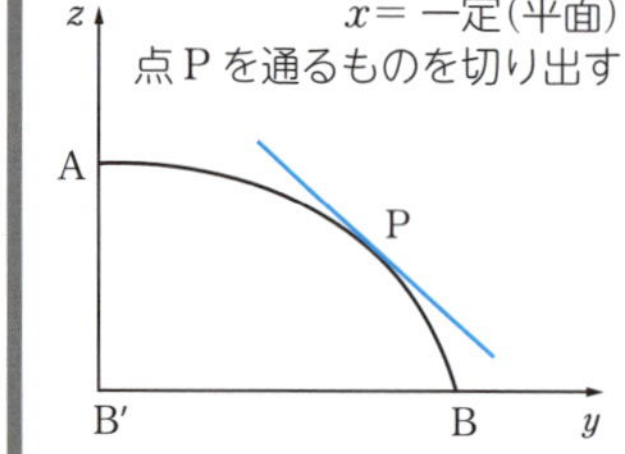

同様に

$y=$ 一定の面の曲線を考え　❺

“接線の傾き” $\dfrac{dz}{dx}$

$$\Longrightarrow \left.\frac{\partial z}{\partial x}\right)_y=\frac{\partial f}{\partial x}=\frac{\partial z}{\partial x} \tag{2}$$

記法　❻

$$z=f(x, y)=f(x_1, x_2)$$

$$\frac{\partial z}{\partial x},\quad z_x,\quad f_x,\quad f_1,\quad \frac{\partial f}{\partial x} \tag{3}$$

$$\frac{\partial^2 z}{\partial x \partial y},\quad z_{xy},\quad f_{xy},\quad f_{12},\quad \frac{\partial^2 f}{\partial x \partial y} \tag{4}$$

例 3変数 $w = f(x, y, z) = f(x_1, x_2, x_3)$ ❼

$$f_{123} = \frac{\partial^3 w}{\partial x \partial y \partial z}$$

❶ まずは高校生のときに習った1変数の微分の復習です．図(a)を見てください．微分あるいは微係数は，このようにある曲線 $y = f(x)$ を考えて導入されました．そして〝接線の傾き〟という図形的な意味をもっていました．

❷ これを1つ次元を上げて考えてみると，ここに示した図(b)のように，曲線は曲面 $z = f(x, y)$ に格上げされます．

❸ 図(b)の曲面を $x =$(一定)の平面で切り出したのが図(c)です．この図は，次元が下がっていて平面上の曲線になっていることから，高校生のときと同じように接線の傾きを考えることができます．

この傾きは x を固定して y で微分した量なので**偏微分**または**偏微分係数**とよび，このような記法を用います．

❹ $\Big)_x$ を取り去ってしまった式(1)の略記法もよく使います．

❺ 同様にして，式(2)のように，y を固定して x で微分した場合の偏微分も定義ができますね．図(c)のような図を描いて確認してみましょう．

❻ 記法についてさらに説明します．式(3)や(4)のような，いろいろな記法が用いられるのですこしずつ慣れていってください．記法によってはまぎらわしいものもあるので，用いられている文脈にも注意してください．

❼ 3変数やそれ以上の変数があるときも同じような記法を使います(**例**)．

例 $z = f(x, y) = x^3 y - e^{xy}$　❶

$$\frac{\partial f}{\partial x} = 3x^2 y - y e^{xy} \tag{5}$$

$$\frac{\partial z}{\partial y} = x^3 - x e^{xy} \tag{6}$$

$$f_{12} = \frac{\partial}{\partial x}\frac{\partial z}{\partial y} = \frac{\partial}{\partial x}(x^3 - x e^{xy})$$　❷

$$= 3x^2 - e^{xy} - xy e^{xy}$$

$$= 3x^2 - e^{xy}(1 + xy) \tag{7}$$

HW1 $f_{21} = \dfrac{\partial}{\partial y}\dfrac{\partial z}{\partial x}$ を同様に計算せよ　❸

☑**注** 普通(f_{12} と f_{21} がともに連続) $f_{12} = f_{21}$

☑**注** 3変数以上，たとえば温度場 $T(x, y, z, t)$　❹

$$\frac{\partial T}{\partial y} = \left.\frac{\partial T}{\partial y}\right)_{x, z, t}$$

↑ 固定

3.2　多変数のテーラー展開　5

$$f(x) = f(a) + f'(a)(x - a) + \frac{1}{2!}f''(a)(x - a)^2 + \cdots \tag{1}$$

$x \to x + h,\ a \to x$

$$f(x + h) = f(x) + f'(x)h + \frac{1}{2!}f''(x)h^2 + \cdots \tag{2}$$

$f(x) \to f(x, y)$　6

$$f(x + h, \underline{y + k}) = \underbrace{f(x, y + k)}_{①} + \underbrace{f_x(x, y + k)h}_{②}$$

固定(定数と思う)

$$+ \frac{1}{2!}\underbrace{f_{xx}(x, y + k)}_{③}h^2 + \cdots \tag{3}$$

①：x を固定　7

$$f(x, y + k) = f(x, y) + f_y(x, y)k + \frac{1}{2!}f_{yy}(x, y)k^2 + \cdots \tag{4}$$

❶ 定義の概念的な理解ができたところで，次は具体的な計算をしてみましょう．ここに示した **例** をじっくり観察してください．x で偏微分するときには他の変数はすべて(ここでは y のみ)定数だと見なして計算すればよいわけです(式(5))．y での偏微分についても同様の事情を確めましょう(式(6))．

❷ さらに 2 階偏微分の例です．式(7)において，上のルールを確めてください．

❸ **HW1** では微分する順序を入れかえて計算し直してください．結果は前と同じです．一般に，偏微分の順序を入れかえても(偏微分がその点のまわりで連続な関数になっていれば)その値は変化しません．理由は，$f(x, y)$が解析関数ならテーラー展開できるため $x^n y^m$ の和として書ける一方，$x^n y^m$ に対しては順序の入れかえで値が変わらないことから理解できるでしょう．

❹ 3 変数以上の場合も，同様のルールで計算ができます．

5 次に，多変数のテーラー展開です．まず 1 変数の場合の公式(1)を思い起こし，変数変換してみます(式(2))．こうして得られた公式(2)を使ってみましょう．

6 まず式(3)のように，第 2 変数は定数と見なして第 1 変数についてテーラー展開します．他方を固定して考えるので，第 1 変数に関する偏微分を考えていることになります．とりあえず，第 3 項まで考えます．

7 第 1 項 ① を取り出し，今度は第 1 変数を固定して第 2 変数でテーラー展開しましょう(式(4))．やはり，ここでも他方を固定した微分を考えるので偏微分が現れます．

❶

②：x を固定

$$f_x(x,\ y+k)=f_x(x,\ y)+f_{xy}(x,\ y)k+\frac{1}{2!}f_{xyy}(x,\ y)k^2+\cdots \tag{5}$$

③：x を固定

$$f_{xx}(x,\ y+k)=f_{xx}(x,\ y)+f_{xxy}(x,\ y)k+\cdots \tag{6}$$

❷

以後，h と k の 2 次の項まで計算

h^2, k^2, hk　2 次の項

h, k　1 次の項

式(3)は

$$\begin{aligned} f(x+h, y+k) &= f(x,\ y)+\frac{\partial f(x,y)}{\partial x}h+\frac{\partial f(x,y)}{\partial y}k \\ &\quad +\frac{1}{2!}\left(\frac{\partial^2 f(x,y)}{\partial x^2}h^2+\frac{\partial^2 f(x,y)}{\partial y^2}k^2+2\frac{\partial^2 f(x,y)}{\partial x\partial y}hk\right)+\cdots \end{aligned} \tag{7}$$

HW1

❸

$$\therefore\ f(x+h, y+k)=f(x,\ y)+\left(h\frac{\partial}{\partial x}+k\frac{\partial}{\partial y}\right)f(x,y)+\frac{1}{2!}\left(h\frac{\partial}{\partial x}+k\frac{\partial}{\partial y}\right)^2 f(x,y)+\cdots \tag{8}$$

微分演算子

❹

☑**注**　$\boldsymbol{r}=(x+h, y+k)$，$\boldsymbol{r}_0=(x,\ y)$ と書くと式(8)は

$$f(\boldsymbol{r})=f(\boldsymbol{r}_0)+(h,k)\cdot\left(\frac{\partial}{\partial x},\frac{\partial}{\partial y}\right)f(\boldsymbol{r}_0)+\cdots$$

$(h,k)=\boldsymbol{r}-\boldsymbol{r}_0$，$\left(\frac{\partial}{\partial x},\frac{\partial}{\partial y}\right)=\nabla$（ナブラ演算子）

$$f(\boldsymbol{r})=f(\boldsymbol{r}_0)+(\boldsymbol{r}-\boldsymbol{r}_0)\cdot\nabla f(\boldsymbol{r}_0)+\cdots \tag{9}$$

❺

☑**注** 3変数

$$\boldsymbol{r} = (x+h,\, y+k,\, z+l),\quad \boldsymbol{r}_0 = (x,\, y,\, z),\ \nabla = \left(\frac{\partial}{\partial x}, \frac{\partial}{\partial y}, \frac{\partial}{\partial z}\right)$$

とすると式(9)が成立

❶ 第2項②，第3項③にも同じことをします(式(5), (6))．

❷ ここで h と k を微小量と想定し，その2次の項まで計算をすると次のような式(7)が得られます．すこし面倒ですが，**HW1** で確めてみましょう．

❸ 式(8)のようにまとめてみると，規則性があることがわかりますね．この表現から3次の項がどんな形になるか予測がつきますね？　余力があれば，この3次の項も確めてみてください．なお，ここで1次と2次の項に導入した偏微分記号の足し算 $h\dfrac{\partial}{\partial x}+k\dfrac{\partial}{\partial y}$ やその2乗は**微分演算子**ともよばれます．

❹ さらにベクトル記号を導入すると**ナブラ**という微分演算子を導入して，式(9)のように書きかえができます．∇をナブラあるいは**ナブラ演算子**ともいいます．

❺ この式(9)は，位置ベクトルやナブラを3次元(あるいは n 次元)のものだと見なせば，3次元(n 次元)でも正しい表現です．

3.3　全微分

❶

1変数関数 $y = f(x)$

右の図の増分 Δy

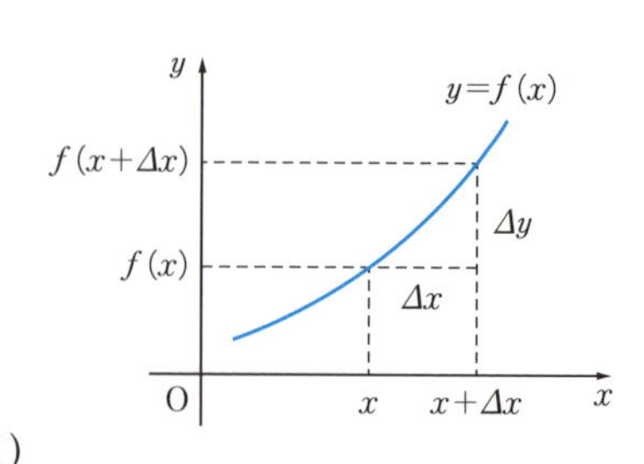

$$\Delta y = \Delta f$$
$$= f(x + \Delta x) - f(x)$$
$$= f'(x)\Delta x$$
$$+ \frac{1}{2!}f''(x)\Delta x^2 + \cdots \quad (1)$$

$\Delta x \to 0$ (Δ を d と書く)

$$df = f(x + dx) - f(x) \tag{2}$$

$$df = \frac{df}{dx}dx \tag{3}$$

↑ 全微分

次元を上げる

⟶ 2変数関数 $z = f(x, y)$

❷

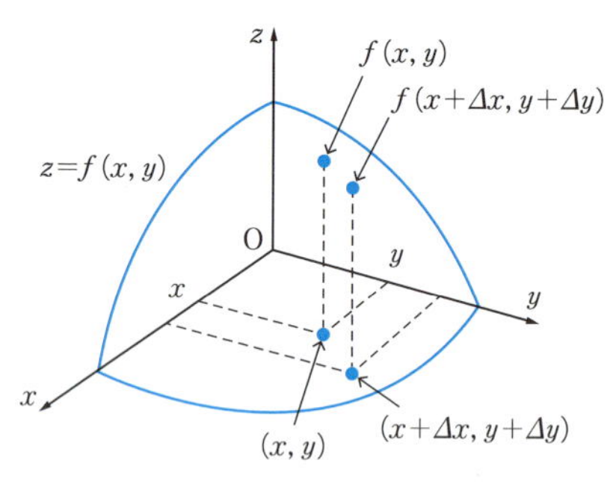

$$\Delta z = \Delta f(x, y)$$
$$= f(x + \Delta x, y + \Delta y) - f(x, y)$$
$$= f_x(x, y)\Delta x + \frac{1}{2!}f_{xx}(x, y)\Delta x^2 + \cdots + f_y(x, y)\Delta y + \cdots$$

↑ テーラー展開

$\Delta x, \Delta y \to 0$

$$df = f(x + dx, y + dy) - f(x, y)$$

全微分：$df = \dfrac{\partial f}{\partial x}dx + \dfrac{\partial f}{\partial y}dy$　　(4)

☑**注** 多変数

$$df(x, y, z) = \frac{\partial f}{\partial x}dx + \frac{\partial f}{\partial y}dy + \frac{\partial f}{\partial z}dz \tag{5}$$

↓ $(x, y, z) \to (x_1, x_2, x_3)$

$$= \sum_{i=1}^{3} \frac{\partial f}{\partial x_i}dx_i \tag{6}$$

$$= \frac{\partial f}{\partial x_i}dx_i \tag{7}$$

↑ アインシュタインの縮約

⟺ 2 回現れるインデックスについては和をとる

③

④

❶ 次に全微分という概念を扱います．これは微小変化量の間の関係を表すもので，熱力学で大活躍します．

まずは 1 変数の場合．テーラー展開の公式をもとにして，増分(1)の極限を考えます(式(2))．これが**全微分**とよばれる量で，式(3)のような公式が得られます．

❷ 次元を上げて，曲線を曲面に格上げしましょう．そして xy 平面上の近くの 2 点(x, y)と$(x + \varDelta x, y + \varDelta y)$をとってきて，それらに対応する z の増分 $\varDelta z$ を考えます．2 変数のテーラー展開の公式を使って，極限をとることで，この場合の全微分の公式(4)が得られます．

❸ 3 変数の場合が，式(5)のようになることは自然に理解できるでしょう．x, y, z を x_1, x_2, x_3 で表すと，式(6)のように和記号を使って書けます．

❹ この表式(6)は，式(7)で定義した**アインシュタインの縮約**とよばれる略記法を用いて，和記号を省略できます．和をとる範囲は文脈で決まります(ここでは $i = 1, 2, 3$)．これは相対論を学ぶときには大活躍する記号です．

3.4 連鎖則

❶

例 合成関数の微分

❷

$$y = \log x, \quad x = \sin t$$

$$\frac{dy}{dt} = \frac{dy}{dx}\frac{dx}{dt}$$

$$= \frac{1}{x}\cos t = \cot t \left(= \frac{1}{\tan t}\right)$$

例 $z = xy$

❸

$$x = 2t^2, \quad y = \sin t$$

$$\frac{dz}{dt} = 4t\sin t + 2t^2\cos t \qquad (1)$$

└── z を t の関数にする：$z = 2t^2 \sin t$

全微分の公式

❹

$$dz = \frac{\partial z}{\partial x}dx + \frac{\partial z}{\partial y}dy$$

↓ dt で割る

$$\frac{dz}{dt} = \frac{\partial z}{\partial x}\frac{dx}{dt} + \frac{\partial z}{\partial y}\frac{dy}{dt} \qquad (2)$$

└── 実は正しい(あとで示す)

公式(2)を上の **例** に対し使ってみる

❺

$$\frac{dz}{dt} = y \cdot 4t + x \cdot \cos t$$

$$= \underline{4t\sin t + 2t^2\cos t} \qquad (3)$$

└── 式(1)と一致

❶　次に**連鎖則**とよばれるルールを紹介します.

❷　これは，この **例** に示した合成関数の微分を，多変数の場合に一般化したものです.

例 $z = xy$

$x = s - t, \quad y = \sin(s+t)$

$$dz = \frac{\partial z}{\partial x} dx + \frac{\partial z}{\partial y} dy$$

↓ t を固定した増分を考え ds で割る

$$\frac{\partial z}{\partial s} = \frac{\partial z}{\partial x}\frac{\partial x}{\partial s} + \frac{\partial z}{\partial y}\frac{\partial y}{\partial s} \tag{4}$$

$$\frac{\partial z}{\partial s} = \left.\frac{\partial z(s,t)}{\partial s}\right)_t, \qquad \frac{\partial y}{\partial s} = \left.\frac{\partial y(s,t)}{\partial s}\right)_t$$

同様に

$$\frac{\partial z}{\partial t} = \frac{\partial z}{\partial x}\frac{\partial x}{\partial t} + \frac{\partial z}{\partial y}\frac{\partial y}{\partial t} \tag{5}$$

❸ この **例** では，z が x, y という変数を経由して t の 1 変数関数として定義されています．t での微分は z を t の関数に直してから計算すれば，式(1)のように直接に求められます．

❹ これを x, y を利用して計算したいので，試しに，全微分の公式を形式的に割り算して書き下したこの式(2)を使ってみましょう．実はこの式は，あとで示すように正しい式です．

❺ この式を使って計算し直すと，式(3)が得られ，確かに式(1)と一致しました．

❻ 次は，この **例** のように，x と y を通して，s と t の関数として定義されている場合．この場合も形式的な割り算をして〝連鎖則の公式〟を 2 つつくります(式(4), (5))．これらも実は正しい公式です．ただし，式(4)での s 微分と式(5)での t 微分が偏微分記号 ∂ (ラウンド)を使って書かれていることに注意してください．ただし式(4), (5)は略記で，文脈から明らかなように，たとえば $\frac{\partial z}{\partial s}$ は $\left.\frac{\partial z(s,t)}{\partial s}\right)_t$ のことを表しています．

式(4)と(5)のチェック

❶

$$\frac{\partial z}{\partial s} = \frac{\partial}{\partial s}\{(s-t)\sin(s+t)\}$$

$$= \sin(s+t) + (s-t)\cos(s+t) \tag{6}$$

❷

式(4)を使うと

$$\frac{\partial z}{\partial s} = y \cdot 1 + x \cdot \cos(s+t) \tag{7}$$

式(7)は式(6)と一致

☑**注** 多変数

❸

$v = f(x, y, z)$

x, y, z は t のみの関数の場合

$$\frac{dv}{dt} = \frac{\partial v}{\partial x}\frac{dx}{dt} + \frac{\partial v}{\partial y}\frac{dy}{dt} + \frac{\partial v}{\partial z}\frac{dz}{dt} \tag{8}$$

$x = x(s, t, u)$, $y = y(s, t, u)$, $z = z(s, t, u)$ の場合

$$\frac{\partial v}{\partial s} = \frac{\partial v}{\partial x}\frac{\partial x}{\partial s} + \frac{\partial v}{\partial y}\frac{\partial y}{\partial s} + \frac{\partial v}{\partial z}\frac{\partial z}{\partial s} = \frac{\partial v}{\partial x_i}\frac{\partial x_i}{\partial s} \tag{9}$$

HW1 $\dfrac{\partial v}{\partial t}$ の公式を書け

☑**注** 式(4)と(5)の証明

❹

x も y も t と s の関数

$$dx = \frac{\partial x}{\partial t}dt + \frac{\partial x}{\partial s}ds \tag{10}$$

$$dy = \frac{\partial y}{\partial t}dt + \frac{\partial y}{\partial s}ds \tag{11}$$

z は x と y の関数と見なせる

$$dz = \frac{\partial z}{\partial x}dx + \frac{\partial z}{\partial y}dy \tag{12}$$

z を s と t の関数と見なして得た式

$$dz = \frac{\partial z}{\partial t}dt + \frac{\partial z}{\partial s}ds \tag{13}$$

式(13)と〝式(10)と(11)を式(12)に代入した式〟とを比べれば，式(4)と(5)が出てくる(**HW2**)

❺

レクチャー

❶ これらの公式が正しいかチェックしてみましょう．まず，公式を使わずに z を s と t の関数に直して直接計算して式(6)を得ます．

❷ 一方，〝連鎖則の公式〟(4)から式(7)が得られます．この式の x, y を s, t で書きかえると式(6)と一致するので，公式(4)が成立していることがわかります．同様にして，公式(5)も正しいと示せます．

❸ ここに式(8), (9)として示したように，多変数の場合にも同様の連鎖則が成立します．

❹ ここで，2変数の場合の連鎖則の公式(4)と(5)を示してみましょう．式(10), (11), (12)のように x, y, z に対する全微分の式を書き下します．そして，z の公式(12)に，x と y の公式(10)と(11)を代入して書き下して整理してみてください．そうして得られた式と式(13)とをじっくり比較すると，所望の公式(4)と(5)が得られます．

❺ 手を動かして，公式(4)と(5)を確認してみてください(**HW2**)．これらの公式は熱力学，そして統計力学で必須の知識となります．

CHAPTER 4

線形代数

さて，これから線形代数に入ります．線形代数は，物理学科の最重要科目ともいえる量子力学を理解するために避けて通れません．
この章では〝簡単な例から始めて，一般化して抽象化する〟という体験をすることになります．数学ではとても大事な戦略です．簡単な例をよく観察して習熟することが，高度に抽象化された概念を理解するカギになります．手を動かして，具体例をマスターして，高度な抽象化に置いていかれないようにしましょう．

4.1　行列とその演算

❶

2×3 行列

$$A = \underbrace{\begin{pmatrix} 2 & 1 & -5 \\ 3 & -7i & 1-i \end{pmatrix}}_{3\text{列}} \Big\} 2\text{行} \tag{1}$$

$$= \begin{pmatrix} a_{11} & a_{12} & a_{13} \\ a_{21} & a_{22} & a_{23} \end{pmatrix} \tag{2}$$

❷

A の ij 成分(要素)：a_{ij}

一般の $n\times m$ 行列

$$A = \begin{pmatrix} a_{11} & a_{12} & \cdots & a_{1m} \\ a_{21} & a_{22} & \cdots & a_{2m} \\ \vdots & \vdots & \vdots & \vdots \\ a_{n1} & a_{n2} & \cdots & a_{nm} \end{pmatrix} \tag{3}$$

$n = m$ のとき，**正方行列**

4.1.1　スカラー倍

❸

式(1)の A について

$$2A = \begin{pmatrix} 4 & 2 & -10 \\ 6 & -14i & 2-2i \end{pmatrix} \tag{4}$$

“すべての成分を 2 倍”

$$2A \longrightarrow 2a_{ij} \tag{5}$$

❶　まずは**行列**の例．式(1)のように，数字を**行**と**列**に並べたものです．この場合は 2×3 行列(または 2 行 3 列の行列)とよばれます．

一般に

$$cA \longrightarrow ca_{ij} \qquad (6)$$

c は〝足〟(添え字)をもたない量 ⟶ スカラー ❹

4.1.2 足し算 ❺

$$\begin{pmatrix} a_{11} & a_{12} & a_{13} \\ a_{21} & a_{22} & a_{23} \end{pmatrix} + \begin{pmatrix} b_{11} & b_{12} & b_{13} \\ b_{21} & b_{22} & b_{23} \end{pmatrix}$$

$$= \begin{pmatrix} a_{11}+b_{11} & a_{12}+b_{12} & \boxed{} \\ \boxed{} & \boxed{} & a_{23}+b_{23} \end{pmatrix} \qquad (7)$$

⟶ □ を埋めよ(HW1)

一般に

$$A+B\text{ の }(i,j)\text{成分} \longrightarrow a_{ij}+b_{ij} \qquad (8)$$

〝すべての成分どうしを足す〟

❷ 行列の**成分**(**要素**ともいう)を下添え字を使って表します(式(2))．この表し方に習熟することは1つのポイントとなります．一般の $n \times m$ 行列の場合を示しますので(式(3))，添え字のつけ方の規則に段々と慣れていってください．なお $n=m$ のときは**正方行列**とよばれます．

❸ 次に〝定数倍〟という演算を定義します．式(4)は〝2倍〟という演算の例です．式(5)のように成分で表す方法にも慣れましょう．c 倍の場合は，ここに示したように成分は ca_{ij} となります(式(6))．

❹ 定数倍は〝スカラー倍〟ともよばれます．**スカラー**とは，ベクトルや行列のように成分表示をすると添え字が必要になる量に対して，成分がなく，したがって添え字がない量のことをいいます．添え字のことを〝足〟とよんで，スカラーを〝足のない量〟と表現することもあります．

❺ 次に〝足し算〟という演算．式(7)の例から定義は了解されますね．一般には成分表示で，式(8)のように定義できます．

☑**注** $A+A=2A$ に矛盾しない

☑**注** 行と列が同じでない2つの行列 ⟶ 足せない

❶

4.1.3　掛け算

❷

$$\begin{pmatrix} a_{11} & a_{12} \\ a_{21} & a_{22} \end{pmatrix}\begin{pmatrix} b_{11} & b_{12} & b_{13} \\ b_{21} & b_{22} & b_{23} \end{pmatrix}$$

$$=\begin{pmatrix} a_{11}b_{11}+a_{12}b_{21} & a_{11}b_{12}+a_{12}b_{22} & \boxed{} \\ \boxed{} & \boxed{} & a_{21}b_{13}+a_{22}b_{23} \end{pmatrix} \tag{9}$$

⟶ $\boxed{}$ を埋めよ(**HW2**)

一般に

積 AB の (i, j) 成分：

A の i 行ベクトル $(\cdots\cdots)$

と

B の j 行ベクトル $\begin{pmatrix} \vdots \end{pmatrix}$ の内積

$$\longrightarrow \sum_k a_{ik}b_{kj} = a_{ik}b_{kj} \tag{10}$$

↑ アインシュタインの縮約

❸

例 式(9)の(2, 3)成分

$$a_{2k}b_{k3} = a_{21}b_{13} + a_{22}b_{23}$$

$k=1$　　$k=2$

HW3 (1, 2)成分，(2, 1)成分についても確めよ

☑**注** AB は，〝A の列数〟と〝B の行数〟が同じでないと×

上の例では，A は 2×2 行列，B は 2×3 行列

❹

❶ この足し算の定義は，スカラー倍の定義に矛盾しないことに注意しましょう．また〝行と列の数が同じでないと足せない〟という規則になっていますね．

❷ 次に〝掛け算〟です．これは式(9)のように，左側にある行列の行と，その右側にある行列の列をそれぞれベクトルと見なしてその内積をとることで各成分を計算します．たとえば，式(9)の右辺の下線を引いてある(1, 1)成分を計算するには，左辺の左の行列の青い下線を引いた1行目(行ベクトル)と，右の行列の縦線を引いた1列目(列ベクトル)の内積をとったものになっていますね．

同様に，右辺の青い波線を引いてある(2, 3)成分は，左辺の左の行列の波線を引いた2行目(行ベクトル)と，右の行列の(縦の)波線を引いた3列目(列ベクトル)の内積になっていることも確認してください．

同様にして ☐ を埋めてみてください(**HW2**)．

❸ **HW2** の答えをよく観察すると，行列の積 AB の(i, j)成分が式(10)のように書けることがわかりますね．既出のアインシュタインの縮約を使うと和記号が省略できます．このようなアインシュタインの縮約を使った成分表示に慣れることも，この単元の重要ポイントです．

❹ ここで説明した行列の掛け算は，その定義より〝行列 A の列の数と行列 B の行の数が等しくないと積 AB は計算ができない〟ことに注意．

☑**注** ベクトルと見るか行列と見るか

行ベクトル

$$(a_1 \quad a_2 \quad \cdots \quad a_n) = A_1 \qquad \longleftarrow \ 1\times n \text{ 行列} \tag{11}$$

❶

列ベクトル

$$\begin{pmatrix} b_1 \\ b_2 \\ \vdots \\ b_n \end{pmatrix} = B_1 \qquad \longleftarrow \ n\times 1 \text{ 行列} \tag{12}$$

$$A_1B_1 = (a_1 \quad a_2 \quad \cdots \quad a_n)\begin{pmatrix} b_1 \\ b_2 \\ \vdots \\ b_n \end{pmatrix} = a_1b_1 + a_2b_2 + \cdots + a_nb_n \tag{13}$$

$$= a_ib_i \qquad \longleftarrow \text{ スカラー} \tag{14}$$

$$B_1A_1 = \begin{pmatrix} b_1 \\ b_2 \\ \vdots \\ b_n \end{pmatrix}(a_1 \quad a_2 \quad \cdots \quad a_n) = \begin{pmatrix} b_1a_1 & b_1a_2 & \cdots & b_1a_n \\ \vdots & \vdots & \vdots & \vdots \\ \vdots & \vdots & \vdots & \vdots \\ \cdots & \cdots & \cdots & b_na_n \end{pmatrix} \tag{15}$$

❷

HW4 $n=3$ のとき，式(15)のすべての成分を計算せよ

$AB = BA \longrightarrow$ 〝A, B は可換〟

❸

とは限らない．一般には

$AB \neq BA \longrightarrow$ 〝非可換〟

❶　ここに示したように行ベクトル A_1 を $1\times n$ 行列，列ベクトル B_1 を $n\times 1$ 行列と見なすことがあります．このとき行列 A_1B_1 の積はもともとのベクトルの内積に一致することに注意(式(13))．この量は式(14)では足が縮約されており，足がなくなっているのでスカラーです．

4.2 特殊な行列

4.2.1 単位行列

$$E, I = \begin{pmatrix} 1 & 0 & 0 \\ 0 & 1 & 0 \\ 0 & 0 & 1 \end{pmatrix} \quad \longleftarrow 3\times 3 \text{ 行列} \tag{1}$$

↓ $n\times n$ 行列

$$\begin{pmatrix} 1 & 0 & \cdots & 0 \\ 0 & 1 & \cdots & 0 \\ \vdots & \vdots & \ddots & \vdots \\ 0 & 0 & \cdots & 1 \end{pmatrix} = \begin{pmatrix} 1 & & \mathbf{0} \\ & 1 & \\ & & \ddots & \\ \mathbf{0} & & & 1 \end{pmatrix} \tag{2}$$

対角成分

〝対角成分〞が 1
他の成分は 0

❷ 次に，積の順序を逆にしてみましょう．すると，その結果は $n\times n$ 行列になることに注意(式(15))．

❸ このように行列の積は，一般には，順序を入れかえると等しいとは限りません．等しい場合は**可換**，そうでなければ**非可換**とよばれ，この言葉は量子力学や素粒子論で非常に大事です．たとえば量子力学では，エネルギー保存則が〝可換性〞と関係します．また量子電磁力学(QED)は〝可換ゲージ理論〞，一方，原子核に関する量子色力学(QCD)は〝非可換ゲージ理論〞です．

❹ 次に，特別な行列を定義しておきます．まずは**単位行列**です(式(1)，(2))．行列の文脈では，式(2)に示したように，このように右下がりの対角線にある成分のことを**対角成分**とよびます．右上がりのほうはそのようにはよびません．対角成分は(i, i)成分に対応します．ただし，ここで〝(i, i)成分〞の i は $n\times n$ 行列の場合，1 から n のいずれかの整数です．

単位行列の成分

$$\delta_{ij} = \begin{cases} 1 & (i = j) \\ 0 & (i \neq j) \end{cases} \tag{3}$$

クロネッカーのデルタ

❶

☑**注** $AI = IA = A$ (4)

❷

(i, j)成分

$$a_{ik}\delta_{kj} = \delta_{ik}a_{kj} = a_{ij} \tag{5}$$

❸

HW1 式(5)を 2×2 行列の場合に確めよ

ヒント $i = 1,\ j = 2$ のとき

$$a_{1k}\delta_{k2} = a_{11}\delta_{12} + a_{12}\delta_{22} = a_{11}\cdot 0 + a_{12}\cdot 1 = a_{12}$$

すべての i, j について確める

4.2.2 ゼロ行列

$$\mathbf{0} = \begin{pmatrix} 0 & 0 & \cdots & 0 \\ 0 & 0 & \cdots & 0 \\ \vdots & \vdots & \vdots & \vdots \\ 0 & 0 & \cdots & 0 \end{pmatrix} \quad \text{“全成分 0”} \tag{6}$$

❹

4.2.3 転置行列

❺

$$A = \begin{pmatrix} 1 & 2 \\ 3 & 4 \end{pmatrix} \xrightarrow[\text{入れかえる}]{\text{行と列を}} A^{\mathrm{T}},\ A^{\mathrm{t}},\ \tilde{A},\ A' = \begin{pmatrix} 1 & 3 \\ 2 & 4 \end{pmatrix} \tag{7}$$

$$\boldsymbol{x} = \begin{pmatrix} 1 \\ 2 \end{pmatrix} \longrightarrow \boldsymbol{x}^{\mathrm{t}} = (1 \quad 2)$$

❻

$$A : a_{ij} \longrightarrow A^{\mathrm{T}} : a_{ji} \tag{$*$}$$

❼

→ 2×2 行列で確めよ(**HW2**)

❶ 単位行列の成分表示は**クロネッカーのデルタ**という記号に一致します．この記号は式(3)のように，対角成分すなわち(i, i)成分が1で，それ以外

が0と定義されています．式(3)が定義(2)と矛盾がないことを確認してください．

❷ 単位行列は，ある行列に右から掛けても左から掛けても，もとのある行列に戻ります(式(4))．これを成分で示すと，式(5)になります．この式はとても重要です．ぜひとも，この公式が使いこなせるようになってください．2×2行列の場合に，逐一確めておきましょう(HW1)．

❸ この式(5)が使いこなせるようになるというのは，〝aがbに変わろうが，添え字の名前が変わろうが，添え字の数が変わろうが，適用できるようになりましょう〟ということです．あとでくり返し練習しますが，ここでは，たとえばこの公式は$b_{lm}\delta_{mk} = b_{lk}$とも$c_i\delta_{ij} = c_j$とも，$d_{ijk}\delta_{kl} = d_{ijl}$とも書けることを指摘しておきましょう．

❹ 次は**ゼロ行列**です．全成分が0の行列です(式(6))．

❺ 次に**転置行列**です．行と列を入れかえたもので定義します(式(7))．記法はここにあげたようにいろいろあります．そのつど，その記号が使われている文脈に注意して読みとってください．

❻ この定義から転置操作では，列ベクトルは行ベクトルになり，行ベクトルは列ベクトルになります．

❼ このように定義すると，成分表示では，転置操作は〝添え字の入れかえ〟に対応します．これもよく使うので，2×2行列の場合に確めておきましょう(HW2)．

これまでに，行列の積の定義(76ページの式(10))，クロネッカーのデルタの定義(3)とそれに関する公式(5)，転置操作の公式(＊)など，いくつかの成分表示が出てきました．これらに習熟することはとても大切です．習熟できないまま進むと，どんどんわからなくなる可能性もあります！ 慣れるまでは2×2行列の場合などで，そのつどチェックをしてから使うようにしましょう．そうすると，だんだん当たり前になってきますのでお試しあれ．

☑注 $(AB)^{\mathrm{T}} = B^{\mathrm{T}}A^{\mathrm{T}}$　(8)　❶

$\because$ AB の ij 成分 $(AB)_{ij}$

$$(AB)_{ij} = a_{ik}b_{kj} \quad (9)$$

よって

$$\begin{aligned}(AB)^{\mathrm{T}}{}_{ij} &= a_{jk}b_{ki} \quad (10)\\ &= (A^{\mathrm{T}})_{kj}(B^{\mathrm{T}})_{ik}\\ &= (B^{\mathrm{T}})_{ik}(A^{\mathrm{T}})_{kj}\\ &= (B^{\mathrm{T}}A^{\mathrm{T}})_{ij}\end{aligned}$$

4.2.4　エルミート共役

転置して複素共役

$$A^{\dagger} = (A^{\mathrm{T}})^{*} = (A^{*})^{\mathrm{T}} \quad (11)$$

❷

成分

$$(A)_{ij} = a_{ij} \longrightarrow (A^{\dagger})_{ij} = a_{ji}{}^{*}$$

例 $A = \begin{pmatrix} 1+i & 2+2i \\ 3-3i & 4 \end{pmatrix} \longrightarrow A^{\dagger} = \begin{pmatrix} 1-i & 3+3i \\ 2-2i & 4 \end{pmatrix}$

☑注 $A^{\dagger} = A \longrightarrow$ エルミート行列　(12)　❸

4.3　行列式

4.3.1　行列式の計算

行列式

$$\det A = |A| \quad (1)$$

❹

❶　ここで，転置操作に関する公式(8)を証明してみましょう．はじめて取り上げる〝本格的な〞成分計算の例なので，難しく感じる人が多いと思います．各変形ステップを注意深く観察して，理解してください．具体的に

例 $A = \begin{pmatrix} a & b \\ c & d \end{pmatrix}$

5

$$\det A = \begin{vmatrix} a & b \\ c & d \end{vmatrix} \tag{2}$$

$$= ad - bc \quad \longleftarrow \text{たすきがけ} \tag{3}$$

↑
定義

は各ステップで〝どこが変化しているか〟〝それはなぜなのか〟を考えてください．たとえば，はじめのステップ(9)では行列の積の定義が使われています．次のステップ(10)では(i, j)成分の入れかえがおこなわれていますね．これはまさに転置の操作ですね．このように1つずつ丹念にチェックしていけば必ず理解できるでしょう(99ページの❷も参照)．

❷ 次に**エルミート共役**です．式(11)の記号†は〝ダガー〟(〝短剣〟の意味)と読みます．プラス記号＋とは違い下側が長くなっていて，その部分が〝短剣の刃〟の部分に相当します．横線は〝束〟の部分です．

エルミート共役は，〝転置の操作と複素共役をとる操作の組合せ〟で定義されます．操作の順序を入れかえても結果は同じです(式(11))．これを成分での操作で示した式も確認しておきましょう．ここに示した2×2行列の例を見て理解を深めてください．

❸ 式(12)のように，エルミート共役ともとの行列とが等しい場合には**エルミート行列**といいます．

4 次は**行列式**です．英語は〝determinant〟といいますが，これは〝決定因子〟という意味です．式(1)のように，絶対値のような縦棒ではさんで表すこともあります．この量は，正方行列に対して定義されます．

5 2×2行列の場合は，式(2)と(3)に示した〝たすきがけ〟の方法によって計算します．この公式も最近では高校数学の範囲ではないようです．

小行列式

$$\begin{vmatrix} 1 & -5 & ② \\ 7 & 3 & 4 \\ 2 & 1 & 5 \end{vmatrix} \longrightarrow \begin{vmatrix} 7 & 3 \\ 2 & 1 \end{vmatrix} = M_{13} \tag{4}$$

↑── (1, 3)成分の**小行列式**

❶

$$\begin{vmatrix} 1 & -5 & 2 \\ 7 & ③ & 4 \\ 2 & 1 & 5 \end{vmatrix} \longrightarrow \begin{vmatrix} 1 & 2 \\ 2 & 5 \end{vmatrix} = M_{22} \tag{5}$$

↑── (2, 2)成分の**小行列式**

余因子

❷

小行列式 ＋ 符号

$$c_{ij} = (-1)^{i+j} M_{ij} \quad \longleftarrow \text{余因子} \tag{6}$$

符号判定法

$$\begin{vmatrix} + & - & + & \cdots \\ - & + & - & \cdots \\ + & - & + & \cdots \\ \vdots & \vdots & \vdots & \vdots \end{vmatrix} \tag{7}$$

行列式の余因子展開(定義)

❸

1 好きな行(列)を選ぶ

2 その行(列)の各成分に，その成分の余因子を掛けたものを足す

❶　3×3行列以上の場合を計算するために，小行列式という概念を説明します．これはもとの行列の各成分に対してそれぞれ定義されます．(i, j)成分に対しては，これは i 行と j 列を消して残った〝小行列〟の行列式のことです．ここに示した例(式(4)と(5))からすぐに了解できるでしょう．

例

$$\begin{vmatrix} 1 & -5 & 2 \\ 7 & 3 & 4 \\ 2 & 1 & 5 \end{vmatrix} = 2\begin{vmatrix} 7 & 3 \\ 2 & 1 \end{vmatrix} + 4(-1)\begin{vmatrix} 1 & -5 \\ 2 & 1 \end{vmatrix} + 5\begin{vmatrix} 1 & -5 \\ 7 & 3 \end{vmatrix} \tag{8}$$

$$= 148 \tag{9}$$

↑ HW1

❹

HW2 以下の□を埋めて，計算結果をチェックせよ

❺

$$\begin{vmatrix} 1 & -5 & 2 \\ 7 & 3 & 4 \\ 2 & 1 & 5 \end{vmatrix} = 1\begin{vmatrix} \square & \square \\ \square & \square \end{vmatrix} - 5(-1)\begin{vmatrix} \square & \square \\ \square & \square \end{vmatrix} + 2\begin{vmatrix} \square & \square \\ \square & \square \end{vmatrix}$$

$$= 148 \tag{10}$$

❷　さらに余因子を説明します．これは小行列式に，ある規則で符号をつけたものです．式で表すと，符号は式(6)のようにして計算できますが，実用的には式(7)として図示したようなチェッカーボードを使うといいでしょう．となりに移動するごとに，代わる代わる符号が変わります．

❸　さて，いよいよ行列式の計算法の説明です．ここに書いたルールを以下の **例** で確認してください．

❹　ここでは〝好きな列〟として第3列を選んでいます(式(8))．こうして3×3行列の行列式は，2×2行列の行列式の和になるので，各項を2×2の場合の公式で計算すれば，すべての計算が終わります．

❺　試しに，第1行を〝好きな行〟に選んで計算してみましょう(**HW2**)．式(10)のように式(9)と同じ結果が得られます．

〝好きな行〟〝好きな列〟を選んでも結果はいつも同じになるので，この計算法(余因子展開)は〝定義〟としても使えます．

☑**注**　$|4\times 4| \longrightarrow |3\times 3|$ の和 $\longrightarrow |2\times 2|$ の和　❶

☑**注** サラスの展開(3×3 専用)　❷

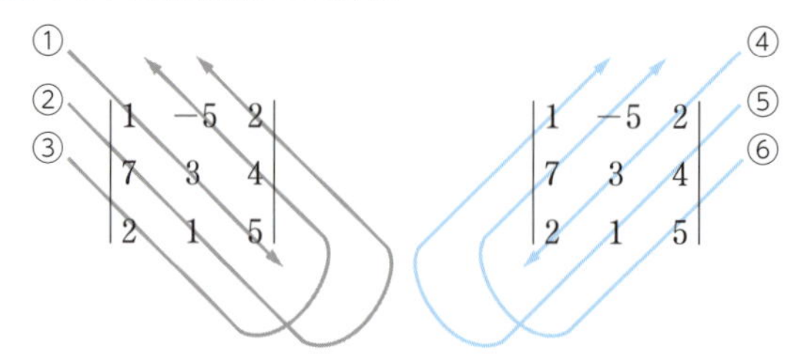

矢印に沿って 3 つの数の掛け算をし，それを順に ①, ②, … として

①＋②＋③－④－⑤－⑥＝148

HW3

4.3.2　行列式の性質と公式　❸

例① 成分がすべて 0 の行(列)がある ⟶ 0　❹

$$\begin{vmatrix} a & b & c \\ 0 & 0 & 0 \\ d & e & f \end{vmatrix} = -0\begin{vmatrix} b & c \\ e & f \end{vmatrix} + 0\begin{vmatrix} a & c \\ d & f \end{vmatrix} - 0\begin{vmatrix} a & b \\ d & e \end{vmatrix} = 0 \tag{11}$$

$$\begin{vmatrix} a & 0 & d \\ b & 0 & e \\ c & 0 & f \end{vmatrix} = 0 \tag{12}$$

例② ある行(列)を k 倍 ⟶ k 倍になる　❺

$$\begin{vmatrix} ka & kb & kc \\ d & e & f \\ g & h & i \end{vmatrix} = ka\begin{vmatrix} e & f \\ h & i \end{vmatrix} - kb\begin{vmatrix} d & f \\ g & i \end{vmatrix} + kc\begin{vmatrix} d & e \\ g & h \end{vmatrix}$$

$$= k\begin{vmatrix} a & b & c \\ d & e & f \\ g & h & i \end{vmatrix} \tag{13}$$

HW4

ヒント　式(13)を第 1 行で展開

$$\begin{vmatrix} a & d & kg \\ b & e & kh \\ c & f & ki \end{vmatrix} = k \begin{vmatrix} a & d & g \\ b & e & h \\ c & f & i \end{vmatrix} \tag{14}$$

❶ 4×4 行列以上の場合にも同様に計算ができます．たとえば 4×4 行列の行列式の余因子展開をすれば 3×3 行列の行列式の和になるので，もう一度それぞれを余因子展開すれば結局，2×2 行列の行列式の和になります．このように余因子展開をくり返すことで，最終的には 2×2 行列の行列式の和にできるので，原理的にはこれで，一般の行列の行列式が計算できることになります．

ここで紹介した定義は，一般論を考えるときには便利ではないため，実は別の定義の仕方もありますが，ここでは取りあげません(付録 A.2.2 を参照してください)．

❷ 3×3 行列の場合にだけ使えるサラスの展開も紹介します．2×2 のたすきがけを一般化したようなものですが 4×4 以上には使えません．

❸ これから余因子展開を使っていろいろな公式を導き，計算に慣れていきましょう．

❹ はじめの例は，成分がすべて 0 の行がある場合．その行で余因子展開すればわかるように，そのような場合，行列式は 0 です(式(11))．すべて 0 の列がある場合も同じですね(式(12))．

ここでは 3×3 の場合で示しましたが，$n \times n$ でも同じことですね．

❺ 次に，ある行が k 倍されている場合．式(13)のように k をくくりだすことができます．列でも同じことで(式(14))，$n \times n$ 行列の行列式もこの性質をもちます．

例③ 同一の行(列)を含む $\longrightarrow 0$

❶

$$\begin{vmatrix} a & b & c \\ a & b & c \\ d & e & f \end{vmatrix} = 0 \tag{15}$$

HW5

ヒント　第1行での展開 = −(第2行での展開)
$\longrightarrow X = -X \to 2X = 0$

$$\begin{vmatrix} a & a & d \\ b & b & e \\ c & c & f \end{vmatrix} = 0 \tag{16}$$

例④ となりの行(列)を入れかえる $\longrightarrow$ 符号が変わる

❷

$$\begin{vmatrix} a & b & c \\ d & e & f \\ g & h & i \end{vmatrix} = -\begin{vmatrix} a & b & c \\ g & h & i \\ d & e & f \end{vmatrix} \tag{17}$$

HW6

ヒント　両辺を行$(d\ e\ f)$で展開して比べる

例⑤ 転置 $\longrightarrow$ 値は不変

❸

$$|A| = |A^{\mathrm{T}}| \tag{18}$$

2×2の場合

$$\begin{vmatrix} a & b \\ c & d \end{vmatrix} = \begin{vmatrix} a & c \\ b & d \end{vmatrix}$$

HW7

3×3の場合

$$\begin{vmatrix} a & b & c \\ d & e & f \\ g & h & i \end{vmatrix} = \begin{vmatrix} a & d & g \\ b & e & h \\ c & f & i \end{vmatrix}$$

HW8

ヒント　左辺を第1行で，右辺を第1列で余因子展開

例⑥

❹

$$\begin{vmatrix} a+a' & d & g \\ b+b' & e & h \\ c+c' & f & i \end{vmatrix} = \begin{vmatrix} a & d & g \\ b & e & h \\ c & f & i \end{vmatrix} + \begin{vmatrix} a' & d & g \\ b' & e & h \\ c' & f & i \end{vmatrix} \tag{19}$$

HW9

ヒント　左辺の第1列，右辺第1項の第1列，
右辺第2項の第1列で余因子展開

☑**注** 式(19)は

❺

$$\boldsymbol{\alpha} = \begin{pmatrix} a \\ b \\ c \end{pmatrix}, \quad \boldsymbol{\alpha}' = \begin{pmatrix} a' \\ b' \\ c' \end{pmatrix}, \quad \boldsymbol{\beta} = \begin{pmatrix} d \\ e \\ f \end{pmatrix}, \quad \boldsymbol{\gamma} = \begin{pmatrix} g \\ h \\ i \end{pmatrix} \tag{20}$$

とすると

$$|\boldsymbol{\alpha}+\boldsymbol{\alpha}' \quad \boldsymbol{\beta} \quad \boldsymbol{\gamma}| = |\boldsymbol{\alpha} \quad \boldsymbol{\beta} \quad \boldsymbol{\gamma}| + |\boldsymbol{\alpha}' \quad \boldsymbol{\beta} \quad \boldsymbol{\gamma}| \tag{21}$$

❶　次に，同じ成分をもった行が2つある場合．この場合，行列式は0となります(式(15))．列でも同じことですし(式(16))，$n \times n$ の場合でも使える性質です．

❷　次は，2つの行を入れかえるとどうなるか．式(17)のように符号が変わってきます．なお，このことから，式(15)の同じ行($a\ b\ c$)はとなりあっていなくても0になることがわかります．

❸　次に，転置行列ともとの行列で，行列式は同じ(式(18))という話．これも $n \times n$ でも成立します．

❹　次に，ある列を2つのベクトルの和と見なすと，式(19)のように，行列式を分解できます．これも列についてでも，$n \times n$ に対してでも OK.

❺　式(20)のように列ベクトルを定義して式(19)を見直すことは教訓的です(式(21))．なお，これらの列ベクトルが行列式の中に入ったときには，カッコはなくなるという約束を使っています．

❶ **例⑦** ある行(列)を定数倍して別の行(列)に足す ⟶ 値は不変

$$\begin{vmatrix} a & d+ka & g \\ b & e+kb & h \\ c & f+kc & i \end{vmatrix} = \begin{vmatrix} a & d & g \\ b & e & h \\ c & f & i \end{vmatrix} \tag{22}$$

↑ **HW10**

ヒント　例⑥，例②，例③を使う

❷ ☑**注** 式(22)は

$$|\alpha \quad \beta + k\alpha \quad \gamma| = |\alpha \quad \beta \quad \gamma| \tag{23}$$

とも書ける

❸ **例⑧** 積の行列式 ⟶ 行列式の積

$$|AB| = |A||B| \tag{24}$$

2×2 の場合

$$\left|\begin{pmatrix} a & b \\ c & d \end{pmatrix}\begin{pmatrix} e & f \\ g & h \end{pmatrix}\right| = \begin{vmatrix} ae+bg & af+bh \\ ce+dg & cf+dh \end{vmatrix} \tag{25}$$

$\begin{pmatrix} ae \\ ce \end{pmatrix} = \alpha$, $\begin{pmatrix} bg \\ dg \end{pmatrix} = \beta$, $\begin{pmatrix} af \\ cf \end{pmatrix} = \alpha'$, $\begin{pmatrix} bh \\ dh \end{pmatrix} = \beta'$ とおく

$$= |\alpha \quad \alpha' + \beta'| + |\beta \quad \alpha' + \beta'|$$

$$= |\alpha \quad \alpha'| + |\alpha \quad \beta'| + |\beta \quad \alpha'| + |\beta \quad \beta'|$$

$$= \cdots\cdots = |A||B|$$

↓ **HW11** 等号の間を埋めよ

ヒント　$|\alpha \quad \alpha'| = |\beta \quad \beta'| = 0$

↑ 例②, 例③

$|\alpha \quad \beta'| + |\beta \quad \alpha'| = |A||B|$

$|\alpha \quad \beta'| = eh|A|$, $|\beta \quad \alpha'| = -gf|A|$

❶ この例も例⑥と同じタイプですが，この場合は例②を使うと，行列式を簡単化するこの公式(22)が得られます．

例 ❹

$$D = \begin{vmatrix} 0 & a & -b \\ -a & 0 & c \\ b & -c & 0 \end{vmatrix}$$

$$= (-1)^3 \begin{vmatrix} 0 & -a & b \\ a & 0 & -c \\ -b & c & 0 \end{vmatrix}$$

└── 各行の符号のつけかえ

$$= (-1) \begin{vmatrix} 0 & a & -b \\ -a & 0 & c \\ b & -c & 0 \end{vmatrix}$$

└── $|A| = |A^{\mathrm{T}}|$

$$= -D$$

$$\therefore D = -D \longrightarrow 2D = 0 \longrightarrow D = 0$$

❷　この公式(22)も，式(23)のように列ベクトルを用いて書き表せます．

❸　次は，〝積の行列式〟が〝行列式の積〟となること(式(24))．この性質は 2×2 の場合に，式(25)のように列ベクトル $\boldsymbol{\alpha}, \boldsymbol{\beta}, \boldsymbol{\alpha}', \boldsymbol{\beta}'$ を使うと確められます(**HW11**)．3×3 の場合も同じようにできるのでやってみてください．そうすれば $n\times n$ の場合に成立することは自然に感じられるでしょう．

❹　いままでの公式をフル活用して例題を1つ．**例** において，はじめの変形では各行の符号をつけかえています．次に，転置してみると，求めたい値 D は，それにマイナス符号をつけたものに等しいことが示されたことから，D が0であると結論されます．

例 $\begin{vmatrix} a & b & c \\ 0 & d & e \\ 0 & 0 & f \end{vmatrix} = a\begin{vmatrix} d & e \\ 0 & f \end{vmatrix} = adf$ (26)

☑**注** 上(下)三角行列の行列式 ⟶ 対角成分の積

$$\begin{vmatrix} a_{11} & \cdots & a_{1n} \\ & \ddots & \vdots \\ 0 & & a_{nn} \end{vmatrix} \quad (27)$$

$$\begin{vmatrix} a_{11} & & 0 \\ \vdots & \ddots & \\ a_{n1} & \cdots & a_{nn} \end{vmatrix} \quad (28)$$

$\Big\}\ a_{11}a_{22}\cdots a_{nn}$

HW12 $\begin{vmatrix} a & 0 & 0 \\ b & c & 0 \\ d & e & f \end{vmatrix}$ を求めよ

4.4　逆行列

A：正方行列

$$AA^{-1} = A^{-1}A = I \quad (1)$$

を満たす行列 A^{-1} を逆行列という

- 存在条件

$$|A| \neq 0 \quad (2)$$

- 正則行列

　逆行列をもつ行列

逆行列の公式

$$A^{-1} = \frac{1}{|A|}C^{\mathrm{T}} \quad (3)$$

行列 C の ij 成分 c_{ij}：A の (i, j) 成分に関する余因子

❶ 式(26)のような行列を**上三角行列**といいます．行列の右下がりの対角線の下の部分がすべて0で，その上側にしか0でない成分がない場合です．

この場合，第1行で余因子展開すると，対角成分(右下がりの対角線に並んだ成分)の積になることがわかります．これは$n \times n$行列でも成立する性質で(式(27))，また下三角行列に対しても同様です(式(28))．

❷ 次に**逆行列**の話．これも行列式同様，正方行列に対して定義されます．式(1)のように，もとの行列に右から掛けても，左から掛けても単位行列になる行列です．

❸ この逆行列の存在条件は，もとの行列の行列式が0でないことです(式(2))．この性質を満たす行列を**正則行列**といいます．

❹ 逆行列の存在条件である式(2)は，ここに示した逆行列の公式(3)から了解できます．行列式が0だと分母に0が来ることになりますので．

例

$$A = \begin{pmatrix} a & 0 & -b \\ 0 & 1 & 0 \\ b & c & a \end{pmatrix} \tag{4}$$

$$|A| = \begin{vmatrix} a & -b \\ b & a \end{vmatrix} = a^2 + b^2$$

↑ 第2行で余因子展開

$$c_{11} = \begin{vmatrix} 1 & 0 \\ c & a \end{vmatrix} = a, \quad c_{12} = -\begin{vmatrix} 0 & 0 \\ b & a \end{vmatrix} = 0, \quad c_{13} = \begin{vmatrix} 0 & 1 \\ b & c \end{vmatrix} = -b \tag{5}$$

$$C = \begin{pmatrix} a & 0 & -b \\ -bc & a^2 + b^2 & -ac \\ b & 0 & a \end{pmatrix} \tag{6}$$

↑ HW1

したがって

$$A^{-1} = \frac{1}{a^2 + b^2} \begin{pmatrix} a & -bc & b \\ 0 & a^2 + b^2 & 0 \\ -b & -ac & a \end{pmatrix} \tag{7}$$

HW2 式(4)と(7)の A と A^{-1} を使って

$$AA^{-1} = A^{-1}A = I = \begin{pmatrix} 1 & 0 & 0 \\ 0 & 1 & 0 \\ 0 & 0 & 1 \end{pmatrix}$$

を示せ

❶　この公式(3)を，例を使ってチェックしてみます．すこし面倒ですが，定義に従って行列 C の成分を1つずつ計算していきます(式(5)，(6))．

❷　こうして得られた結果(7)を，もとの行列の右から掛けても左から掛けても，単位行列になることを確めてください(**HW2**)．確かに公式(3)は正しいことが，これで例証されました．一般の証明は，ここでは扱いません(付録 A.2.1 参照)．

4.5　3次元空間のベクトル

3

4.5.1　単位ベクトルと成分表示

4

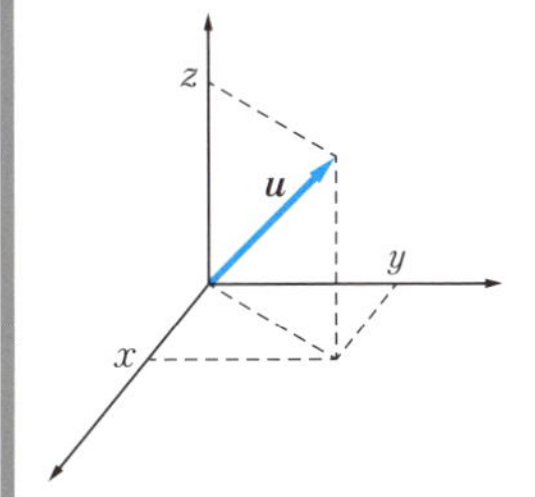

$$\boldsymbol{u} = \begin{pmatrix} x \\ y \\ z \end{pmatrix} = \begin{pmatrix} x_1 \\ x_2 \\ x_3 \end{pmatrix} \quad \longleftarrow \text{列ベクトル } 3\times1 \text{ 行列} \qquad (1)$$

5

$$\boldsymbol{u}^{\mathrm{T}} = (x \quad y \quad z) \quad \longleftarrow \text{行ベクトル } 1\times3 \text{ 行列} \qquad (2)$$

3　これから 3 次元の空間ベクトルについて，いろいろな性質を調べて，だんだんと成分表示に慣れていきましょう．添え字がたくさんあり，それらについてアインシュタインの縮約を使ってある式の計算に，すこしずつ触れてもらいます．慣れないとかなりとまどうようですが，物理学科卒業生としてはしっかり理解しておいてほしい相対性理論の習得には，これは避けて通れません．このテキストで説明する計算を，面倒がらずにいちいち紙に書いて丹念にチェックしていけば必ず身につきます．この章は同時に，線形代数で扱う n 次元ベクトルの世界への導入も果たします．

4　まず，3 次元の直交座標系(デカルト直交座標系)を考えます．3 方向に対する**単位ベクトル**を次ページ冒頭の図のように導入します．この空間に本ページの図のような $\boldsymbol{u}$ ベクトルを考えます．

5　これを**列ベクトル**として式(1)のように表します．このように x, y, z を x_1, x_2, x_3 に対応させると便利なことが多くあります．対応する**行ベクトル**は，列ベクトルを $n\times1$ 行列，行ベクトルを $1\times n$ 行列と見なすと，転置操作で互いに入れかわります(式(2))．

直交単位ベクトル

$\boldsymbol{e}_x,\ \boldsymbol{e}_y,\ \boldsymbol{e}_z \qquad \boldsymbol{e}_1,\ \boldsymbol{e}_2,\ \boldsymbol{e}_3 \qquad \boldsymbol{i},\ \boldsymbol{j},\ \boldsymbol{k}$ ❶

成分 ❷

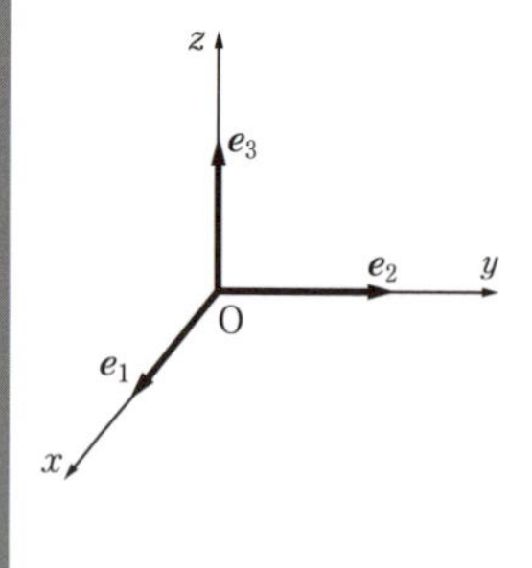

$$\boldsymbol{e}_1=\begin{pmatrix}1\\0\\0\end{pmatrix},\quad \boldsymbol{e}_2=\begin{pmatrix}0\\1\\0\end{pmatrix},\quad \boldsymbol{e}_3=\begin{pmatrix}0\\0\\1\end{pmatrix} \tag{3}$$

$$\boldsymbol{u}=\begin{pmatrix}x\\y\\z\end{pmatrix}=x\begin{pmatrix}1\\0\\0\end{pmatrix}+y\begin{pmatrix}0\\1\\0\end{pmatrix}+z\begin{pmatrix}0\\0\\1\end{pmatrix}$$

$$=x\boldsymbol{e}_x+y\boldsymbol{e}_y+z\boldsymbol{e}_z \tag{4}$$

$$=x_i\boldsymbol{e}_i \tag{5}$$

☑**注** $(\boldsymbol{e}_i)_j=\delta_{ij}=\begin{cases}1 & (i=j)\\ 0 & (i\neq j)\end{cases}$ (6) ❸

↑ HW1

4.5.2　スカラー積（内積） ❹

スカラー積 ❺

$$\boldsymbol{u}\cdot\boldsymbol{v}=|\boldsymbol{u}||\boldsymbol{v}|\cos\theta \tag{7}$$

右図の正射影ベクトルの大きさ（$|\boldsymbol{u}|\cos\theta$）

$$\boldsymbol{u}\cdot\boldsymbol{u}=|\boldsymbol{u}|^2$$

$\boldsymbol{u}$ の $\boldsymbol{v}$ への正射影ベクトル

単位ベクトルのスカラー積 ❻

$$\boldsymbol{e}_i\cdot\boldsymbol{e}_j=\delta_{ij} \tag{8}$$

↑ HW2

❶　直交単位ベクトルには，このようにいろいろな記法があります．

❷　これらの直交単位ベクトルの成分を書き出せば，式(3)のようになります．ベクトル $\boldsymbol{u}$ は，このように3つのベクトルの和に書き直すと，単位ベクトルの和として書けます(式(4))．アインシュタインの縮約を使った表現(式(5))はとてもよく使いますので，だんだんと慣れてください．

❸　なお，第 i 軸方向の単位ベクトルの j 成分は，クロネッカーのデルタを使って，式(6)のように表せることに注意．これもよく使うので，確めておきましょう．i，j は1, 2, 3のいずれかなので(面倒がらずに) $3 \times 3 = 9$ 通りに場合分けして慣れてください(**HW1**)．

❹　次に，ベクトルの**内積**を考えます．すぐあとに外積というものも学習します．内積はその値がスカラーで，外積はベクトルとなるため，それぞれ**スカラー積**，ベクトル積とよばれることもあります．

❺　幾何学的には，式(7)のように右図の〝なす角〟θ を考えて定義されています．したがって，同じベクトルどうしのスカラー積は，なす角が0なので，単にベクトルの大きさの2乗になります．

❻　単位ベクトルのスカラー積はクロネッカーのデルタになること(式(8))を確めておきましょう(**HW2**)．面倒でも，**HW1** のように9通りに場合分けしてチェックすることで慣れてください．こまめなチェックを怠ると次第についていけなくなるかもしれないので，面倒がらずに手を動かしてください．

内積の計算例

❶

$$\boldsymbol{u} = \begin{pmatrix} u_1 \\ u_2 \\ u_3 \end{pmatrix} = u_1\boldsymbol{e}_1 + u_2\boldsymbol{e}_2 + u_3\boldsymbol{e}_3 = u_i\boldsymbol{e}_i$$

$$\boldsymbol{v} = \begin{pmatrix} v_1 \\ v_2 \\ v_3 \end{pmatrix} = v_i\boldsymbol{e}_i$$

$$\begin{aligned} \boldsymbol{u}\cdot\boldsymbol{v} &= (u_1\boldsymbol{e}_1 + u_2\boldsymbol{e}_2 + u_3\boldsymbol{e}_3)\cdot(v_1\boldsymbol{e}_1 + v_2\boldsymbol{e}_2 + v_3\boldsymbol{e}_3) \\ &= u_1\boldsymbol{e}_1\cdot(v_1\boldsymbol{e}_1 + v_2\boldsymbol{e}_2 + v_3\boldsymbol{e}_3) + \cdots \\ &= u_1v_1\boldsymbol{e}_1\cdot\boldsymbol{e}_1 + u_1v_2\boldsymbol{e}_1\cdot\boldsymbol{e}_2 + \cdots \\ &= u_1v_1\cdot 1 + u_1v_2\cdot 0 + \cdots \end{aligned}$$

└── 式(8)

$$= u_1v_1 + u_2v_2 + u_3v_3 \tag{9}$$

アインシュタインの縮約を使う計算例

❷

$$\boldsymbol{u}\cdot\boldsymbol{v} = u_i\boldsymbol{e}_i\cdot v_j\boldsymbol{e}_j = u_iv_j\boldsymbol{e}_i\cdot\boldsymbol{e}_j \tag{10}$$

$$= u_iv_j\delta_{ij} \tag{11}$$

└── 式(8)

$$= u_iv_i \tag{12}$$

└── 80ページの式(5)：$a_i\delta_{ij} = a_j$ (13)

❶　ベクトルを単位ベクトルの和で表す公式(5)を使って，スカラー積を計算してみましょう．ただし，ここでは，きちっと定義を与えることではなく，成分計算に慣れることが主眼なので，〝ベクトルの和を掛けあわせたものは展開してもOK〞ということは認めて使います．すると $3 \times 3 = 9$ 個の展開項が出てきます．でもそのうちの多くは，単位ベクトルのスカラー積の公式(8)から0です．残るのは3つだけです(式(9))．このようにしてスカラー積は，成分計算では〝各成分の積の和〞として得られることが確認されました．こちら(式(9))を定義としても，先に述べた幾何学的なもの(式(7))を定義としても，どちらも同じことです．

4.5.3　ベクトル積(外積)

ベクトル積 $\boldsymbol{u}\times\boldsymbol{v}$ はベクトル

- 向　き：$\boldsymbol{u}$ から $\boldsymbol{v}$ へ回して右ねじが進む向き
- 大きさ：$|\boldsymbol{u}||\boldsymbol{v}|\sin\theta$

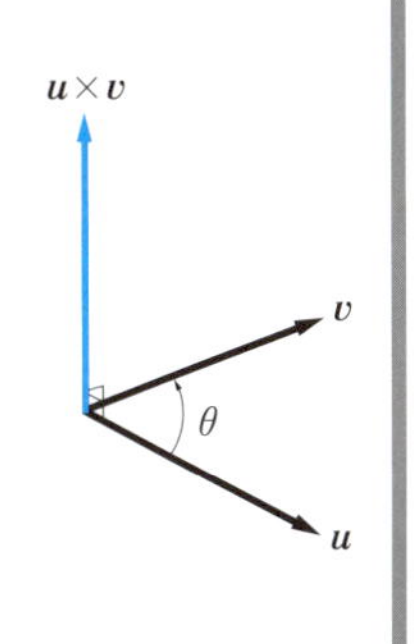

性質

[1] $\boldsymbol{u}\times\boldsymbol{v} = -\boldsymbol{v}\times\boldsymbol{u}$

[2] $\boldsymbol{u}/\!/\boldsymbol{v}$ あるいは $\boldsymbol{u}/\!/-\boldsymbol{v}$ のとき

$$\boldsymbol{u}\times\boldsymbol{v} = \boldsymbol{0}$$

[3] $\boldsymbol{u}\times\boldsymbol{u} = \boldsymbol{0}$

❸

❹

❷　さて，いまおこなった計算を，アインシュタインの縮約を使って計算してみたのが式(10)～(12)の変形です．式(10)の 2 番目の等号は，この縮約で表されている 3 × 3 = 9 個のすべての項において順番の入れかえが可能であることから正当化できます．次の式(11)の等号は，単位ベクトルのスカラー積をクロネッカーのデルタで表しただけ．そして式(13)の等式 $a_{ij}\delta_j = a_i$ は，すでに単位行列の導入のときに確認した 80 ページの公式(5)です．そこでは〝公式が使いこなせるようになることが大切〟と強調しました．その個所を振り返ってみて，その言葉の意味を確認してください．

❸　次は**外積**です．これは**ベクトル積**ともよばれます．ここでも幾何学的な定義からスタートします．この量はベクトルなので向きと大きさがあり，それぞれここに記したように定義します．

❹　これから帰結される性質には，このような [1] ～ [3] があります．まずベクトル積は，積をとる順番を入れかえると符号が変わるという事実([1])．次に，考えるベクトルが平行または反平行の場合にはゼロベクトルになるということ([2])．さらに，自身とのベクトル積もやはりゼロベクトルになるということ([3])．いずれも上の幾何学的な定義に立ち戻って納得してください．

単位ベクトルのベクトル積

❶

① $(i, j, k) = (1, 2, 3)$, $(2, 3, 1)$, $(3, 1, 2)$のとき

$$\longrightarrow \boldsymbol{e}_i \times \boldsymbol{e}_j = \boldsymbol{e}_k \qquad (14)$$

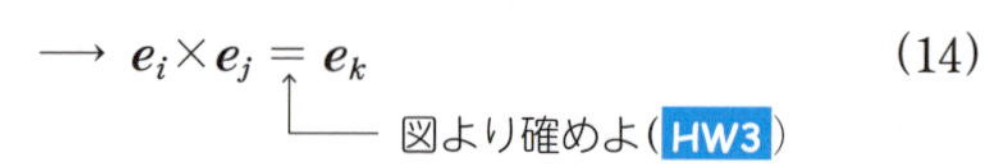

② $(i, j, k) = (1, 3, 2)$, $(3, 2, 1)$, $(2, 1, 3)$のとき

$$\longrightarrow \boldsymbol{e}_i \times \boldsymbol{e}_j = -\boldsymbol{e}_k \qquad (15)$$

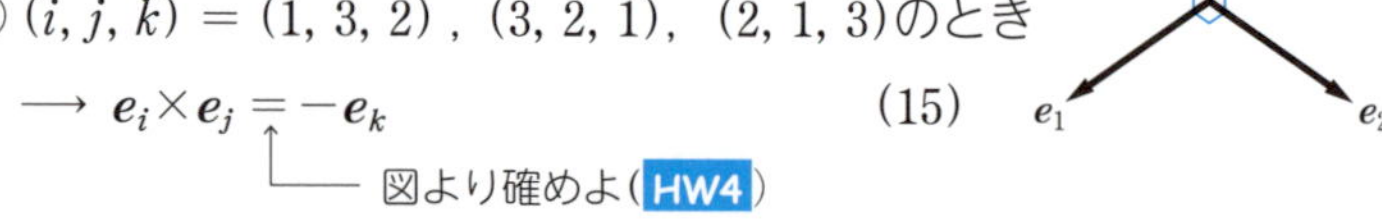

③ $i = j$のとき

$$\longrightarrow \boldsymbol{e}_i \times \boldsymbol{e}_j = \boldsymbol{0} \qquad (16)$$

図より確めよ(HW5)

❷

①-③をまとめると

$$\boldsymbol{e}_i \times \boldsymbol{e}_j = \varepsilon_{ijk} \boldsymbol{e}_k \qquad (17)$$

❸

エディントンのε記号

$$\varepsilon_{ijk} = \begin{cases} 1 & (i, j, k)\text{が}(1, 2, 3)\text{の順置換} \\ -1 & \quad〃 \qquad\qquad \text{逆置換} \\ 0 & \text{それ以外} \end{cases} \qquad (18)$$

❹

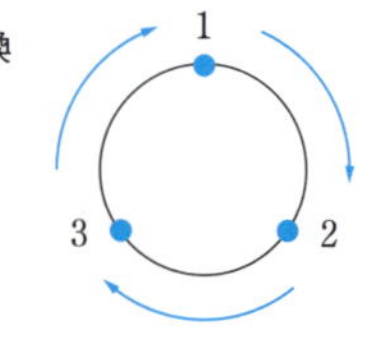

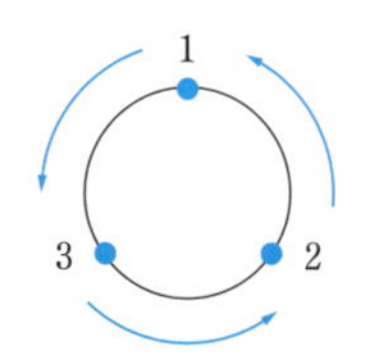

❶　図を見ながら，単位ベクトルどうしのベクトル積について，次の3つの場合①～③に分けて，幾何学的な定義に立ち戻って，1つ1つ納得しておいてください(HW3～HW5)．単位ベクトルは直交する3ベクトルであるので，それらのなす角は90°か0°であることに注意してください．

❷　この結果をまとめると，実は式(17)のように書けます．ここに出てきた記号をエディントンのイプシロンといいます．慣れるまでは厄介に感じるかもしれませんが，慣れてしまうととても便利です．これからじっくり説明していきますので，面倒がらずに手を動かしていちいちチェックしていってください．そのうちに慣れてきます．

❸　この記号は添え字が3つあり，それぞれが3通りの値をとるので成分数は $3 \times 3 \times 3 = 27$ 個です．しかしその多くは0で，0でない場合も1か -1 の値をとります．その規則は式(18)に示した通りです．3つの添え字が1つでも重なると0です．重なりがないときだけ0でなく，そのときは3つの相異なる添え字がどのような順番で並んでいるかによって $+1$ または -1 となります．具体的には $1, 2, 3$ の順置換なら $+1$，逆置換なら -1 です．

❹　順置換とは左図のようなまわりを考え，$1, 2, 3$ のどれかからスタートして，3番目までまわってできる並びです．つまり $123, 231, 312$ の3通りです．反対が逆置換でやはり3通り(右図)．つまり27個の成分のうち，0でないのは6つだけです．

☑**注** となりの添え字を入れかえると符号が変わる

$$\varepsilon_{123} = -\varepsilon_{132},\ \varepsilon_{113} = -\varepsilon_{131},\ \cdots \longrightarrow \varepsilon_{ijk} = -\varepsilon_{ikj}$$

ただし

$$\varepsilon_{123} = -\varepsilon_{321},\ \cdots \longrightarrow \varepsilon_{ijk} = -\varepsilon_{kji}$$

❶ ❷

HW6 式(17)を確めよ ❸

ヒント　$i=1,\ j=2$ とすると $\boldsymbol{e}_1\times\boldsymbol{e}_2 = \varepsilon_{12k}\boldsymbol{e}_k = \varepsilon_{123}\boldsymbol{e}_3 = \boldsymbol{e}_3$

(i, j)を 27 通りに場合分けして逐一確める

外積の計算例

$$\boldsymbol{u}\times\boldsymbol{v} = (u_1\boldsymbol{e}_1 + u_2\boldsymbol{e}_2 + u_3\boldsymbol{e}_3)\times(v_1\boldsymbol{e}_1 + v_2\boldsymbol{e}_2 + v_3\boldsymbol{e}_3)$$
$$= u_1v_1\boldsymbol{e}_1\times\boldsymbol{e}_1 + u_1v_2\boldsymbol{e}_1\times\boldsymbol{e}_2 + \cdots$$
$$= u_1v_1\cdot 0 + u_1v_2\boldsymbol{e}_3 + \cdots \tag{19}$$

↑ 式(17)あるいは式(14)-(16)

$$= \boldsymbol{e}_1(u_2v_3 - u_3v_2) + \boldsymbol{e}_2(u_3v_1 - u_1v_3) + \boldsymbol{e}_3(u_1v_2 - u_2v_1) \tag{20}$$

↑ **HW7**

❹ ❺

$$= \begin{vmatrix} \boldsymbol{e}_1 & \boldsymbol{e}_2 & \boldsymbol{e}_3 \\ u_1 & u_2 & u_3 \\ v_1 & v_2 & v_3 \end{vmatrix} \tag{21}$$

↑ **HW8**

式(20)より，列ベクトルとして書けば

$$\boldsymbol{u}\times\boldsymbol{v} = \begin{pmatrix} u_2v_3 - u_3v_2 \\ u_3v_1 - u_1v_3 \\ u_1v_2 - u_2v_1 \end{pmatrix} \tag{22}$$

↑ **HW9**

❻

❶　この定義から，となりあった添え字を入れかえると符号が変わるという性質をもちます．たとえば(1, 2, 3)成分は 1 ですが，となりあった添え字

2と3を入れかえた132は逆置換になっているので -1 となりますね．成分が0の場合にもこれは成り立ちます．このことは，たとえば(1, 1, 2)成分も(1, 2, 1)成分も0ですが $0 = -0$ ですので，やはりこの性質は満たされている，というわけです．ただし(1, 2, 3)と(3, 2, 1)のように両端を入れかえると，321は逆置換なので符号が変わります．つまり，両端もとなりどうしと見なせる，というわけです．

❷ 長々と説明しましたが，ここにあげた例も自分で逐一場合分けして確認して，納得してください．〝面倒で当たり前すぎる〟と思えてきたらやめてかまいません．

❸ ε 記号の定義に十分慣れたら式(17)を，i，j，k の27通りの場合に分けて逐一確認してください(HW6)．

❹ さて，ベクトル積についても成分計算の練習をしましょう．ここでも，きちっとした定義を与えるのが目的ではないので，このような3つのベクトルの和どうしの積が展開できるという事実を使ってしまうことにします．ただし，ベクトル積は掛ける順序によるので，展開項に現れるベクトルの順番はもとの順番を保ちます．全部で9個の項が出てきますが，そのうち6個が残ります(式(19))．第1単位ベクトルに比例した項が2つ出てくるのでそれをまとめます．第2単位ベクトル，第3単位ベクトルについても同様にまとめると式(20)が得られます．自分で紙に書いて計算し，確認してください(HW7)．

❺ この公式(20)はおぼえにくいのですが，行列式を使って式(21)のように書けます．この公式は第1行による余因子展開を使って確認できますので，必ず確認してください(HW8)．この公式(21)はおぼえやすいのですが，84ページの式(7)のチェッカーボードを思い起こして，余因子に付いてくる符号を間違えないようにしましょう．

❻ つまり式(22)が成分として得られます．これはおぼえにくいので，別の計算法をあとで紹介します．

アインシュタインの縮約を使う

$$\boldsymbol{u}\times\boldsymbol{v} = u_i\boldsymbol{e}_i \times v_j\boldsymbol{e}_j$$ ❶

$$= u_iv_j\boldsymbol{e}_i\times\boldsymbol{e}_j$$

$$= u_iv_j\varepsilon_{ijk}\boldsymbol{e}_k$$

↑ 式(17)

$$= \varepsilon_{kij}u_iv_j\boldsymbol{e}_k$$

↑ 添え字の入れかえ：$\varepsilon_{ijk} = -\varepsilon_{ikj} = \varepsilon_{kij}$

$$= \varepsilon_{1ij}u_iv_j\boldsymbol{e}_1 + \varepsilon_{2ij}u_iv_j\boldsymbol{e}_2 + \varepsilon_{3ij}u_iv_j\boldsymbol{e}_3$$

$$= \begin{pmatrix} \varepsilon_{1ij}u_iv_j \\ \varepsilon_{2ij}u_iv_j \\ \varepsilon_{3ij}u_iv_j \end{pmatrix} \tag{23}$$

$$\underset{\substack{i\to j\\ j\to k}}{\longrightarrow} (\boldsymbol{u}\times\boldsymbol{v})_i = \varepsilon_{ijk}u_ju_k \tag{24}$$ ❷

↑ HW10

☑注 $\boldsymbol{u}\cdot\boldsymbol{e}_i = u_i$ (25) ❸

↑ $\boldsymbol{u} = u_j\boldsymbol{e}_j$ として，$u_j\boldsymbol{e}_j\cdot\boldsymbol{e}_i = u_j\delta_{ij}$

を使えば

$$(\boldsymbol{u}\times\boldsymbol{v})_i = (\boldsymbol{u}\times\boldsymbol{v})\cdot\boldsymbol{e}_i$$

$$= \boldsymbol{e}_k\varepsilon_{klm}u_lv_m\cdot\boldsymbol{e}_i$$

$$= \delta_{ki}\varepsilon_{klm}u_lv_m$$

$$= \varepsilon_{ilm}u_lv_m \tag{26}$$

☑注 $\boldsymbol{A}\times\boldsymbol{B} = -\boldsymbol{B}\times\boldsymbol{A}$ (27) ❹

$$\because\ (\boldsymbol{A}\times\boldsymbol{B})_i = \varepsilon_{ijk}A_jB_k$$

$$= \varepsilon_{ik'j'}A_{k'}B_{j'}$$ ❺

↑ $j\to k'$，$k\to j'$

$$= -\varepsilon_{ij'k'}A_{k'}B_{j'}$$

↑ 添え字の入れかえ：$\varepsilon_{ik'j'} = -\varepsilon_{ij'k'}$

$$= -\varepsilon_{ij'k'}B_{j'}A_{k'}$$

$$= -(\boldsymbol{B}\times\boldsymbol{A})_i \tag{28}$$

❶　さて，いまおこなった計算を今度はアインシュタインの縮約を使って計算してみましょう．2番目の等号は，ベクトルどうしの積の順番が変えられない点を除けば，98ページの式(10)の2番目の等号と同様に理解できますね．3番目の等号でエディントンのイプシロンを使った公式(17)で書きかえをおこないます．4番目の等号では，この記号の性質を使っています．となりどうしの添え字の入れかえを2回くり返し，その結果，符号はもとに戻り，不変です．5番目の等号では，kの添え字について3通り書き出し，6番目の等号では，それを成分で書きました(式(23))．

❷　これによって，式(24)が3通りのiの値($i = 1, 2, 3$)について成立することがわかりました．これが式(20)と一致することも，場合分けして丹念にチェックしてください(HW10)．〝当たり前すぎる〟と思えるようになったら，やめてかまいません．

❸　さらに，この☑注に書いたようなやり方で式(24)を確認してみましょう．公式(25)は，あるベクトルの第i成分を取り出すには第i単位ベクトルとのスカラー積をとればよいという意味をもち，よく使われます．この式は等号の下に書いた式から納得できますね．さらにその下の式変形を1つずつ，対応する公式を思い起こしてチェックしてみてください．式(26)は式(24)の右辺と等価なことに注意してください．

❹　ここで，幾何学的な定義からは〝当たり前〟のこの式(27)を成分計算で示してみましょう．エディントンのイプシロンや添え字のある計算の練習です．

❺　縮約をとってあるペアになっている添え字は〝ダミー添え字〟ともいわれ，そのペアの文字を同時に別の文字に変更することができます．他の添え字と区別できる文字であれば何でもよいわけです．それと添え字の入れかえ，およびエディントンのイプシロンによるベクトル積の定義，これらが理解できていれば式(28)にいたる式変形が理解できるでしょう．わからなければこれらを復習したのちに，式(28)にいたる式と比べながら確認してみてください．

❶

☑**注** 外積と面積

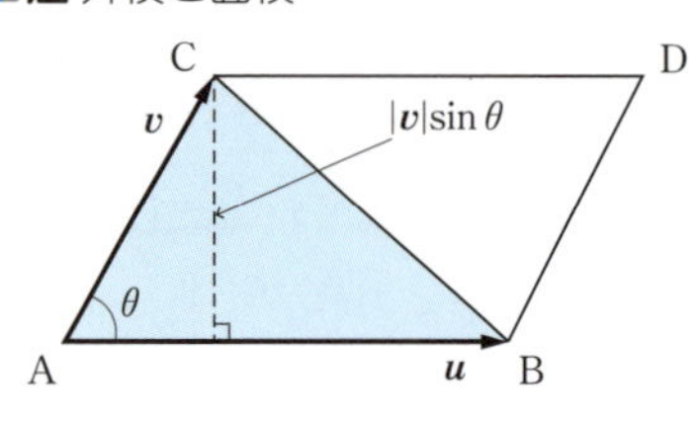

青色の三角形 ABC の面積 S は

$$S = \frac{1}{2}|\boldsymbol{u}||\boldsymbol{v}|\sin\theta = \frac{1}{2}|\boldsymbol{u}\times\boldsymbol{v}| \qquad (29)$$

平行四辺形 ABCD の面積 S' は

$$S' = 2S = |\boldsymbol{u}\times\boldsymbol{v}| \qquad (30)$$

❷

☑**注** $\boldsymbol{u}\times\boldsymbol{v}$：$\boldsymbol{u}$ にも $\boldsymbol{v}$ にも直交する

⟶ 2つのベクトルに直交するベクトルが求められる

$\boldsymbol{A} = (2, 1, -1)$,　$\boldsymbol{B} = (1, 3, -2)$

❸

$$\boldsymbol{A}\times\boldsymbol{B} = \begin{vmatrix} \boldsymbol{e}_1 & \boldsymbol{e}_2 & \boldsymbol{e}_3 \\ 2 & 1 & -1 \\ 1 & 3 & -2 \end{vmatrix} = (1, 3, 5) \qquad (31)$$

↑ **HW11**

❹

HW12 $(1, 3, 5)\cdot\boldsymbol{A} = 0$,　$(1, 3, 5)\cdot\boldsymbol{B} = 0$ を示せ

❺

別の方法

$$\begin{array}{ccccccc} \boldsymbol{A} & \longrightarrow & 2 & 1 & -1 & 2 \\ & & \times & \times & \times & \\ \boldsymbol{B} & \longrightarrow & 1 & 3 & -2 & 1 \\ & & ③ & ① & ② & \end{array} \qquad (32)$$

↑ 第1成分

$$\left.\begin{array}{ll} ① & 1\cdot(-2) - (-1)\cdot 3 = 1 \\ ② & -1\cdot 1 - 2\cdot(-2) = 3 \\ ③ & 2\cdot 3 - 1\cdot 1 = 5 \end{array}\right\} \longrightarrow \begin{pmatrix} 1 \\ 3 \\ 5 \end{pmatrix}$$

❻

☑**注** 式(32)は，一般には

$$\begin{array}{ccccccc} \boldsymbol{A} & \longrightarrow & A_1 & A_2 & A_3 & A_1 \\ & & \times & \times & \times & \\ \boldsymbol{B} & \longrightarrow & B_1 & B_2 & B_3 & B_1 \\ & & ③ & ① & ② & \end{array} \qquad (33)$$

と書ける

❶　ベクトル積はこのように，三角形や平行四辺形の面積と対応しています(式(29)，(30))．

❷　ベクトル積を利用して，2つの与えられたベクトルの両方に直交するベクトルを求めることができます．このようなベクトルは，高校生で習った範囲では，連立方程式を解いて求めることになりますが，ベクトル積を利用すると簡単に計算できます．例で見ていきましょう．

❸　まずは行列式を使った定義を利用した計算(式(31))．

❹　**HW12** で確かに $\boldsymbol{A}\times\boldsymbol{B}$ が $\boldsymbol{A}$ にも $\boldsymbol{B}$ にも直交することを成分計算で確めてください．

❺　この計算法では，式(32)のように問題の2つのベクトルの成分を横並びに書いて計算できます．ここで，第1成分を4番目に書き足してあることに注意してください．そして，あとは〝たすきがけ〟のルールで示した番号順に計算していくと成分が順に求められます．行列式を利用した計算と見比べると，なぜこのように計算してよいか了解できるでしょう．この方法は，とくに2つのベクトルの成分が具体的な数字で与えられているときに便利です．この計算法は高校数学の参考書にも載っていることがあるので，知っている人もいるでしょう．

❻　ベクトルの成分が文字で与えられている場合に式(33)の計算をすると，式(22)に一致することがわかりますね．

4.6　直線と平面

4.6.1　直線

直線の方程式

$$\boldsymbol{r} - \boldsymbol{r}_0 = \boldsymbol{A}t \qquad (1)$$

↑ 方向ベクトル

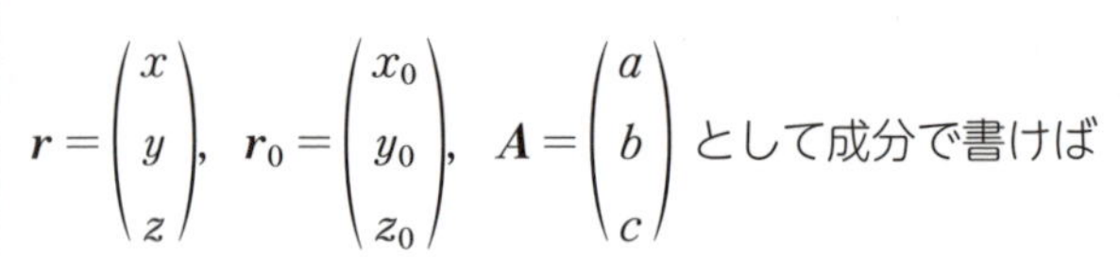

$\boldsymbol{r} = \begin{pmatrix} x \\ y \\ z \end{pmatrix}$, $\boldsymbol{r}_0 = \begin{pmatrix} x_0 \\ y_0 \\ z_0 \end{pmatrix}$, $\boldsymbol{A} = \begin{pmatrix} a \\ b \\ c \end{pmatrix}$ として成分で書けば

$$\begin{cases} x - x_0 = at \\ y - y_0 = bt \\ z - z_0 = ct \end{cases} \qquad (2)$$

$a, b, c \neq 0$ なら

$$\frac{x - x_0}{a} = \frac{y - y_0}{b} = \frac{z - z_0}{c} \qquad (3)$$

☑**注** $c = 0$ のとき

$$\frac{x - x_0}{a} = \frac{y - y_0}{b}, \quad z - z_0 = 0 \qquad (4)$$

4.6.2　平面

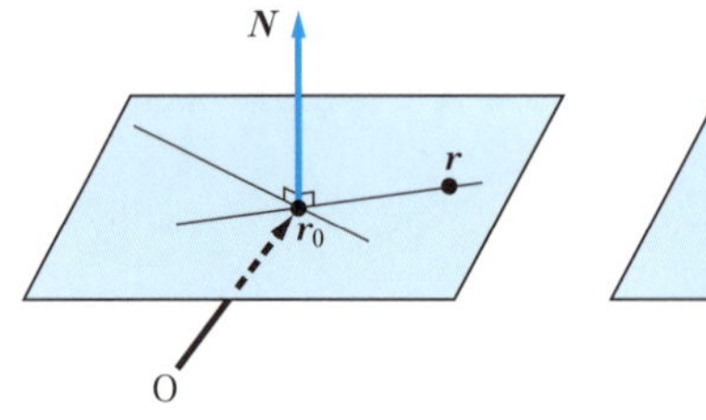

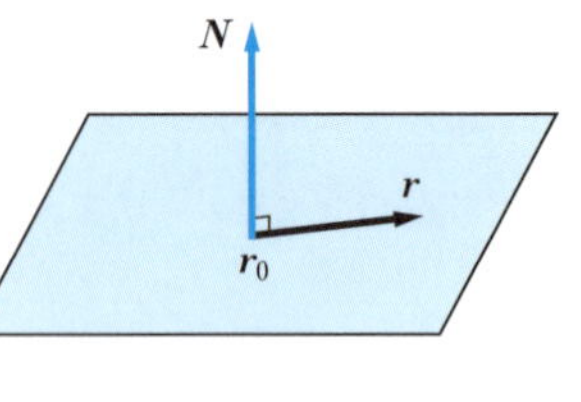

平面の方程式

$$\boldsymbol{N} \cdot (\boldsymbol{r} - \boldsymbol{r}_0) = 0 \qquad (5)$$

↑ 直交

↑ 法線ベクトル

$N = \begin{pmatrix} a \\ b \\ c \end{pmatrix}$ として成分で書けば ❻

$$\begin{pmatrix} a \\ b \\ c \end{pmatrix} \cdot \begin{pmatrix} x - x_0 \\ y - y_0 \\ z - z_0 \end{pmatrix} = 0$$

$$a(x - x_0) + b(y - y_0) + c(z - z_0) = 0$$

$$\therefore\ ax + by + cz = d \qquad (6)$$

└── d を a, b, c, x_0, y_0, z_0 で表せ(HW1)

☑**注** 直線の式：$ax + by = c$ ❼

❶ 次にスカラー積やベクトル積の応用例として，3 次元空間内の平面と直線について説明しておきましょう．

❷ 直線は，図のように，それが通過する 1 点 $\boldsymbol{r}_0$ と向き $\boldsymbol{A}$ を与えれば定義できます．3 次元ベクトルで考えると，式(1)が成立します．

❸ 成分で見ると，式(2)～(4)が成り立ちますね．

❹ 次に平面です．これは，左図のように，その上の 1 点 $\boldsymbol{r}_0$ とその平面内にある任意の 2 直線と直交するベクトル(法線ベクトル)$\boldsymbol{N}$ を与えれば一意に定まります．

❺ そこで，右上図のように，平面上の任意の点と指定した点を結んだベクトルが，法線ベクトルと直交するという式を書くことで，平面の方程式(5)が得られます．

❻ 成分計算すると式(6)のような形になります．

❼ 2 次元平面内での直線の式と比べると，自然な形で次元が 1 つ上がった表現になっていることがわかりますね．

例 $\boldsymbol{A}=(-1,1,1)$，$\boldsymbol{B}=(2,3,0)$，$\boldsymbol{C}=(0,1,-2)$ の3点を含む平面を求める

❶

この平面の $\boldsymbol{N}$ は $\overrightarrow{\mathrm{AB}}$，$\overrightarrow{\mathrm{AC}}$ に直交

$$\boldsymbol{N} \propto \overrightarrow{\mathrm{AB}} \times \overrightarrow{\mathrm{AC}} = (-6, 8, -2)$$

← HW2

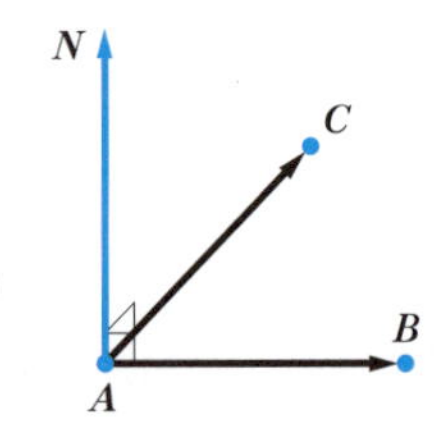

$\boldsymbol{N}=(3,-4,1)$ とする．$\boldsymbol{B}=\boldsymbol{r}_0$ として，式(5)より求める平面の式は

$$\begin{pmatrix} 3 \\ -4 \\ 1 \end{pmatrix} \cdot \begin{pmatrix} x-2 \\ y-3 \\ z-0 \end{pmatrix} = 0$$

$$3x - 4y + z + 6 = 0$$

← HW3

4.7　n次元実ベクトル

❷

4.7.1　記法，和とスカラー倍

u_i は実数

$$\text{列ベクトル}\quad \boldsymbol{u} = \begin{pmatrix} u_1 \\ \vdots \\ u_n \end{pmatrix} \tag{1}$$

$$\text{行ベクトル}\quad \boldsymbol{u}^{\mathrm{T}} = (u_1 \ \cdots \ u_n) \tag{2}$$

和

$$\boldsymbol{u} + \boldsymbol{v} = \begin{pmatrix} u_1 + v_1 \\ \vdots \\ u_n + v_n \end{pmatrix} \tag{3}$$

$$\text{ただし}\quad \boldsymbol{v} = \begin{pmatrix} v_1 \\ \vdots \\ v_n \end{pmatrix}$$

☑**注** $\boldsymbol{u}+\boldsymbol{0}=\boldsymbol{u}$, $\boldsymbol{0}=\left.\begin{pmatrix}0\\ \vdots\\ 0\end{pmatrix}\right\} n$ (4)

スカラー倍

$$c\boldsymbol{u}=\begin{pmatrix}cu_1\\ \vdots\\ cu_n\end{pmatrix} \qquad (5)$$

☑**注** $0\boldsymbol{u}=\boldsymbol{0}$

❶ まとめとして，3点を通る平面の式を求めてみましょう．高校数学の範囲で解ける問題ですが，ベクトル積を使うことでより簡単に解くことができます．

2 これから，いままでに見てきた3次元ベクトルの知識をよりどころとして n 次元のベクトルを考えてみましょう．3次元の場合と同様に成分表示を考えます(式(1), (2))．なおここでの成分は実数とします．これらを n 次元実ベクトルといいます．和(式(3))やゼロベクトル(式(4))はまったく同様に定義できます．

3 スカラー倍も同様です(式(5))．

4.7.2　*n* 次元実ベクトル空間

❶

$$V = \boldsymbol{R}^n \tag{6}$$

$\boldsymbol{R}$：実数（$\boldsymbol{R}^n$ への注記）
ベクトル空間（V への注記）

⟶ 任意の n 次元実ベクトルの集合

❷

例 $\boldsymbol{x} = \begin{pmatrix} 1 \\ 2 \\ 3 \end{pmatrix}$ は $V = \boldsymbol{R}^3$ の元

❸

スカラー積

$$\boldsymbol{u} \cdot \boldsymbol{v} = \boldsymbol{u}^{\mathrm{T}} \boldsymbol{v} = u_i v_i \tag{7}$$

$$\begin{pmatrix} u_1 \\ \vdots \\ u_n \end{pmatrix} \cdot \begin{pmatrix} v_1 \\ \vdots \\ v_n \end{pmatrix} = (u_1 \quad \cdots \quad u_n) \begin{pmatrix} v_1 \\ \vdots \\ v_n \end{pmatrix} = u_i v_i \tag{8}$$

$(u_1 \ \cdots \ u_n)$：$1 \times n$ 行列
$\begin{pmatrix} v_1 \\ \vdots \\ v_n \end{pmatrix}$：$n \times 1$ 行列

❹

ノルム（大きさ）

$$|\boldsymbol{u}| = \|\boldsymbol{u}\| = \sqrt{\boldsymbol{u} \cdot \boldsymbol{u}} = \sqrt{\boldsymbol{u}^{\mathrm{T}} \boldsymbol{u}} = \sqrt{u_i u_i} \tag{9}$$

❺

☑**注** n 次元複素ベクトル

$$\boldsymbol{u} = \begin{pmatrix} u_1 \\ \vdots \\ u_n \end{pmatrix} \quad (u_i \text{ は複素数}) \quad \longrightarrow \quad \text{例} \quad \boldsymbol{u} = \begin{pmatrix} 1+i \\ 1-i \end{pmatrix} \tag{10}$$

❻

スカラー積 ⟶ エルミート・スカラー積

$$\boldsymbol{u}^{\dagger} \boldsymbol{v} = (u_1{}^* \quad \cdots \quad u_n{}^*) \begin{pmatrix} v_1 \\ \vdots \\ v_n \end{pmatrix} \tag{11}$$

エルミート共役（$\boldsymbol{u}^{\dagger}$ への注記）

$$\boldsymbol{u}^{\dagger} = (\boldsymbol{u}^{\mathrm{T}})^* = (\boldsymbol{u}^*)^{\mathrm{T}} \tag{12}$$

❼

$$= u_i{}^* v_i \tag{13}$$

ノルムは

$$\|\boldsymbol{u}\| = \sqrt{\boldsymbol{u}^{\dagger}\boldsymbol{u}} = \sqrt{u_i{}^* u_i} \tag{14}$$

❽

❶ ここでn次元ベクトル空間を導入します．ここでは成分を実数としているので，とくにn次元実ベクトル空間といい，これを式(6)のように表します．〝空間〟というのは，ここでは〝ベクトルの集合〟のことを指します．

❷ この **例** のような言葉づかいに慣れていきましょう．ここで元は，要素ともいいます．

❸ スカラー積は両方を行列と見なし，行列の積と見なしても計算できます(78 ページの式(11)～(13)参照)．いずれにせよ 2 次元，3 次元のときと同様に〝各成分の積の和〟で定義されます(式(7), (8))．

❹ ベクトルの大きさのことをノルムといい，式(9)のような二重の縦棒ではさんで表すこともあります．

❺ 複素数を成分にもったn次元のベクトルを考えることもあります．2 次元の例をあげておきます(式(10))．

❻ このような複素ベクトルでは，スカラー積はエルミート・スカラー積に置き換わります(式(11))．つまり，エルミート共役を思い起こし(式(12))，これを，列ベクトルを$n \times 1$行列と見なした場合に適用し，$1 \times n$〝行列〟をつくります．これと，列ベクトルを$n \times 1$行列と見なしたものとの積をとったものがエルミート・スカラー積です(式(11))．

❼ アインシュタインの縮約を使うと，式(13)のように書けます．

❽ ノルムも，このエルミート・スカラー積を使って定義されます(式(14))．

❶

☑**注** $a=\alpha+i\beta$ とすると $a^*a=\alpha^2+\beta^2$ は必ず正の実数

$\longrightarrow$ ノルム(大きさ)は正の実数(α, β はノンゼロの実数)

❷

$\boldsymbol{u}=\begin{pmatrix}1+i\\2-2i\end{pmatrix}$ のノルム

$$\|\boldsymbol{u}\|=\sqrt{(1-i \quad 2+2i)\begin{pmatrix}1+i\\2-2i\end{pmatrix}}=\sqrt{10} \tag{15}$$

↑ HW1

❸

HW2 $\boldsymbol{u}=\begin{pmatrix}1+i\\1-i\end{pmatrix}$ のノルムを求めよ

4.7.3　線形結合

❹

$$c\boldsymbol{u}+c'\boldsymbol{u} \tag{16}$$

$$c_1\boldsymbol{u}_1+c_2\boldsymbol{u}_2+\cdots+c_n\boldsymbol{u}_n \tag{17}$$

4.7.4　線形独立と線形従属

❺

ベクトルの組 $\boldsymbol{u}_1, \boldsymbol{u}_2, \cdots, \boldsymbol{u}_n$ に対して

$$c_1\boldsymbol{u}_1+c_2\boldsymbol{u}_2+\cdots+c_n\boldsymbol{u}_n=\boldsymbol{0}$$

となるのが

- $c_1=c_2=\cdots=c_n=0$ に限る $\longrightarrow$ 線形独立
- それ以外にもある $\longrightarrow$ 線形従属

❻

例 $\boldsymbol{a}=\begin{pmatrix}1\\0\end{pmatrix}, \quad \boldsymbol{b}=\begin{pmatrix}0\\1\end{pmatrix}$

$$c\boldsymbol{a}+c'\boldsymbol{b}=\boldsymbol{0} \iff \begin{pmatrix}c\\c'\end{pmatrix}=\begin{pmatrix}0\\0\end{pmatrix}$$

$\longrightarrow$ $\boldsymbol{a}, \boldsymbol{b}$ は線形独立

例 $\boldsymbol{a}=\begin{pmatrix}1\\0\end{pmatrix}$, $\boldsymbol{b}=\begin{pmatrix}2\\0\end{pmatrix}$ (18) ❼

$$c\boldsymbol{a}+c'\boldsymbol{b}=\boldsymbol{0} \Longleftrightarrow \begin{pmatrix}c+2c'\\0\end{pmatrix}=\begin{pmatrix}0\\0\end{pmatrix}$$

$\longrightarrow$ $\boldsymbol{a}, \boldsymbol{b}$ は線形従属

☑**注** この場合，$\boldsymbol{a} /\!/ \boldsymbol{b}$

HW3 $\boldsymbol{a}=\begin{pmatrix}1\\0\end{pmatrix}$, $\boldsymbol{b}=\begin{pmatrix}1\\1\end{pmatrix}$ が線形独立なことを示せ ❽

❶ アインシュタインの縮約を使った表現を見るとわかるように，こうして定義すると，自身とのエルミート・スカラー積は(0 もしくは)正の実数になることがわかります．したがって，ノルムは必ず正の実数になります．

❷ 2×1 の複素ベクトルのノルムを計算してみましょう．結果は，確かに正の実数になりました(式(15))．

❸ もう 1 つ，複素ベクトルのノルムを自分で計算してみましょう(**HW2**)．

❹ さて，いよいよ本格的に線形代数に入ります．まずは**線形結合**という概念から．これは，ベクトルに係数を掛けて足し合わせたものです(式(16), (17))．

❺ この線形結合について，以下のように**線形独立**と**線形従属**を定義します．また線形独立は**1 次独立**，線形従属は**1 次従属**ともいいます．

❻ 簡単な例でまず，線形独立を確認しましょう．

❼ 次は線形従属の例です．この場合，2 つのベクトルが平行であることに注意．

❽ **HW3** を，自分で手を動かして確認してください．定義に慣れて自分のものにすることが大切ですが，それには面倒でも，自分の手で紙に書いてみることがとても大切です．

4.7.5 基底

ベクトル空間 V の元の組で次を満たすものを基底という　❶

1 線形独立

2 V の任意の元が，その線形結合で表せる

例 $V = \boldsymbol{R}^2$. $\boldsymbol{e}_1 = \begin{pmatrix} 1 \\ 0 \end{pmatrix}$, $\boldsymbol{e}_2 = \begin{pmatrix} 0 \\ 1 \end{pmatrix}$ は $V = \boldsymbol{R}^2$ の基底　❷

$\boldsymbol{e}_1$ と $\boldsymbol{e}_2$ は 1 を満たすこと：$\longrightarrow$ 114 ページの **例**

2 を満たすこと：

任意の元 $\begin{pmatrix} x \\ y \end{pmatrix} = x\begin{pmatrix} 1 \\ 0 \end{pmatrix} + y\begin{pmatrix} 0 \\ 1 \end{pmatrix} = \underline{x\boldsymbol{e}_1 + y\boldsymbol{e}_2}$

↑ $\boldsymbol{e}_1$ と $\boldsymbol{e}_2$ の線形結合

☑**注** 115 ページの **HW3** の $\boldsymbol{a}, \boldsymbol{b}$ も基底である　❸

1 はすでに **HW3** でチェック済み

2 を満たすこと：

$$\boldsymbol{a} = \boldsymbol{e}_1$$

$$\boldsymbol{b} = \begin{pmatrix} 1 \\ 1 \end{pmatrix} = \boldsymbol{e}_1 + \boldsymbol{e}_2 = \boldsymbol{a} + \boldsymbol{e}_2$$

$$\longrightarrow \boldsymbol{e}_2 = \boldsymbol{b} - \boldsymbol{a}$$

$$\begin{pmatrix} x \\ y \end{pmatrix} = x\underset{\boldsymbol{a}}{\underline{\boldsymbol{e}_1}} + y\underset{\boldsymbol{b}-\boldsymbol{a}}{\underline{\underline{\boldsymbol{e}_2}}} = \underline{(x-y)\boldsymbol{a} + y\boldsymbol{b}}$$

↑ $\boldsymbol{a}$ と $\boldsymbol{b}$ の線形結合

☑**注** 基底は 1 通りではない

☑**注** 式 (18) の $\boldsymbol{a}, \boldsymbol{b}$ は基底ではない．1 も 2 も満たさない

❶ 次に，ベクトル空間 V の**基底**という概念を説明します．基底とはこの 1, 2 を満たす V の元の組と定義されます．

❷ 簡単な例で面倒がらずに自分で定義に沿って確認しましょう．

4.7.6　$V = R^n$ の規格直交基底：$\{\boldsymbol{e}_1, \boldsymbol{e}_2, \cdots, \boldsymbol{e}_n\}$

❹

$$\boldsymbol{e}_i = \begin{pmatrix} 0 \\ \vdots \\ 0 \\ 1 \\ 0 \\ \vdots \\ 0 \end{pmatrix} \begin{matrix} \\ \\ \\ \leftarrow i \text{ 番目} \\ \\ \\ \\ \end{matrix} \left.\begin{matrix} \\ \\ \\ \\ \\ \\ \\ \end{matrix}\right\} n \text{ 成分} \qquad (i = 1, 2, \cdots, n) \tag{19}$$

基底であること

❺

1 線形独立である

$$c_1\boldsymbol{e}_1 + \cdots + c_n\boldsymbol{e}_n = \boldsymbol{0} \Longleftrightarrow \begin{pmatrix} c_1 \\ \vdots \\ c_n \end{pmatrix} = \begin{pmatrix} 0 \\ \vdots \\ 0 \end{pmatrix}$$

2 任意の元が，その線形結合で表せる

$$\begin{pmatrix} u_1 \\ u_2 \\ \vdots \\ u_n \end{pmatrix} = u_1\begin{pmatrix} 1 \\ 0 \\ \vdots \\ 0 \end{pmatrix} + u_2\begin{pmatrix} 0 \\ 1 \\ \vdots \\ 0 \end{pmatrix} + \cdots + u_n\begin{pmatrix} 0 \\ 0 \\ \vdots \\ 1 \end{pmatrix}$$

$$\longrightarrow \ \boldsymbol{u} = u_1\boldsymbol{e}_1 + u_2\boldsymbol{e}_2 + \cdots + u_n\boldsymbol{e}_n = u_i\boldsymbol{e}_i$$

❸　HW3 についても，基底という観点から見直しましょう．ここも，やはり丹念に確認してください．決して難しいことではないですが抽象的な概念なので，実際に手を動かして慣れてください．

❹　次に，n 次元実ベクトルのなすベクトル空間の**規格直交基底**です．

❺　まず，この n 個のベクトルの組(19)が基底になっていることを確認しましょう．

直交していること

$$i \neq j \longrightarrow \boldsymbol{e}_i \cdot \boldsymbol{e}_j = 0 \tag{20}$$

例 $$\boldsymbol{e}_1 \cdot \boldsymbol{e}_2 = (1 \quad 0 \quad 0 \quad \cdots \quad 0)\begin{pmatrix} 0 \\ 1 \\ 0 \\ \vdots \\ 0 \end{pmatrix} = 0$$

規格化されていること

$$\underbrace{\boldsymbol{e}_i \cdot \boldsymbol{e}_i}_{\text{縮約なし}} = 1 \tag{21}$$

例 $\boldsymbol{e}_1 \cdot \boldsymbol{e}_1 = 1$

規格直交関係式(式(20)＋(21))

$$\boldsymbol{e}_i \cdot \boldsymbol{e}_j = \delta_{ij} \tag{22}$$

HW4 $V = \boldsymbol{R}^2$ の規格直交基底が

$$\boldsymbol{e}_0 = \begin{pmatrix} 1 \\ 0 \end{pmatrix}, \quad \boldsymbol{e}_1 = \begin{pmatrix} 0 \\ 1 \end{pmatrix}$$

であることを確めよ

❶ 次に，これらが互いに直交していること(式(20))を確めます．この性質を**直交性**といいます．

❷ 次に，規格化されていること(式(21))も確認しましょう．この性質は正規性とよばれます．

❸ 直交性(20)と正規性(21)の両方を満たしているという意味で〝正規直交関係〟または〝規格直交関係〟といいます(式(22))．これはクロネッカーのデルタで表すことができます．ただしこの場合，添え字は1から n の値をとります．このことを〝添え字は1から n を走る〟ということもあります．

4.8　ベクトル空間

5

4.8.1　n 次元実ベクトルがもつ性質

n 次元実ベクトル $\boldsymbol{x}, \boldsymbol{y}, \boldsymbol{z}$ は次の性質を満たす

6

- 和

$$\boldsymbol{x} + \boldsymbol{y} = \boldsymbol{y} + \boldsymbol{x} \quad \text{(交換則)} \tag{1}$$

$$(\boldsymbol{x} + \boldsymbol{y}) + \boldsymbol{z} = \boldsymbol{x} + (\boldsymbol{y} + \boldsymbol{z}) \quad \text{(結合則)} \tag{2}$$

$$\boldsymbol{x} + \boldsymbol{0} = \boldsymbol{x} \quad \text{(ゼロ元の存在)} \tag{3}$$

$$\boldsymbol{x} + (-\boldsymbol{x}) = \boldsymbol{0} \quad \text{(逆元)} \tag{4}$$

- スカラー倍

$$cc'\boldsymbol{x} = c(c'\boldsymbol{x}) \quad \text{(結合則)} \tag{5}$$

$$c(\boldsymbol{x} + \boldsymbol{y}) = c\boldsymbol{x} + c\boldsymbol{y} \quad \text{(分配則)} \tag{6}$$

$$(c + c')\boldsymbol{x} = c\boldsymbol{x} + c'\boldsymbol{x} \quad \text{(分配則)} \tag{7}$$

$$1\,\boldsymbol{x} = \boldsymbol{x} \quad \text{(単位元の存在)} \tag{8}$$

これらの性質を満たす $\boldsymbol{x}, \boldsymbol{y}, \boldsymbol{z}, \cdots$ の集合

7

⟶ ベクトル空間 V

$\boldsymbol{x}, \boldsymbol{y}, \boldsymbol{z}, \cdots$ は V の元 $(\boldsymbol{x}, \boldsymbol{y}, \boldsymbol{z}, \cdots \in V)$

4　HW4 は面倒でも紙に書いて，3つのポイント(基底であること，直交していること，規格化されていること)を逐一確認しましょう．

5　次に，いままでの〝ベクトル空間〟という言葉の意味を広げます．なおベクトル空間は**線形空間**ともいいます．

6　まず，いままでの意味でのベクトル空間をなしていた n 次元実ベクトルの性質を列記してみます(式(1)～(8))．なお実ベクトルは，実数ベクトルともいいます．どれも自明な性質ですね．

7　ここで，これらの性質(1)～(8)を満たす元からなる集合のことは，元がどんな種類のものであろうと**ベクトル空間**とよぶことにします．これからは，これがベクトル空間の定義です．いままでの定義を拡張したのです．

4.8.2 いろいろなベクトル空間

例 3次元実ベクトル $V=\boldsymbol{R}^3$ ❶

n次元実数ベクトル $V=\boldsymbol{R}^n$

n次元複素ベクトル $V=\boldsymbol{C}^n$

"$\boldsymbol{x}=\begin{pmatrix}1+i\\2-i\end{pmatrix}$ は $V=\boldsymbol{C}^2$ の元"

例 $n\times n$ 行列の集合 ❷

⟶ ベクトル空間をなす．ゼロ元 $\mathbf{0}$ はゼロ行列

例 n次多項式のなすベクトル空間 ❸

$$元 \begin{cases} \boldsymbol{u}=u_0+u_1x+u_2x^2+\cdots+u_nx^n \\ \boldsymbol{v}=v_0+v_1x+v_2x^2+\cdots+v_nx^n \\ \qquad\qquad\vdots \end{cases}$$

ゼロ元　$\mathbf{0}=0$　（係数がすべて0） ❹

逆元　$-\boldsymbol{u}\equiv-(u_0+u_1x+u_2x^2+\cdots+u_nx^n)$

とすれば，先の性質をすべて満たす

⟶ ベクトル空間をなす！

4.8.3 ベクトル空間の基底と次元

Vの任意の元を表すのに必要な線形独立な元の組 ❺

⟶ 基底

Vの次元＝基底をなす元の個数

例 $V=\boldsymbol{R}^n$ の次元 ⟶ nでよい ❻

❶　こうしてみると，もちろん $\boldsymbol{R}^3$ や $\boldsymbol{R}^n$ はベクトル空間ですが，n 次元複素ベクトルの集合もベクトル空間であることが了解できますね．

❷　次に $n\times n$ 行列の集合も，先ほど列挙した n 次元実ベクトルのもっていた性質を満たしていることを確認してください．ほとんどこれは自明ですね．ですから定義に従えば，$n\times n$ 行列の集合もベクトル空間をなす(構成する)ことになるのです．

❸　次に，n 次多項式の集合を考えます．それぞれの元はこのように表せます．

❹　この場合のゼロ元と，和に関する逆元をこのように定義すれば，先ほど列挙した性質(1)～(8)が満たされますね．ですので，このようにして n 次多項式の集合すらベクトル空間をなすのです．

❺　このように一般化されたベクトル空間の次元を定義します．まず基底をここに示したように定義します．すると基底をなす元の個数が次元となります．

❻　この定義は，n 次元実ベクトル空間の次元が n であることを意味します．n 次元実ベクトル空間の規格直交基底をなすベクトルの組は，n 個の元から成っていましたね．

例 n 次多項式のなす V

基底：$e_0 = 1$, $e_1 = x$, $e_2 = x^2$, $\cdots$, $e_n = x^n$ とと れ ばよい ❶

⟶「この V は $e_0, e_1, e_2, \cdots, e_n$ によって張られる」と表現

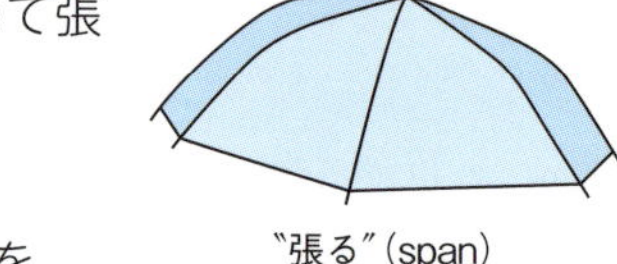

"張る"(span)

⬇

「V を "張る" 線形独立な元の組を "基底" とよぶ」といってもよい

∵ $n = 1$ の場合 ❷

1 線形独立なこと：

$c_0 e_0 + c_1 e_1 = 0 \iff c_0 + c_1 x = 0$ が任意の元について成立

⟶ $c_0 = c_1 = 0$ ⟶ e_0, e_1 は線形独立

2 任意の元が表せること：

$c_0 + c_1 x = c_0 e_0 + c_1 e_1$

↑ 任意の元

1, 2 より e_0, e_1 は基底である

⟶ 1 次式のなす V は e_0, e_1 で張られる

❶ n 次多項式の集合の場合，基底をこのようにとることができます(すぐあとで確認します)．ですので $n + 1$ 次元です．そして，この空間は，これらの基底によって "張られる" と表現します．"張る" は英語では "span" に対応します．図のように傘が骨組みで張られている様子を思い起こしてください．

❷ さて n 次多項式の集合の基底について確認しましょう．n が 1 の場合に定義にもとづいて丹念に確認してみれば，n が 1 以上の場合は自明に感じられるでしょう．

HW1 $V = \boldsymbol{C}^2$ の次元は 4 であることを示せ ❸

ヒント $\boldsymbol{e}_1 = \begin{pmatrix} 1 \\ 0 \end{pmatrix}$, $\boldsymbol{e}_2 = \begin{pmatrix} 0 \\ 1 \end{pmatrix}$, $\boldsymbol{e}_3 = \begin{pmatrix} i \\ 0 \end{pmatrix}$, $\boldsymbol{e}_4 = \begin{pmatrix} 0 \\ i \end{pmatrix}$

が $V = \boldsymbol{C}^2$ の基底であることを示せばよい ❹

$V = \boldsymbol{C}^2$ の任意の元は $\begin{pmatrix} x_1 + ix_2 \\ y_1 + iy_2 \end{pmatrix}$（$x_i$, y_i は実数）の形であることに注意

☑**注** $V = \boldsymbol{C}^2$ は上の 4 つの基底で張られる

4.9 固有値と固有ベクトル，行列の対角化 5

固有値問題 6

$$H\boldsymbol{x} = \lambda \boldsymbol{x} \tag{1}$$

行列 → H　　λ ← スカラー

を満たす $\boldsymbol{x} \neq \boldsymbol{0}$ なる $\boldsymbol{x}$（固有ベクトル）と λ（固有値）を見つける問題

❸ 同じようにして 2 次元複素ベクトルのなすベクトル空間の次元を確認しましょう．

❹ ヒントを利用して，面倒がらずに紙に書いてチェックしてください．

5 さて，固有値と固有ベクトルについてです．これも量子力学を習得するには避けて通れません．このテーマは昔，行列や 2 次変換が高校数学の範囲に入っていたときには，大学入試問題で背景に使われることも多かったです．

6 まず行列 H に対して，固有値問題は式(1)のように定義されます．あるベクトルに H を演算すると，もとのベクトルの定数倍になるという特別なベクトルを探す問題です．ただしゼロベクトルはいつでもこの定義式を満たすので，除外して考えます．

4.9.1　2×2行列の場合

❶

$$H=\begin{pmatrix}1 & 1+i\\ 1-i & 1\end{pmatrix}$$

HW1 $H=H^{\dagger}$（エルミート行列）を示せ

❷

$$\begin{pmatrix}1 & 1+i\\ 1-i & 1\end{pmatrix}\begin{pmatrix}x\\ y\end{pmatrix}=\lambda\begin{pmatrix}x\\ y\end{pmatrix}$$

$$\lambda\begin{pmatrix}x\\ y\end{pmatrix}=\lambda\begin{pmatrix}1 & 0\\ 0 & 1\end{pmatrix}\begin{pmatrix}x\\ y\end{pmatrix}$$

$$\left\{\begin{pmatrix}1 & 1+i\\ 1-i & 1\end{pmatrix}-\begin{pmatrix}\lambda & 0\\ 0 & \lambda\end{pmatrix}\right\}\begin{pmatrix}x\\ y\end{pmatrix}=\begin{pmatrix}0\\ 0\end{pmatrix}$$

$$\underbrace{\begin{pmatrix}1-\lambda & 1+i\\ 1-i & 1-\lambda\end{pmatrix}}_{H_\lambda}\begin{pmatrix}x\\ y\end{pmatrix}=\begin{pmatrix}0\\ 0\end{pmatrix}$$

$$H\boldsymbol{x}=\lambda\boldsymbol{x}$$

↓

$$H\boldsymbol{x}=\lambda E\boldsymbol{x}$$

↓

$$(H-\lambda E)\boldsymbol{x}=\boldsymbol{0}$$

↓

$$H_\lambda\boldsymbol{x}=\boldsymbol{0} \qquad (2)$$

$$H_\lambda=H-\lambda E$$

もしH_λが${H_\lambda}^{-1}$をもつと，式(2)は

$$ {H_\lambda}^{-1}H_\lambda\boldsymbol{x}={H_\lambda}^{-1}\boldsymbol{0}$$

$$E\boldsymbol{x}=\boldsymbol{0}$$

$$\therefore\ \boldsymbol{x}=\boldsymbol{0}$$

$\boldsymbol{x}\neq\boldsymbol{0}$の解がある ⟶ ${H_\lambda}^{-1}$は存在しない

❸

$\longrightarrow \det H_\lambda=|H_\lambda|=0$　（特性方程式）　(3)

式(3)より

$$\begin{vmatrix}1-\lambda & 1+i\\ 1-i & 1-\lambda\end{vmatrix}=0$$

❹

$\therefore\ \lambda=1\pm\sqrt{2}$　⟶ 固有値　(4)

↑ HW2

❶ さっそく 2×2 行列の場合を考えます．まず，この行列 H がエルミート行列であることを確認してください(HW1)．エルミート行列とは，エルミート共役をとった行列がもとの行列と等しくなっている行列です．量子力学では，エネルギーがエルミート行列で表されます．いきなりそういわれても，なかなかイメージが湧かないと思いますが，たとえば調和振動子のエネルギーは無限次元のエルミート行列で表されるのです．

❷ さて，固有値問題を成分表示して変形していくと，左側のようになります．これを右側のように書くこともできますね．

❸ 式(2)から，固有ベクトルが存在する必要条件として特性方程式(3)が帰結されます．

❹ 再び成分に戻って計算を進めると，固有値が 2 つ求められます(式(4))．必要条件を使って求めましたが，以下に見るように，これらに対応する固有ベクトルを求めることができますので，十分性がチェックできます．

固有ベクトルを求める

$\lambda = 1 - \sqrt{2}\ (= \lambda_1)$ のとき

$$H_\lambda = \begin{pmatrix} \sqrt{2} & 1+i \\ 1-i & \sqrt{2} \end{pmatrix}$$

式(2)より

$$\begin{pmatrix} \sqrt{2} & 1+i \\ 1-i & \sqrt{2} \end{pmatrix}\begin{pmatrix} x \\ y \end{pmatrix} = \begin{pmatrix} 0 \\ 0 \end{pmatrix} \tag{5}$$

$$\begin{cases} \sqrt{2}\,x + (1+i)y = 0 & (6) \\ (1-i)x + \sqrt{2}\,y = 0 & (7) \end{cases}$$

$$\Longrightarrow \begin{cases} y = -\dfrac{\sqrt{2}}{1+i}\,x = -\dfrac{\sqrt{2}}{2}(1-i)x & (8) \\ y = -\dfrac{1-i}{\sqrt{2}}\,x & (9) \end{cases}$$

$\longleftarrow$ 式(8)と(9)は同じ式

式(6)で $x = 1 + i$ とおくと $y = -\sqrt{2}$

$$\begin{pmatrix} x \\ y \end{pmatrix} = \begin{pmatrix} 1+i \\ -\sqrt{2} \end{pmatrix} \equiv \boldsymbol{x}_1 \tag{10}$$

に平行なベクトルは，すべて固有ベクトル

HW3 $H\boldsymbol{x}_1$ を成分計算し，$\lambda_1\boldsymbol{x}_1$ になることを示せ

固有ベクトルの規格化 $\longrightarrow$ 大きさを 1 にする

$$\|\boldsymbol{x}_1\|^2 = \boldsymbol{x}_1{}^\dagger\boldsymbol{x}_1 \ \ (= \boldsymbol{x}_1{}^* \cdot \boldsymbol{x}_1)$$

$$= (1-i \quad -\sqrt{2})\begin{pmatrix} 1+i \\ -\sqrt{2} \end{pmatrix}$$

$$\boldsymbol{u}_1 = \frac{\boldsymbol{x}_1}{\|\boldsymbol{x}_1\|} = \frac{1}{2}\begin{pmatrix} 1+i \\ -\sqrt{2} \end{pmatrix}$$

↑ **HW4**

❶ ❷ ❸ ❹ ❺

☑**注** $\boldsymbol{x}$ が固有ベクトル ⟶ $c\boldsymbol{x}$ も固有ベクトル

固有値問題 ⟶ 固有ベクトルの向きは決まるが，大きさは決まらない　❻

実際，$H\boldsymbol{x} = \lambda\boldsymbol{x}$ のとき

$$H(c\boldsymbol{x}) = cH\boldsymbol{x} = c\lambda\boldsymbol{x}$$

$$\therefore H(c\boldsymbol{x}) = \lambda(c\boldsymbol{x}) \longrightarrow c\boldsymbol{x} \text{ も固有ベクトル}$$

❶ さて，124 ページの式(2)を成分で書いてみます(式(5))．これを満たす x と y を求めることができれば固有ベクトルが見つけられたことになります．式(5)は，式(6)と(7)の 2 つの式が同時に成立することを意味しますが，実はこの 2 つの式は互いに定数倍の関係にあります．だから，両式から同じ式(8), (9)が出てきます．

❷ そこで，式(6)を解いてみます．これを満たす x と y の 1 組を見つけると式(10)のようになります．あとで見るように，固有ベクトルは定義式からは大きさは決まらず向きだけが決まるので，このように 1 つ見つけるだけで OK です．

❸ **HW3** で，成分計算をすることにより，ダイレクトに，このようにして決めたベクトルが固有ベクトルになっていることを確めましょう．

❹ 次に，大きさを 1 にしたものを求めましょう．これにはエルミート・スカラー積で定義されたノルムを考えましょう．前に 113 ページの式(14)で導入した定義を思い起こしてください．

❺ ここに示した計算を **HW4** で確認してください．

❻ さて先ほど予告したように，固有値問題では固有ベクトルの向きだけが決まり，大きさは決まらないことを確認しましょう．

❶

HW5 $\lambda = 1+\sqrt{2}$ $(=\lambda_2)$ のとき，同様にして

$$\boldsymbol{x}_2 = \begin{pmatrix} 1+i \\ \sqrt{2} \end{pmatrix}$$

$$\boldsymbol{u}_2 = \frac{\boldsymbol{x}_2}{\|\boldsymbol{x}_2\|} = \frac{1}{2}\begin{pmatrix} 1+i \\ \sqrt{2} \end{pmatrix}$$

となることを示せ

❷

まとめ

固有値　$\lambda_1 = 1-\sqrt{2}$，$\lambda_2 = 1+\sqrt{2}$

規格化固有ベクトル　$\boldsymbol{u}_1 = \frac{1}{2}\begin{pmatrix} 1+i \\ -\sqrt{2} \end{pmatrix}$, $\boldsymbol{u}_2 = \frac{1}{2}\begin{pmatrix} 1+i \\ \sqrt{2} \end{pmatrix}$

に対して

$$H\boldsymbol{u}_1 = \lambda_1\boldsymbol{u}_1, \quad H\boldsymbol{u}_2 = \lambda_2\boldsymbol{u}_2$$

が成立

$\boldsymbol{u}_1 = \begin{pmatrix} x_1 \\ y_1 \end{pmatrix}$, $\boldsymbol{u}_2 = \begin{pmatrix} x_2 \\ y_2 \end{pmatrix}$ と書くと

$$\begin{pmatrix} 1 & 1+i \\ 1-i & 1 \end{pmatrix}\begin{pmatrix} x_1 \\ y_1 \end{pmatrix} = \lambda_1\begin{pmatrix} x_1 \\ y_1 \end{pmatrix}, \quad \begin{pmatrix} 1 & 1+i \\ 1-i & 1 \end{pmatrix}\begin{pmatrix} x_2 \\ y_2 \end{pmatrix} = \lambda_2\begin{pmatrix} x_2 \\ y_2 \end{pmatrix} \tag{11}$$

↓ ← HW6

$$\begin{pmatrix} 1 & 1+i \\ 1-i & 1 \end{pmatrix}\begin{pmatrix} x_1 & x_2 \\ y_1 & y_2 \end{pmatrix} = \begin{pmatrix} \lambda_1 x_1 & \lambda_2 x_2 \\ \lambda_1 y_1 & \lambda_2 y_2 \end{pmatrix} \tag{12}$$

‖ ← HW7

$$\begin{pmatrix} x_1 & x_2 \\ y_1 & y_2 \end{pmatrix}\begin{pmatrix} \lambda_1 & 0 \\ 0 & \lambda_2 \end{pmatrix}$$

$$\longrightarrow HU = U\Lambda \tag{13}$$

ただし

$$\Lambda = \begin{pmatrix} \lambda_1 & 0 \\ 0 & \lambda_2 \end{pmatrix} \quad \text{対角行列} \tag{14}$$

$$U = \begin{pmatrix} x_1 & x_2 \\ y_1 & y_2 \end{pmatrix} = (\boldsymbol{u}_1 \quad \boldsymbol{u}_2) \quad \text{固有ベクトルからなる行列} \tag{15}$$

❸

$|U| \neq 0$ なので U^{-1} が存在する(あとで)から　❹

$$U^{-1}HU = U^{-1}U\Lambda \tag{16}$$

$$\therefore \underline{U^{-1}HU} = \Lambda \tag{17}$$

↑── H の U による相似変換

以上の手続きを，H の対角化という　❺

❶　もう1つの固有値に対応する固有ベクトルも計算してみてください.

❷　いままでの結果をまとめますので式を追っていってください.

❸　式(11)の2つの式は，2つの固有ベクトル(列ベクトル)を並べてつくった行列 U(式(15))を導入すると，式(13)にまとめられることを **HW6** と **HW7** で成分計算をして確めてください. **HW6** では，〝式(12)の両辺の(1, 1)成分が等しいという式〟が〝式(11)の左の式の第1成分が等しいという式〟に一致することなどに気づけば明らかでしょう. **HW7** では式(12)の右辺が対角行列 Λ(式(14))を使って $U\Lambda$ と書けてしまうことを，成分計算をして確めてください.

❹　こうして得られた式(13)の両辺の左から U の逆行列を掛けると(式(16))，H を U の逆行列と U ではさんだもの(これを H の U による相似変換とよぶ)が対角行列 Λ になることが示せます(式(17)). U の逆行列が存在することは，あとで説明するように保証されています.

❺　このようにして Λ を得る過程を**対角化**といいます.

HW8 上の計算が，次のようにまとめられることを確認せよ

$$\begin{cases} H\boldsymbol{u}_1 = \lambda_1 \boldsymbol{u}_1 \\ H\boldsymbol{u}_2 = \lambda_2 \boldsymbol{u}_2 \end{cases}$$

⬇

$$H(\boldsymbol{u}_1 \quad \boldsymbol{u}_2) = (\lambda_1 \boldsymbol{u}_1 \quad \lambda_2 \boldsymbol{u}_2) = (\boldsymbol{u}_1 \quad \boldsymbol{u}_2)\begin{pmatrix} \lambda_1 & 0 \\ 0 & \lambda_2 \end{pmatrix}$$

⬇

$$HU = U\Lambda$$
$$U^{-1}HU = \Lambda$$

☑**注** U はユニタリ行列：$U^{-1} = U^{\dagger}$（あとで）

❶ ❷

4.9.2　3×3 行列の場合

❸

$$H = \begin{pmatrix} 4 & \sqrt{2}\,i & 1 \\ -\sqrt{2}\,i & 5 & -\sqrt{2}\,i \\ 1 & \sqrt{2}\,i & 4 \end{pmatrix}$$

HW9 $H = H^{\dagger}$ を示せ

$$H\boldsymbol{x} = \lambda \boldsymbol{x} \longrightarrow (H - \lambda E)\boldsymbol{x} = \boldsymbol{0}, \quad \boldsymbol{x} \neq \boldsymbol{0}$$

❹

⬇

$$|H - \lambda E| = 0$$

⬇

$$\begin{vmatrix} 4-\lambda & \sqrt{2}\,i & 1 \\ -\sqrt{2}\,i & 5-\lambda & -\sqrt{2}\,i \\ 1 & \sqrt{2}\,i & 4-\lambda \end{vmatrix} = 0 \tag{18}$$

⬇ ⟵ **HW10**

$$(\lambda - 3)^2(\lambda - 7) = 0 \tag{19}$$

↑—— 重根 ⟶ “固有値が縮退”

❺

$\lambda = 3 = \lambda_1$ のとき

❻

$H_\lambda \boldsymbol{x} = \lambda_1 \boldsymbol{x}$ は

$$\begin{pmatrix} 1 & \sqrt{2}\,i & 1 \\ -\sqrt{2}\,i & 2 & -\sqrt{2}\,i \\ 1 & \sqrt{2}\,i & 1 \end{pmatrix}\begin{pmatrix} x \\ y \\ z \end{pmatrix} = \begin{pmatrix} 0 \\ 0 \\ 0 \end{pmatrix}$$

これを満たす線形独立な2つのベクトルを見つけると

$$\boldsymbol{u}_1 = \frac{1}{\sqrt{2}}\begin{pmatrix} 1 \\ 0 \\ -1 \end{pmatrix}, \quad \boldsymbol{u}_2 = \frac{1}{2}\begin{pmatrix} 1 \\ \sqrt{2}\, i \\ 1 \end{pmatrix} \tag{20}$$

となる(あとで)

☑**注** 3元連立 ⟶ 実は1元

❶ 以上の計算が，このようにまとめられることを確認しましょう．

❷ U の逆行列は U のエルミート共役に一致します．このことはあとで示しますが，このような行列を**ユニタリ行列**といいます．

❸ 次に3×3行列の例です．やはりこの行列も，エルミート行列になっていることを確めてください(**HW9**)．

❹ この問題についても，同様に特性方程式を書くことができますね．それは3×3行列の行列式となり(式(18))，λ の3次式となります(式(19))．

❺ この場合，重根が現れます．本来，3次方程式は3つの解をもつわけですが，そのうちたまたま2つが一致してしまっています．これを，本来の性質が損なわれていると見なせますが，そのような意味の英単語として〝degenerate〟という言葉があります．これには〝縮退〟という非日常的な訳語があてられ，物理学者のあいだに定着し，愛用されています．〝de-〟という否定の意味の接頭語がついた〝degenerate〟は〝生成する・生み出す〟という意味の〝generate〟を否定した意味が根源的な意味です．これを〝縮んで退化している〟ととらえたのが〝縮退〟という言葉です．

❻ さて重根として求められた固有値について，固有ベクトルを求めてみます．ここでは結果の一例(式(20))をあげるにとどめます．どうやって求めるかはあとで説明します．

HW11 式(20)に関し，$\lambda_1 = 3 = \lambda_2$ のとき，$H\boldsymbol{u}_1 = \lambda_1\boldsymbol{u}_1$，$H\boldsymbol{u}_2 = \lambda_2\boldsymbol{u}_2$ を成分計算で確めよ ❶

HW12 式(20)に関し，$\|\boldsymbol{u}_1\| = \|\boldsymbol{u}_2\| = 1$，$\boldsymbol{u}_1{}^{\dagger}\boldsymbol{u}_2 = \boldsymbol{u}_2{}^{\dagger}\boldsymbol{u}_1 = 0$ を成分計算で示せ ❷

ヒント　$\boldsymbol{u}^{\dagger} = (\boldsymbol{u}^{\mathrm{T}})^*$

$\lambda = 7 = \lambda_3$ のとき ❸

$$\boldsymbol{u}_3 = \frac{1}{2}\begin{pmatrix} 1 \\ -\sqrt{2}\,i \\ 1 \end{pmatrix} \tag{21}$$

HW13 $H\boldsymbol{u}_3 = \lambda_3\boldsymbol{u}_3$ を示せ ❹

また，$\|\boldsymbol{u}_3\| = 1$，$\boldsymbol{u}_3{}^{\dagger}\boldsymbol{u}_1 = \boldsymbol{u}_3{}^{\dagger}\boldsymbol{u}_2 = 0$ を示せ

まとめると ❺

$$\begin{cases} H\boldsymbol{u}_1 = \lambda_1\boldsymbol{u}_1 \\ H\boldsymbol{u}_2 = \lambda_1\boldsymbol{u}_2 \\ H\boldsymbol{u}_3 = \lambda_3\boldsymbol{u}_3 \end{cases}$$

↓

$$H\overbrace{(\boldsymbol{u}_1\ \ \boldsymbol{u}_2\ \ \boldsymbol{u}_3)}^{3\times 3\ \text{行列}} = \overbrace{(\lambda_1\boldsymbol{u}_1\ \ \lambda_1\boldsymbol{u}_2\ \ \lambda_3\boldsymbol{u}_3)}^{3\times 3\ \text{行列}} \tag{22}$$

$(\boldsymbol{u}_1\ \ \boldsymbol{u}_2\ \ \boldsymbol{u}_3) \equiv U$

HW14　$(\lambda_1\boldsymbol{u}_1\ \ \lambda_1\boldsymbol{u}_2\ \ \lambda_3\boldsymbol{u}_3) = (\boldsymbol{u}_1\ \ \boldsymbol{u}_2\ \ \boldsymbol{u}_3)\begin{pmatrix} \lambda_1 & 0 & 0 \\ 0 & \lambda_2 & 0 \\ 0 & 0 & \lambda_3 \end{pmatrix}$　←　**HW15**

$\begin{pmatrix} \lambda_1 & 0 & 0 \\ 0 & \lambda_2 & 0 \\ 0 & 0 & \lambda_3 \end{pmatrix} \equiv \Lambda$

↓

$$HU = U\Lambda$$

↓ U^{-1} を掛ける

$$U^{-1}HU = \Lambda \quad \text{対角化} \tag{23}$$

❶ さてこの **HW11** で，先に与えた固有ベクトル(20)が本当に固有ベクトルになっているかを，成分計算をして確めてください．

❷ **HW12** では，この固有ベクトル(20)のノルムが 1 になっていることを示してください．さらにこれらがエルミート・スカラー積の意味で直交していること(スカラー積が 0 であること)を，やはり成分計算をして確めてください．

❸ 固有値が 7 のときの固有ベクトルも，求め方はあとで説明しますので，ひとまずここで与えてしまいます(式(21))．

❹ **HW13** として，このベクトル(21)が本当に固有ベクトルになっていること，ノルムが 1 であること，さらに固有値が 3 のときの固有ベクトル(20)と直交していることを，成分計算をして確めてください．

❺ いままで確めたことを，2×2 行列のときと同じようにまとめてみます．やはり固有ベクトル(列ベクトル)を並べて U をつくると(式(22))，H の U による相似変換 $U^{-1}HU$ によって対角行列 Λ が得られるという対角化の式(23)が導かれます．

☑**注** 式(20), (21)の $\boldsymbol{u}_i$ は $\boldsymbol{u}_i{}^\dagger \boldsymbol{u}_j = \boldsymbol{u}_i{}^* \cdot \boldsymbol{u}_j = \delta_{ij}$ を満たす
$\longrightarrow$ $U^{-1} = U^\dagger$ でユニタリ行列($A^{-1} = A^{\mathrm{T}}$ は直交行列)

HW16 $U = (\boldsymbol{u}_1 \quad \boldsymbol{u}_2 \quad \boldsymbol{u}_3)$ について(式(20), (21)参照), $U^\dagger U = E$ を成分計算をして確めよ

❶

4.9.3 $n \times n$ 行列への一般化

❷

$$H = \begin{pmatrix} a_{11} & a_{12} & \cdots & a_{1n} \\ a_{21} & a_{22} & \cdots & a_{2n} \\ \vdots & \vdots & \vdots & \vdots \\ a_{n1} & a_{n2} & \cdots & a_{nn} \end{pmatrix}, \qquad \boldsymbol{x} = \begin{pmatrix} x_1 \\ x_2 \\ \vdots \\ x_n \end{pmatrix}$$

固有値問題

$$H\boldsymbol{x} = \lambda \boldsymbol{x}, \quad \boldsymbol{x} \neq \boldsymbol{0}$$

$$\Updownarrow$$

$$(H - \lambda E)\boldsymbol{x} = \boldsymbol{0}$$

$\boldsymbol{x} \neq \boldsymbol{0}$ の解をもつ条件は

特性方程式　$|H - \lambda E| = 0$

$$\Updownarrow$$

$$\begin{vmatrix} a_{11} - \lambda & a_{12} & \cdots & a_{1n} \\ a_{21} & a_{22} - \lambda & \cdots & a_{2n} \\ \vdots & \vdots & \vdots & \vdots \\ a_{n1} & a_{n2} & \cdots & a_{nn} - \lambda \end{vmatrix} = 0 \tag{24}$$

$\longrightarrow$ (λ の n 次多項式) $= 0$

⬇

n 個の解 $\lambda_1, \cdots, \lambda_n$

$$(\lambda - \lambda_1)(\lambda - \lambda_2) \cdots (\lambda - \lambda_n) = 0 \tag{25}$$

❸

☑**注** $\lambda_1 = \lambda_2$ なら重根

H がエルミート行列だと(縮退があっても)n 個の線形独立な規格直交化された固有ベクトルが見つかる ❹

$$\longrightarrow \boldsymbol{u}_1,\ \boldsymbol{u}_2,\ \cdots,\ \boldsymbol{u}_n$$

$$\boldsymbol{u}_i{}^{\dagger}\boldsymbol{u}_j = \delta_{ij} \tag{26}$$

❶ 実は，3つの固有ベクトル $\boldsymbol{u}_1, \boldsymbol{u}_2, \boldsymbol{u}_3$ が規格直交系をなすのですが，この一部はすでに **HW12** と **HW13** で確めています．あとで一般的に示しますが，規格直交関係を満たすベクトルを並べて U を構成すると，U はユニタリ行列になります．つまり U の逆行列は U のエルミート共役そのものになります．なお，ここでは規格直交関係も複素ベクトルを想定したものとなっており，ノルムやスカラー積がエルミート・スカラー積を通して定義されていることに注意してください(147 ページ以降で触れますが，ユニタリ行列の〝実数版〟は直交行列とよばれ，直交行列の逆行列はその転置行列で与えられます．転置操作は，実行列に対するエルミート共役操作になっていることに注意してください)．ここでは **HW16** として，この場合の U を成分表示し，$U^{\dagger}$ が U の逆行列になっていることを，直接に成分計算で確めてください．

❷ さて，これまで 2×2 と 3×3 で見た例を，ここで $n\times n$ の場合に一般化してみましょう．特性方程式は，行列式の余因子展開の性質を考えると，固有値の n 次方程式になることがわかります(式(24))．

❸ ですから固有値は，その n 個の解として求められます(式(25))．その中のいくつかがたまたま一致した場合は多重根に相当し，〝固有値の縮退〟が起こります．

❹ H がエルミート行列だと，ここに示したように n 個の線形独立な規格直交化された固有ベクトルを見つけることができます．この一般的な証明は付録 A.2.3 を参照してください．

❶

これらの $\{\boldsymbol{u}_i\}$ に対して

$$\begin{cases} H\boldsymbol{u}_1 = \lambda_1\boldsymbol{u}_1 \\ H\boldsymbol{u}_2 = \lambda_2\boldsymbol{u}_2 \\ \quad\vdots \\ H\boldsymbol{u}_n = \lambda_n\boldsymbol{u}_n \end{cases}$$

↓

$$H\overbrace{(\boldsymbol{u}_1\ \ \boldsymbol{u}_2\ \ \cdots\ \ \boldsymbol{u}_n)}^{n\times n\text{ 行列}} = \overbrace{(\lambda_1\boldsymbol{u}_1\ \ \lambda_2\boldsymbol{u}_2\ \ \cdots\ \ \lambda_n\boldsymbol{u}_n)}^{n\times n\text{ 行列}}$$

$$= \underset{\substack{\parallel \\ U}}{(\boldsymbol{u}_1\ \ \cdots\ \ \boldsymbol{u}_n)}\underset{\substack{\parallel \\ \Lambda}}{\begin{pmatrix} \lambda_1 & & 0 \\ & \ddots & \\ 0 & & \lambda_n \end{pmatrix}}$$

↓

$HU = U\Lambda$　　(U はユニタリ行列)

$U^{-1} = U^{\dagger}$より

$U^{\dagger}HU = \Lambda$　対角化　　(27)

☑**注** U がユニタリであることは，式(26)からわかる(あとで)

補足1　固有ベクトルの求め方

❷

$\lambda = 3$のとき

$$\begin{pmatrix} 1 & \sqrt{2}\,i & 1 \\ -\sqrt{2}\,i & 2 & -\sqrt{2}\,i \\ 1 & \sqrt{2}\,i & 1 \end{pmatrix}\begin{pmatrix} x \\ y \\ z \end{pmatrix} = \begin{pmatrix} 0 \\ 0 \\ 0 \end{pmatrix} \tag{28}$$

を満たす x, y, z を求める

❸

$$\begin{matrix} 1 & \sqrt{2}\,i & 1 & ① & \longrightarrow & 1 & \sqrt{2}\,i & 1 \\ -\sqrt{2}\,i & 2 & -\sqrt{2}\,i & ② & \xrightarrow{②+\sqrt{2}i\times①} & 0 & 0 & 0 \\ 1 & \sqrt{2}\,i & 1 & ③ & \xrightarrow{③-①} & 0 & 0 & 0 \end{matrix}$$

└── ①を使い，この2つを0にする

❶ こうした固有ベクトルは，これらの式を満たすことになります．そこでこれまで同様，n 個の固有ベクトル(n 成分の列ベクトル)を並べて $n\times n$ である行列 U をつくると，H の U による相似変換によって対角行列 Λ が得られるという対角化の式(27)が同様にして導かれます．これが一般論となります．

❷ さて，残された問題を説明しましょう．〝固有ベクトルをどうやって求めるか？〟という問題です．固有値が 3 の場合に，固有ベクトルが満たすべきはこのような連立方程式(28)でした(130 ページ後半参照)．ただし，ここでは行列を使ってコンパクトに書いています．

❸ 次に，この行列の係数を取り出して，各行を定数倍したり，ある行を定数倍して，別の行を定数倍したものと足したりして，行列の左下のほうに 0 をつくっていきます．このような操作は式(28)のような対応する(行列を使って書いた)連立方程式を考えれば，中学校の数学で学んだ連立方程式の解法に対応していることがわかると思います．やり方は一意ではないですが，〝これ以上は 0 がつくれない〟というところまで行き着いたら終了です．この方法を系統的にして，コンピュータで扱うこともできますが，ここではこれは割愛します(**HW18** で例は示します)．

これより

$$\begin{pmatrix} 1 & \sqrt{2}\,i & 1 \\ 0 & 0 & 0 \\ 0 & 0 & 0 \end{pmatrix}\begin{pmatrix} x \\ y \\ z \end{pmatrix} = \begin{pmatrix} 0 \\ 0 \\ 0 \end{pmatrix} \tag{29}$$

$$\therefore\ x + \sqrt{2}\,iy + z = 0$$

$$\begin{pmatrix} x \\ y \\ z \end{pmatrix} = \begin{pmatrix} x \\ y \\ -x-\sqrt{2}\,iy \end{pmatrix} \tag{30}$$

$$= x\underbrace{\begin{pmatrix} 1 \\ 0 \\ -1 \end{pmatrix}}_{\boldsymbol{x}_1} + y\underbrace{\begin{pmatrix} 0 \\ 1 \\ -\sqrt{2}\,i \end{pmatrix}}_{\boldsymbol{x}_2} \tag{31}$$

$\boldsymbol{x}_1$, $\boldsymbol{x}_2$ ⟶ シュミットの直交化 ⟶ $\boldsymbol{u}_1, \boldsymbol{u}_2$

HW17 上の例で，$H\boldsymbol{x}_1 = 3\boldsymbol{x}_1$，$H\boldsymbol{x}_2 = 3\boldsymbol{x}_2$ を成分計算で確めよ

$\lambda = 7$ のとき

$$\begin{pmatrix} -3 & \sqrt{2}\,i & 1 \\ -\sqrt{2}\,i & -2 & -\sqrt{2}\,i \\ 1 & \sqrt{2}\,i & -3 \end{pmatrix}\begin{pmatrix} x \\ y \\ z \end{pmatrix} = \begin{pmatrix} 0 \\ 0 \\ 0 \end{pmatrix} \tag{32}$$

において，左辺の 3×3 行列に同様の変形をほどこせば

第1行	1	0	−1	⟶	$x - z = 0$
第2行	0	1	$\sqrt{2}\,i$	⟶	$y + \sqrt{2}\,iz = 0$
第3行	0	0	0	⟶	$0 = 0$

$$\begin{pmatrix} x \\ y \\ z \end{pmatrix} = \begin{pmatrix} z \\ -\sqrt{2}\,iz \\ z \end{pmatrix} = z\underbrace{\begin{pmatrix} 1 \\ -\sqrt{2}\,i \\ 1 \end{pmatrix}}_{\boldsymbol{x}_3} \tag{33}$$

❶ さて対応する行列を使った表現に戻すと，式(29)のようになります．この式を見るとわかるように，もともと3つの式がありましたが，いまは1つしかなくなってしまっています．行列の3行のうち2行は，すべて成分が0になってしまったからです．ですからx, y, zのうち1つしか消去できません．なので，この式をzについて解くことでzを消去してベクトルの形で書き表すと式(30)のようになります．xだけを含むベクトルと，yだけを含むベクトルとに分けると，2つのベクトルが得られます(式(31))．あとで説明するように，これら2つのベクトルから直交した，ノルムが1の2つのベクトルを構成することができます．先に与えた固有ベクトル(131ページの式(20))はこのようにして求めたものです．

❷ この HW17 では，固有値が3のときの計算を成分計算でダイレクトにチェックしてみましょう．確かに，固有ベクトルになっていることを確めてください．

❸ もう1つの固有値7に対する固有ベクトルを同様に求めてみましょう．この場合は3行のうち1行だけをすべて0にできます．これに対応して，もともとの3つの式は2つになってしまいました．そこでxとyについて解いてベクトルに表すと，ベクトルが1つ決まります(式(33))．これを規格化したものが，先に与えた$\boldsymbol{u}_3$ベクトル(132ページの式(21))です．このやり方もあとで説明します．

HW18 式(32)の左辺の 3×3 行列を変形し，左下に 0 をつくっていって $\boldsymbol{x}_3{}'$ を求めよ．また $H\boldsymbol{x}_3 = 7\boldsymbol{x}_3$ を成分計算で確めよ

❶

参考：系統的におこなった例（“ガウスの消去法”）

❷

$$
\begin{array}{llll}
① & -3 & \sqrt{2}\,i & 1 \\
② & -\sqrt{2}\,i & -2 & -\sqrt{2}\,i \\
③ & 1 & \sqrt{2}\,i & -3
\end{array}
\quad
\begin{array}{c}
\xrightarrow{①\times(-\frac{1}{3})} \\
\xrightarrow{②+\sqrt{2}i\times①'} \\
\xrightarrow{③-①'}
\end{array}
\quad
\begin{array}{llll}
①' & 1 & -\frac{\sqrt{2}}{3}i & -\frac{1}{3} \\
②' & 0 & -\frac{4}{3} & -\frac{4}{3}\sqrt{2}\,i \\
③' & 0 & \frac{4}{3}\sqrt{2}\,i & -\frac{8}{3}
\end{array}
$$

（③行の 1：ここに 0 をつくる）　（③′行の $\frac{4}{3}\sqrt{2}\,i$：ここに 0 をつくる）

$$
\begin{array}{c}
\longrightarrow \\
\xrightarrow{②'\times(-\frac{3}{4})} \\
\xrightarrow{③'-\frac{4}{3}\sqrt{2}i\times②''}
\end{array}
\quad
\begin{array}{llll}
①' & 1 & -\frac{\sqrt{2}}{3}i & -\frac{1}{3} \\
②'' & 0 & 1 & \sqrt{2}\,i \\
③'' & 0 & 0 & 0
\end{array}
$$

$$
\begin{array}{c}
\xrightarrow{①'+\frac{\sqrt{2}}{3}i\times②''} \\
\longrightarrow \\
\longrightarrow
\end{array}
\quad
\begin{array}{llll}
①'' & 1 & 0 & -1 \\
②'' & 0 & 1 & \sqrt{2}\,i \\
③'' & 0 & 0 & 0
\end{array}
$$

最初に入れかえや定数倍をして，すこしラクをした例

$$
\begin{array}{llll}
① & -3 & \sqrt{2}\,i & 1 \\
② & -\sqrt{2}\,i & -2 & -\sqrt{2}\,i \\
③ & 1 & \sqrt{2}\,i & -3
\end{array}
\quad
\begin{array}{c}
\xrightarrow{②\times\frac{-1}{\sqrt{2}i}} \\
\longrightarrow \\
\longrightarrow
\end{array}
\quad
\begin{array}{llll}
①' & 1 & -\sqrt{2}\,i & 1 \\
②' & 1 & \sqrt{2}\,i & -3 \\
③' & -3 & \sqrt{2}\,i & 1
\end{array}
$$

（②′, ③′行の第1列：ここに 0 をつくる）

$$
\begin{array}{c}
\longrightarrow \\
\xrightarrow{②'-①'} \\
\xrightarrow{③'+3\times①'}
\end{array}
\quad
\begin{array}{llll}
①' & 1 & -\sqrt{2}\,i & 1 \\
②'' & 0 & 2\sqrt{2}\,i & -4 \\
③'' & 0 & -2\sqrt{2}\,i & 4
\end{array}
$$

（③″行の $-2\sqrt{2}\,i$：ここに 0 をつくる）

$$
\begin{array}{c}
\longrightarrow \\
\longrightarrow \\
\xrightarrow{③''+②''}
\end{array}
\quad
\begin{array}{llll}
①' & 1 & -\sqrt{2}\,i & 1 \\
②''' & 0 & 1 & \sqrt{2}\,i \\
③''' & 0 & 0 & 0
\end{array}
$$

補足2 シュミットの直交化

実ベクトルなら，右のような図が描ける

$$\boldsymbol{u}_1 = \frac{\boldsymbol{x}_1}{\|\boldsymbol{x}_1\|} \tag{34}$$

$$\boldsymbol{x}_1{}' = \boldsymbol{u}_1(\boldsymbol{u}_1 \cdot \boldsymbol{x}_2) \tag{35}$$

→ $= |\boldsymbol{x}_2|\cos\theta$ （∵ 図より）

→ 複素なら $\boldsymbol{u}_1 \cdot \boldsymbol{x}_2 \Longrightarrow \boldsymbol{u}_1{}^{\dagger}\boldsymbol{x}_2$ (36)

$$\boldsymbol{u}_2{}' = \boldsymbol{x}_2 - \boldsymbol{x}_1{}' = \boldsymbol{x}_2 - \boldsymbol{u}_1(\boldsymbol{u}_1 \cdot \boldsymbol{x}_2)$$

$$\boldsymbol{u}_2 = \frac{\boldsymbol{u}_2{}'}{\|\boldsymbol{u}_2{}'\|} \tag{37}$$

という手法で，直交する単位ベクトル $\boldsymbol{u}_1, \boldsymbol{u}_2$ がつくれる

❶ この HW18 では，固有値が7のときの計算を，行列の行変形をおこなって自分で確めてみましょう．2つ例をあげておきます(〝参考〟)．さらに固有ベクトルの性質についても成分計算でチェックしましょう．

❷ ガウスの消去法では，まず1列目の2行目以下を0にします．これは，1行目を定数倍して2行目以下より引くことで達成されます(これは式(32)でいえば，x を2, 3行目から消去することに対応)．次に2列目の3行目以下を同様の方法で0にし，さらにくり返し，対角成分より左下をすべて0にします．そのあとに，下の行を使って上の行に0を増やしていきます．

❸ さてここで，残された直交化の問題について説明します．2つの実ベクトルによって平面が規定されますが，その平面内の2つの直交するベクトルは，この図のように幾何学的に構成できます．式に直すと，スカラー積を使って表現できます(式(35))．$\boldsymbol{x}_1{}'$ ベクトルは $\boldsymbol{u}_1$ の向きを向いていて，大きさが $\boldsymbol{u}_1 \cdot \boldsymbol{x}_2 = |\boldsymbol{x}_2|\cos\theta$ となっていることに注意してください．このスカラー積をエルミート・スカラー積に置き換えると(式(36))，2つの複素ベクトルから2つのエルミート・スカラー積の意味で直交するベクトルを構成できるのです．

☑**注** 式(34),(37)の $\boldsymbol{u}_1, \boldsymbol{u}_2$ は $a\boldsymbol{x}_1 + b\boldsymbol{x}_2$ の形をしている

このとき $H\boldsymbol{x}_1 = \lambda\boldsymbol{x}_1$, $H\boldsymbol{x}_2 = \lambda\boldsymbol{x}_2$ ならば

$$\longrightarrow H(a\boldsymbol{x}_1 + b\boldsymbol{x}_2) = \lambda(a\boldsymbol{x}_1 + b\boldsymbol{x}_2) \tag{38}$$

↑── HW19

$\longrightarrow \boldsymbol{u}_1, \boldsymbol{u}_2$ は固有値 λ の固有ベクトル

❶

HW20 以上の手続きにならって，**HW17** の $\boldsymbol{x}_1, \boldsymbol{x}_2$ から自分で $\boldsymbol{u}_1, \boldsymbol{u}_2$ をつくり，$H\boldsymbol{u}_1 = 3\boldsymbol{u}_1$, $H\boldsymbol{u}_2 = 3\boldsymbol{u}_2$ となることを確めよ

❷

☑**注** 式(36)の置き換えでよいことのチェック $\longrightarrow \boldsymbol{u}_1{}^\dagger\boldsymbol{u}_2{}' = 0$ を確める

$$\boldsymbol{u}_1{}^\dagger\{\boldsymbol{x}_2 - \boldsymbol{u}_1(\boldsymbol{u}_1{}^\dagger\boldsymbol{x}_2)\} = \boldsymbol{u}_1{}^\dagger\boldsymbol{x}_2 - (\boldsymbol{u}_1{}^\dagger\boldsymbol{u}_1)(\boldsymbol{u}_1{}^\dagger\boldsymbol{x}_2)$$
$$= 0 \qquad (\because\ \boldsymbol{u}_1{}^\dagger\boldsymbol{u}_1 = 1)$$

❸

さらに3つ以上の場合にも

$$\boldsymbol{u}_3{}' = \boldsymbol{x}_3 - \boldsymbol{u}_1(\boldsymbol{u}_1{}^\dagger\boldsymbol{x}_3) - \boldsymbol{u}_2(\boldsymbol{u}_2{}^\dagger\boldsymbol{x}_3)$$
$$\boldsymbol{u}_4{}' = \boldsymbol{x}_4 - \boldsymbol{u}_1(\boldsymbol{u}_1{}^\dagger\boldsymbol{x}_4) - \boldsymbol{u}_2(\boldsymbol{u}_2{}^\dagger\boldsymbol{x}_4) - \boldsymbol{u}_3(\boldsymbol{u}_3{}^\dagger\boldsymbol{x}_4)$$
$$\vdots$$

❹

のようにして，$\boldsymbol{u}_i = \dfrac{\boldsymbol{u}_i{}'}{\|\boldsymbol{u}_i{}'\|}$ とすると

$$\boldsymbol{u}_i{}^\dagger\boldsymbol{u}_j = \delta_{ij} \tag{39}$$

を満たすようにできる

HW21 $\boldsymbol{u}_1{}^\dagger\boldsymbol{u}_3{}' = 0$ を示せ

☑**注** 式(39)を満たすベクトル $\boldsymbol{u}_i$ からつくった

$n\times n$ 行列 $U = (\boldsymbol{u}_1 \quad \cdots \quad \boldsymbol{u}_n)$ に対し

$$U^\dagger U = UU^\dagger = E \quad \Longleftrightarrow \quad U^{-1} = U^\dagger \tag{40}$$

❺

2次元の場合：

$$U = (\boldsymbol{u}_1 \quad \boldsymbol{u}_2) = \begin{pmatrix} | & \| \end{pmatrix}, \qquad U' = \begin{pmatrix} \boldsymbol{u}_1{}^\dagger \\ \boldsymbol{u}_2{}^\dagger \end{pmatrix} = \begin{pmatrix} \text{—} \\ \text{=} \end{pmatrix}$$

$$U^\dagger U = \begin{pmatrix} \boldsymbol{u}_1{}^\dagger \\ \boldsymbol{u}_2{}^\dagger \end{pmatrix}(\boldsymbol{u}_1 \quad \boldsymbol{u}_2) = \begin{pmatrix} \boldsymbol{u}_1{}^\dagger\boldsymbol{u}_1 & \boldsymbol{u}_1{}^\dagger\boldsymbol{u}_2 \\ \boldsymbol{u}_2{}^\dagger\boldsymbol{u}_1 & \boldsymbol{u}_2{}^\dagger\boldsymbol{u}_2 \end{pmatrix} = \begin{pmatrix} 1 & 0 \\ 0 & 1 \end{pmatrix} \tag{41}$$

HW22 上の関係を3次元，$U = (\boldsymbol{u}_1 \quad \boldsymbol{u}_2 \quad \boldsymbol{u}_3)$ のときに示せ

❶ この☑注に示すように，同じ固有値に対応する異なる2つの固有ベクトルがある場合，これらの線形結合で構成したベクトルは，やはり同じ固有値の固有ベクトルであること(式(38))に注意すると，式(34)，(37)のようにして構成した2つの直交ベクトル $\boldsymbol{u}_1, \boldsymbol{u}_2$ は，着目している固有値に対応する固有ベクトルであることがわかります．

❷ この HW20 では，前に天下り的に与えた固有値が3の場合の規格直交化された2つの固有ベクトル(131ページの式(20))を，ここに示した方法で自分で求めてみてください．必ずしも同じベクトルにならなくてもOKです．ある平面に対する規格直交化されたベクトル(2つの単位ベクトル)のとり方が無限にあるように(ある平面に対し x 軸と y 軸をどのようにとるかという問題と対応しているからです)，この2つのベクトルのとり方も無限にあるのです．

❸ さて次に，式(36)のエルミート・スカラー積への置き換えの正当性を確めます．そのために，エルミート・スカラー積 $\boldsymbol{u}_1{}^\dagger\boldsymbol{u}_2$ が0になることを示します．ただし $\boldsymbol{u}_2$ は $\boldsymbol{u}_2'$ と定数倍しか違わないため，$\boldsymbol{u}_1{}^\dagger\boldsymbol{u}_2'=0$ を示せば十分です．さて計算を進め，$\boldsymbol{u}_1$ が規格化されているという事実を使うと，確かにこの $\boldsymbol{u}_1{}^\dagger\boldsymbol{u}_2'$ が0であり，したがってこのように構成した2つのベクトルは互いに〝直交〟することがわかりました．

❹ 固有値が2重に縮退しているときには以上で事足ります．3重以上に縮退しているときには，このように自然な形で一般化してやれば，どんどん直交するベクトルをつくっていくことができます(HW21 で1つチェックしてください)．こうして規格直交化されたベクトルの組をもとのベクトルの線形結合の形で構成できるのです．

❺ なお，式(39)の関係を満たすベクトルを並べて行列 U を構成すると，それが式(40)を満たすユニタリ行列になることもここで説明しておきましょう．2次元の場合には式(41)のようにチェックできます．この証明は容易に n 次元の場合に一般化できますね．

☑**注** $U^\dagger U=E$ ならば $UU^\dagger=E$

$$U^\dagger U=E$$

の右から $U^\dagger$ を掛けると

$$U^\dagger UU^\dagger=U^\dagger$$

右辺を $U^\dagger E$ と表し移項すると

$$U^\dagger(UU^\dagger-E)=0$$

$$\therefore\ UU^\dagger=E$$

4.10　1次変換

4.10.1　定義，線形性

$$\boldsymbol{x}=\begin{pmatrix}x_1\\ \vdots\\ x_n\end{pmatrix},\qquad \boldsymbol{y}=\begin{pmatrix}y_1\\ \vdots\\ y_n\end{pmatrix}$$

$$\boldsymbol{y}=A\boldsymbol{x}=f(\boldsymbol{x}) \tag{1}$$

↑ $n\times n$ 行列

⟵ 行列 A による $\boldsymbol{x}$ の **1次変換**

ベクトル $\boldsymbol{x}$ をベクトル $\boldsymbol{y}$ に写す写像(変換)

HW1 上の式(1)の $f(\boldsymbol{x})$ は，次の線形性

$$\begin{cases} f(\boldsymbol{x}+\boldsymbol{y})=f(\boldsymbol{x})+f(\boldsymbol{y}) & (2)\\ f(c\boldsymbol{x})=cf(\boldsymbol{x}) & (3)\end{cases}$$

を満たすことを確めよ

☑**注** $f(x)=ax$ も，この性質を満たす

$f(x)=ax+b$ は，$b\neq 0$ だと満たさない

☑**注** 微分演算も，線形演算

$$\frac{d}{dx}(f+g)=\frac{df}{dx}+\frac{dg}{dx},\qquad \frac{d}{dx}(kf)=k\frac{df}{dx}$$

❶　なお $U^\dagger U = E$ のときに，U の右から $U^\dagger$ を掛けた $UU^\dagger$ も単位行列になることは，この ☑注 のように示せます．

❷　次に 1 次変換について学びます．式(1)のように，行列による掛け算によって，ベクトルから新しいベクトルができます．これを変換あるいは写像と見なしたものが **1 次変換**で，これは**線形変換**ともよばれます．

❸　この変換が，式(2)と(3)の 2 つの性質(線形性)を満たすことを確認してください．

❹　1 次式 $y = ax$ による変換も上の性質を満たします．しかし，1 次式 $y = ax + b$ で，b が 0 でないときには，1 次式による変換ではあっても線形性はもっていないことに注意しましょう．

❺　実は微分演算も線形性をもちます．そこで〝線形演算子〟とよばれることがあります．

4.10.2　回転変換と直交行列

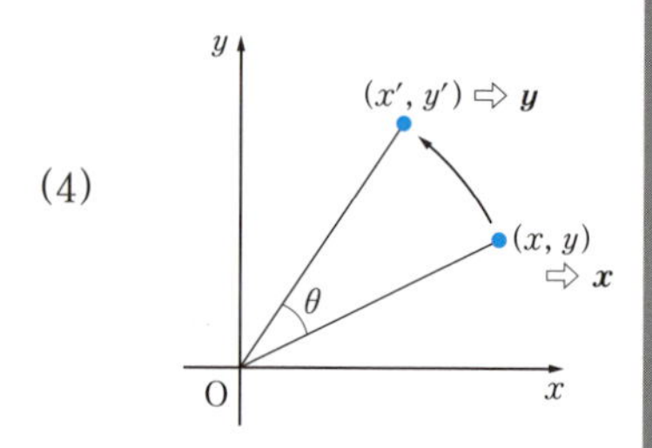

例 2次元の回転変換

$$\boldsymbol{y} = A\boldsymbol{x} \qquad (4)$$

↑ A は 2×2 行列

⬇

$$\begin{pmatrix} x' \\ y' \end{pmatrix} = A\begin{pmatrix} x \\ y \end{pmatrix}$$

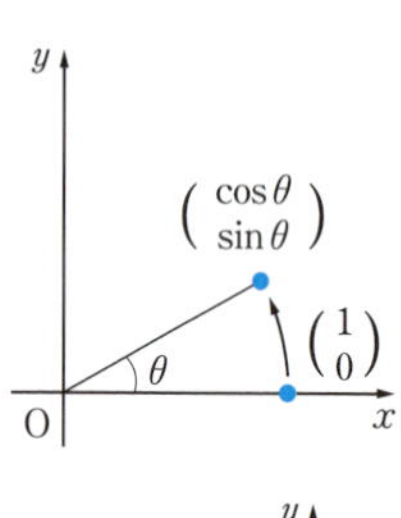

$$A\begin{pmatrix} x \\ y \end{pmatrix} = A\left\{\begin{pmatrix} x \\ 0 \end{pmatrix} + \begin{pmatrix} 0 \\ y \end{pmatrix}\right\}$$

$$= A\begin{pmatrix} x \\ 0 \end{pmatrix} + A\begin{pmatrix} 0 \\ y \end{pmatrix}$$

↑ 式(2)

$$= xA\begin{pmatrix} 1 \\ 0 \end{pmatrix} + yA\begin{pmatrix} 0 \\ 1 \end{pmatrix}$$

↑ 式(3)

$$= x\begin{pmatrix} \cos\theta \\ \sin\theta \end{pmatrix} + y\begin{pmatrix} -\sin\theta \\ \cos\theta \end{pmatrix}$$

↑ 左図

$$= \begin{pmatrix} x\cos\theta - y\sin\theta \\ x\sin\theta + y\cos\theta \end{pmatrix}$$

$$= \underbrace{\begin{pmatrix} \cos\theta & -\sin\theta \\ \sin\theta & \cos\theta \end{pmatrix}}_{A(\theta)}\begin{pmatrix} x \\ y \end{pmatrix} \qquad (5)$$

↑ HW2

n 次元の回転変換

$$\boldsymbol{y} = A\boldsymbol{x}$$

↑ A は $n\times n$ 実行列

$\boldsymbol{x}$, $\boldsymbol{y}$ は n 次元列ベクトル

⟶ 直交変換

ノルムを変えない：

$$|\boldsymbol{y}|^2 = |\boldsymbol{x}|^2 \tag{6}$$

└── 2 次元では幾何学的定義より明らか

逆にこの性質からスタートすると

$$A^{\mathrm{T}}A = E \tag{7}$$

が示せる

$\longrightarrow A^{-1} = A^{\mathrm{T}}$　　直交行列

❸ ❹ ❺

❶ 行列による 1 次変換の例として 2 次元平面での**回転**変換を取りあげます．回転操作によってベクトルがベクトルに変換されるので，これが行列 A を使った式(4)の形で表せるとしてみます．この形の変換を 1 次変換とよびます．144 ページの式(2)，(3)の線形性を利用して式変形を進めると，2 つの単位ベクトルの像(行列 A によって移される先)がわかれば，問題が解決することがわかります．これらの像は図を参照するとすぐわかります．

❷ このようにして行列 A が決まります(式(5))．

❸ 上の 2 次元の回転変換は明らかにノルムを変えません．n 次元の回転変換は同様に，ノルムを変えない変換として定義されます．

❹ 式で表せば，式(6)が成立するということです．

❺ 逆にこれらの性質を使うと，回転を表す行列 A が，135 ページの ❶ で触れた直交行列がもつ性質(7)を満たすことが示せます(149 ページの HW3 で取りあげます)．

これを複素ベクトルで考えると

$$A^{\dagger}A = E$$

が示される

$$A^{-1} = A^{\dagger} \qquad \text{ユニタリ行列}$$

❶

☑**注** ノルムを変えないのだから $\boldsymbol{y} = A\boldsymbol{x}$ に対し

❷

$$\boldsymbol{y}^{\dagger}\boldsymbol{y} = \boldsymbol{x}^{\dagger}\boldsymbol{x}$$

つまり

$$(A\boldsymbol{x})^{\dagger}A\boldsymbol{x} = \boldsymbol{x}^{\dagger}\boldsymbol{x}$$

$$(A\boldsymbol{x})_i{}^{*}(A\boldsymbol{x})_i = x_j{}^{*}x_j \tag{8}$$

左辺：

$$(A\boldsymbol{x})_i{}^{*}(A\boldsymbol{x})_i = A_{ij}{}^{*}x_jA_{ik}x_k$$

$$= x_j{}^{*}A_{ji}{}^{\dagger}A_{ik}x_k$$

$$A_{ij}{}^{*} = A_{ji}{}^{\dagger}$$

$$= x_j{}^{*}(A^{\dagger}A)_{jk}x_k$$

これが式(8)の右辺に等しい

$$(A^{\dagger}A)_{jk} = \delta_{jk}$$

$$\therefore A^{\dagger}A = E$$

このとき $A^{\dagger}$ を右から掛ける

$$A^{\dagger}AA^{\dagger} = A^{\dagger}$$

$$= A^{\dagger}E$$

$$A^{\dagger}(AA^{\dagger} - E) = 0$$

$$\therefore AA^{\dagger} = E$$

HW3 同様にして，実ベクトルのとき　❸

$$\boldsymbol{y}^{\mathrm{T}}\boldsymbol{y} = \boldsymbol{x}^{\mathrm{T}}\boldsymbol{x}$$

から

$$A^{\mathrm{T}}A = E$$

となることを示せ

HW4 式(5)の $A(\theta)$ について　❹

$$A(\theta)^{\mathrm{T}}A(\theta) = E$$

を示せ

❶　これもすでに述べましたが，これを複素ベクトルの場合に拡張して考えるとユニタリ行列が出てきます．つまり**ユニタリ変換**は，複素ベクトルのノルムを変えない変換です．

❷　さて，複素ベクトルのノルムを変えないという事実から，A がユニタリ行列であることを帰結してみましょう．成分計算の練習も兼ねて，以下の計算を丹念に追ってください．

❸　実ベクトルの場合には，直交行列になることを確めてみましょう．

❹　さらに 146 ページの式(5)で求めた 2 次元の回転変換の成分表示を使い，成分計算をおこなって，直交行列の満たす性質を確認しましょう．

CHAPTER 5

常微分方程式

常微分方程式(Ordinary Differential Equation, ODE と略記)に入りましょう．第 12 章で学ぶ偏微分方程式は 2 つ以上の変数による微分を含む方程式ですが，ここではまず，1 つの変数による微分だけを含む場合を扱います．大学の力学で，ニュートンの運動方程式を解くために必要になる 2 階微分方程式の解法をマスターすることが目標となります．

5.1　変数分離形

例 $\dfrac{dy}{dx} = y$　(1)　❶

$\dfrac{dy}{y} = dx$　(2)

↑ y だけ　　↑ x だけ　　← 変数分離

$\displaystyle\int \frac{dy}{y} = \int dx$　(3)

$$\begin{cases} y > 0 \quad \log y = x + C_1 & \text{（積分定数は 1 つで十分）} \\ y < 0 \quad \displaystyle\int \frac{d(-y)}{(-y)} = \log(-y) \longrightarrow \log|y| \end{cases}$$

まとめて

$\log|y| = x + C_1$

$e^{\log|y|} = e^{x+C_1}$

$|y| = e^{C_1}e^{x}$

$y = \pm ae^{x}$　❷

└ $e^{C_1} \to a$

$= Ae^{x}$　(4)

└ $\pm a \to A$

☑**注** $y = 0$ のとき．$y = 0$ は式(1)を満たす　❸

$y = 0$ も微分方程式の解．式(4)で $A = 0$ に相当

HW1 $\displaystyle\int \frac{dx}{ax+b} = \frac{1}{a}\log|ax+b|$ を示せ　❹

ヒント　$ax + b > 0$ と $ax + b < 0$ の場合に分ける

例 $(1 - x)y' = x(2 - y)$　(5)　❺

$\dfrac{dy}{y-2} = \dfrac{x}{x-1}\,dx$

$= \left(1 + \dfrac{1}{x-1}\right)dx$　(6)

$x \neq 1,\ y \neq 2$

$$\log|y-2| = x + \log|x-1| + C_1$$

$$= \log(e^x|x-1|C_2)$$

$\quad C_1 \to \log C_2$

$$|y-2| = C_2 e^x |x-1|$$

$$y-2 = C_3 e^x (x-1)$$

$$y = 2 + Ae^x(x-1) \qquad (7)$$

❶ まずは**変数分離形**とよばれるもの．式(1)のように，微分記号が微小量の割り算であることから分数であると見なし，式(2)のように変形すると，左辺は y だけ，右辺は x だけの変数を含むようになります．ただし $y \neq 0$ としています．このように変数が左右に分離することを〝変数分離した〟といいます．この両辺はそれぞれ1変数の積分なので，高校生の知識で積分することができます(式(3))．ただし，対数 $\log y$ は $y > 0$ に対してしか定義できないので $y < 0$ のときと場合分けして考えます．

❷ 次々に定数の名前をつけかえていけば，式(4)を得ます．

❸ $y = 0$ のときには変数分離させることができませんが，式(1)を満たすので，$y = 0$ もこの微分方程式の解です．これは式(4)の $A = 0$ に相当していることに注意しましょう．

❹ **HW1** の公式を，同様に場合分けして求めてください．

❺ 次の例も，微分記号を微小量の割り算と見なして式変形し，変数分離させます(式(6))．このとき $x = 1$ と $y = 2$ の場合は除外して考えます．この変数分離した式(6)も両辺を積分できます．積分を実行して，さらに定数の名前をつけかえていくと最終結果(7)を得ます．

☑**注** $x=1$ のとき．式(5)は $0=1\cdot(2-y) \longrightarrow y=2$
よって $x=1$，$y=2$ は式(5)を満たす
これは式(7)で $A=0$ に相当
$y=2$ のとき．$A=0$ に相当

❶

変数分離のまとめ

❷

$$\frac{dy}{dx}=X(x)Y(y) \tag{8}$$

$$\int \frac{dy}{Y(y)}=\int dx\, X(x) \tag{9}$$

☑**注** $Y(y)=0$ のときは別に考える

❸

HW2 次の公式を示せ

❹

公式　$$\frac{dy}{dx}=ky \longrightarrow y=Ce^{kx} \tag{10}$$

5.2　1階線形微分方程式

5

非同次　$$\frac{dy}{dx}+P(x)y=Q(x) \tag{1}$$

同　次　$$\frac{dy}{dx}+P(x)y=0 \tag{2}$$

☑**注** 1階微分のみ含む　**参照**：$y''=-ky$　2階微分方程式

6

☑**注** "線形"：$y, y', y'', \cdots, y^{(n)}$ について($y^{(n)}$ は y の n 階微分)
0次もしくは1次の項("高々1次の項")のみ

7

"非線形" の例

8

$y'=y(y-1)$
$yy'=1 \longrightarrow y'=\dfrac{1}{y}$
$y'=\sin y$

❶ この場合も，除外して考えた $x = 1$ と $y = 2$ の場合は，求めた解(7)の特別な場合になっています．

❷ 変数分離形の微分方程式の解法をまとめます．変数分離できるということは式(8)のように，右辺が x だけの関数 $X(x)$ と y だけの関数 $Y(y)$ の積になっていることを意味します．このようになっていれば，変数分離をして辺々を積分する(式(9))ことで，すくなくとも形式的には問題が解けます(実際には，これらの両辺の積分が実行できるとは限りませんが)．

❸ 関数 $Y(y)$ が 0 の場合は特殊な場合です．

❹ ここで公式(10)を変数分離法を使って確めてみてください．この結果は，これからよく使います．

5 次に1階の線形微分方程式です．これは式(1), (2)のような形に書けるものをいいます．ここで P, Q はそれぞれ x だけの関数です．Q が 0 でない場合，その微分方程式は**非同次**であるとよばれ(式(1))，0 の場合は**同次**であるとよばれます(式(2))．Q を非同次項とよぶこともあります．

6 この形(1)と(2)は1階微分のみを含んでいるので**1階微分方程式**とよばれます．この ☑**注** に〝参照〟として示したものは2階微分方程式とよばれます．

7 (y に関する)**線形微分方程式**とは，y やその微分(高次の微分を含む)を含まないか，含んでも1次の項としてのみ含む形に表せる微分方程式をいいます．このことを〝y や y の微分の0次もしくは1次のみを含む〟と表現し，あるいは〝これらの高々1次である式〟と表現したりします．

8 線形でない場合を〝非線形〟とよびますが，その例を考えましょう．最初の例は，y の1階微分が1次の項になるように書き表すと，y の2次の項が右辺に出てきてしまっているので非線形です．2番目の例も，y の1階微分が1次の項になるように書き表すと，y の0次でも1次でもない項が現れてきてしまいます．最後の例は，三角関数のテーラー展開による定義を思い起こせば，非線形であることが了解できますね．

同次方程式(2)の一般解(変数分離形)　❶

$$\int \frac{dy}{y} = -\int P(x)dx$$　❷

$$= \int^{x} P(x')dx' \qquad (3)$$

$$\log|y| = \log e^{-\int P dx} + C$$

一般解　$y = Ae^{-\int P dx}$　(4)

└── $C = \log C',\ \pm C' \to A$

☑**注** n 階線形微分方程式の一般解　❸

⟶ n 個の定数を含む

例：2階微分方程式

$$\ddot{y} = 0 \longrightarrow \dot{y} = C_1 \longrightarrow y = C_1 t + C_2$$

❶　1階線形微分方程式が同次の場合，変数分離法で式(4)のように簡単に解くことができます．これは定数を1つ含み，**一般解**とよばれます．

❷　ただし，ここで出てくる P の積分はかなりシンボリックな記法で，より正確にはダミー変数 x'(文字は x' でなくても何でもよい，という意味で〝ダミー〟)の積分をおこなって x' の関数を得たあと，その上端だけを評価する(つまり，$x' = x$ とおく)という約束で用いています(式(3))．あとの例で使うときには，このことを思い起こしましょう．

❸　n 階線形微分方程式の一般解は，n 個の定数を含みます．ここにあげた簡単な例を見れば，2階微分方程式の解には，2つの定数が出てくることがわかりますね．ただし，ここでは y は t の関数で，ドットは t での微分を表しています．

例 $y' - \dfrac{2}{x}y = 0$　(＊)　❹

$$P = -\frac{2}{x}$$

$$\int P\,dx = -\int^x \frac{2}{x'}dx' = -2\log x \tag{5}$$

$$\longrightarrow\ y = Ae^{-\int P dx} = Ae^{+2\log x} = Ae^{\log x^2}$$

$$\therefore\ y = Ax^2 \tag{6}$$

HW1 式(6)が式(＊)を満たすことを示せ

非同次の場合　❺

定数変化法．式(4)（あるいは式(6)）で

$$A \rightarrow A(x) \tag{7}$$

例 $y' - \dfrac{2}{x}y = \dfrac{1}{x^3}$　(8)　❻

同次解 $y = Ax^2$

❹　さっそく，同次解の公式を使ってみましょう．式(3)で注意したこと(❷)を思い起こすと式(5)が了解できますね．こうして式(6)を得ます．

❺　さて，非同次の場合の解はどうなるでしょうか？　ここでは，あとあとでもしばしば現れる**定数変化法**という方法を使って解を求めてみましょう．この方法は〝似たものの中から探しだす〟という精神に基づきます．いまの場合，〝非同次方程式の解は，対応する同次方程式の解と似た形をしているのではないか〟と発想し，試しに同次解の定数を定数ではなく，x に依存した関数だとしてみるのです(式(7))．

❻　この方法を実例を通して見てみましょう．非同次微分方程式(8)を解くために，式(6)の同次解を利用します．

定数変化法

式(8)の解を

$$y = A(x)x^2 \tag{9}$$

としてみる

$$y' = A'x^2 + 2Ax$$

$$-\frac{2}{x}y = -2Ax$$

これらを式(8)に代入

$$A'x^2 = \frac{1}{x^3} \longrightarrow \frac{dA}{dx} = \frac{1}{x^5} \tag{10}$$

$$\therefore\ A = -\frac{1}{4}x^{-4} + C$$

式(9)に代入して，もとに戻す

$$y = x^2\left(C - \frac{1}{4x^4}\right)$$

$$\therefore\ y = \underbrace{Cx^2}_{\text{同次解}} - \underbrace{\frac{1}{4x^2}}_{\text{特解}} \tag{11}$$

❶ ❷

☑注 特解　もとの非同次微分方程式を満たす，定数を含まない解 ❸

HW2 $y = -\frac{1}{4x^2}$ が式(8)を満たすことを示せ

☑注 線形微分方程式の場合の非同次微分方程式の一般解 ❹

⟶ 〝同次微分方程式の一般解 ＋ 特解〞の形をしている　(12)

☑注 式(8)の非同次項 $\frac{1}{x^3} \rightarrow Q(x)$ とすると ❺

$$\frac{dA}{dx} = Qe^{\int P dx} \tag{13}$$

↑ HW3

となるので，式(1)の一般解は ❻

$$y = e^{-\int P dx}\left(\int dx\, Qe^{\int P dx} + C\right) \tag{14}$$

↑ HW4

❶　157 ページの式(6)の同次解には定数 A が含まれますが，これを x の関数 $A(x)$ であると見なして(式(9))，もとの非同次微分方程式(8)に代入します．

❷　計算を進めると，A の満たす微分方程式(10)が出てきます．これを解いてもとに戻せば新しい解(11)が出てきます．この解は，同次解と定数を含まない項の足し算になっています．後者は**特解**とよばれます．

❸　特解は，もともとの非同次微分方程式を満たしています．**HW2** で，この場合について確めてみましょう．

❹　一般に，非同次線形微分方程式の一般解は，〝同次解＋特解〟の形となります(式(12))．

❺　157 ページ末の **例** の式(8)を 154 ページの式(1)に置き換えて，同次解が 156 ページの式(4)になることに注意して，同様に定数変化法で計算を進めると，関数 A の満たすべき微分方程式は式(13)のようになることを確認しましょう．

❻　これを解いて，もとに戻すと，一般解は式(14)のように書けます(各自確めてみてください(**HW4**))．ここに現れる 3 つの x 積分は，式(3)で述べた意味(156 ページの ❷)でシンボリックな記法です．実際には 157 ページの式(5)でおこなったようにダミー変数で積分したあとに，上端においてだけダミー変数を x に置き換えるという操作に対応します．

5.3　同次の定数係数2階線形微分方程式

❶

$$a_2\frac{d^2y}{dx^2}+a_1\frac{dy}{dx}+a_0y=0 \tag{1}$$

↑ ↑ ↑ x によらない定数

❷

例 $y''+5y'+4y=0$ (2)

$d/dx \to D$ と書く

$$Dy=\frac{dy}{dx}=y', \quad D^2y=D\frac{dy}{dx}=y''$$

より式(2)は

$$D^2y+5Dy+4y=0 \tag{3}$$

$$(D^2+5D+4)y=0 \tag{4}$$

❸

$$(D+1)(D+4)y=0 \tag{5}$$

$$\because (D+1)(y'+4y)=D(y'+4y)+y'+4y$$
$$=y''+4y'+y'+4y$$

❹

HW1 式(5)を

$$(D+4)(D+1)y=0$$

と書いてもよいことを示せ

❺

式(5)より，まず

$$\begin{cases}(D+4)\,y_1=0\\(D+1)\,y_2=0\end{cases} \tag{6}$$

を解く

$$y_1=C_1e^{-4x}, \quad y_2=C_2e^{-x} \tag{7}$$

すると，y_1 と y_2 は式(2)を満たす

$\because (D+1)(D+4)y_1=0$ など

また

$$y=y_1+y_2 \tag{8}$$

も式(2)を満たす

なぜなら $L=(D+1)(D+4)$ とおくと $Ly_1=Ly_2=0$ で　❻

$$L(y_1+y_2)=Ly_1+Ly_2=0 \qquad (9)$$

したがって式(2)の**一般解**は　❼

$$y=C_1e^{-4x}+C_2e^{-x} \qquad (10)$$

2 つの定数を含む

❶ 次に 2 階線形微分方程式です．まずは同次で，係数が定数のもので，式(1)の形をしたものを扱います．

❷ 例をあげます．式(2)で微分記号を D で書いてみると，式(3)のように書き表されます．この D は〝右側にあるものに微分という操作(演算)をおこなう〟という暗黙の了解をして使います．その了解のもとでは，式(4)のようにくくりだすことも可能です．

❸ さらに式(5)のように，形式的に因数分解することもできます．このように書いても，矛盾が生じないことを確めてください．

❹ 式(5)のように因数分解すると 2 つの演算子の積となりますが，この順序を変えても矛盾は生じません(HW1)

❺ まず，因数分解して出てきた演算子 $D+1$ と $D+4$ に対応する 2 つの 1 階微分方程式(6)を解いておきます．式(7)は，もとの同次方程式を満たすことに注意してください．さらに，これらの線形結合(8)は，もとの微分方程式を満たします．

❻ このことは，このように微分演算子を L とおくと，L が線形演算子であること(式(9))を利用して示すことができます．

❼ したがって，線形結合(10)は 2 つの定数を含むので，2 階線形微分方程式(2)の一般解です．

一般化

$$(a_2D^2 + a_1D + a_0)y = 0$$

特性方程式

$$a_2D^2 + a_1D + a_0 = 0 \tag{11}$$

$$\longrightarrow (D-a)(D-b) = 0 \tag{12}$$

ただし a, b は式(11)の2根

$a \neq b$ のとき

$$y = C_1e^{ax} + C_2e^{bx} \tag{13}$$

が一般解

$a = b$ のとき

解くべき式

$$(D^2 - 2aD + a^2)y = 0 \tag{14}$$

の解の1つは

$$y = Ce^{ax} \tag{15}$$

とわかっている

$$\because\ (D-a)(D-a)Ce^{ax} = 0$$

$$y = C(x)e^{ax} \tag{16}$$

の形の解をさがす(**定数変化法**)

このとき

$$Dy = y' = C'e^{ax} + Cae^{ax}$$

$$= C'e^{ax} + ay$$

$$\longrightarrow C'e^{ax} = Dy - ay \tag{17}$$

$$D^2y = y'' = C''e^{ax} + C'ae^{ax} + ay'$$

$$= C''e^{ax} + a(Dy - ay) + aDy$$

↑ 式(17)

$$= C''e^{ax} + 2aDy - a^2y \tag{18}$$

式(18)より

$$(D^2 - 2aD + a^2)y = C''e^{ax} \tag{19}$$

これが式(14)より0に等しいから

$$C'' = 0 \tag{20}$$

$$C' = x$$

$$C = Ax + B$$

$$\therefore\ y = (Ax + B)e^{ax} \tag{21}$$

これは2つの定数A, Bを含む $\Longrightarrow$ 一般解

HW2 $y = Axe^{ax}$が，式(14)を満たすことを確めよ

❶ 以上の話を一般化しましょう．記号Dを文字のように考えて，特性方程式(11)を書きます．これをDについて解くと2つの解が出てきます．式(5)が(12)に対応するので，式(5)は，このaとbが相異なる場合に相当します．この場合には式(10)にいたる議論から，式(13)のようにして，一般解を構成できることがわかりますね．

❷ a, bは2次方程式の解なので，重根になることもあります．このときいままでのようにしたのでは，独立な解は1つしか出てきません．すると解に含まれる定数も1つで，一般解ではなくなります．そこで別の解を探すために，定数変化法を使います．この解(15)の定数Cが，xの関数$C(x)$となっている形の解があるのではないかと予想して(式(16))，その場合に$C(x)$が満たすべき条件を導くのです．

❸ そこで式(16)に対し，Dyを計算し，さらにD^2yを計算します．すると式(18)を得ます．これより式(19)を得るので式(14)より$C(x)$の満たす微分方程式(20)を得ます．これを解いて，最終結果(21)が得られます．式(21)は定数を2つ含んでいるので，これはこの2階線形微分方程式の一般解です．この解を2つの部分に分けると，1つはもともとの解です．新しく出てきた解は，もとの解にxが掛かったものになっています．これも，もとの微分方程式の解になっていることを直接確めてみましょう(**HW2**)．

複素共役根のとき ❶

特性方程式(11)

$$a_2D^2 + a_1D + a_0 = 0$$

の2解が

$$D = \alpha + i\beta \qquad (\alpha,\ \beta \text{ は実数})$$

のとき

$$\begin{cases} a = \alpha + i\beta \\ b = \alpha - i\beta \end{cases}$$

とおくと式(13)より

$$y = e^{\alpha x}(Ae^{i\beta x} + Be^{-i\beta x}) \tag{22}$$

$e^{\pm i\beta x} = \cos\beta x \pm i\sin\beta x$ より

$$y = e^{\alpha x}(C_1\cos\beta x + C_2\sin\beta x) \tag{23}$$

カッコの中は $C\sin(\beta x + \gamma)$ と書ける

$$y = Ce^{\alpha x}\sin(\beta x + \gamma) \tag{24}$$

例 $y'' - 6y' + 9y = 0$ ❷

$$D^2 - 6D + 9 = 0$$

$$(D - 3)^2 = 0$$

$$\therefore D = 3 \quad (\text{重根})$$

よって

$$y = (Ax + B)e^{3x} \tag{25}$$

❶ 特性方程式は2次方程式ですので，複素共役根をもつこともあります．この場合は相異なる2つの解をもつ場合に相当するので，実はすでに扱った $a \neq b$ の場合といえます．ただ複素共役根の場合は，あらためて見直しておく価値があります．そこですでに導出した解(13)を利用して，変形を進めます．すると，この場合は三角関数を使って書き表すことができます

例 $m\dfrac{d^2y}{dt^2} = -ky$ ❸

$$\frac{d^2y}{dt^2} = -\omega^2 y \quad \left(\omega = \sqrt{\frac{k}{m}}\right)$$

より

$$D^2 + \omega^2 = 0$$

$$\therefore D = \pm i\omega$$

$$y = Ae^{i\omega t} + Be^{-i\omega t} \tag{26}$$

$$= C_1 \sin \omega t + C_2 \cos \omega t \tag{27}$$

$$= C \sin(\omega t + \gamma) \tag{28}$$

(式(23), (24)). 式(22)〜(24)のいずれの形も等価ですが, 実際に問題を解くときには, この中の便利なものを使うことが現実的となります. このことは, 続く例題を通して見てみましょう.

❷ さて例題を解いていきます. まずは重根の場合. このときは式(21)で見たように, 自明な指数関数解とそれにxを掛けたものの線形結合が一般解となります(式(25)).

❸ 次は複素数解の場合です. このときは式(26)〜(28)の3通りの形の一般解のどれを使ってもよいわけです.

❶

初期条件：

$$t = 0 \text{ で } y = -10,\ y' = 0 \tag{29}$$

式(27)を使う

$$y' = \omega C_1 \cos \omega t - \omega C_2 \sin \omega t$$

$$\downarrow \quad t = 0,\ y' = 0$$

$$0 = \omega C_1 \qquad \therefore\ C_1 = 0$$

したがって

$$y = C_2 \cos \omega t$$

$$\downarrow \quad t = 0,\ y = -10$$

$$-10 = C_2$$

$$\therefore\ y = -10 \cos \omega t \tag{30}$$

5.4　非同次の定数係数2階線形微分方程式

❷

$$a_2 \frac{d^2y}{dx^2} + a_1 \frac{dy}{dx} + a_0 y = f(x) \tag{1}$$

❸

例 $(D^2 + 5D + 4)y = \cos 2x$ (2)

対応する同次微分方程式

$$(D^2 + 5D + 4)y = 0 \tag{3}$$

特性方程式

$$(D + 4)(D + 1) = 0$$

一般解

$$y_{\mathrm{o}} = C_1 e^{-4x} + C_2 e^{-x} \quad \longleftarrow \quad \textbf{同次解}$$

☑**注** 同次解 y_{o} は，$(D^2 + 5D + 4)y_{\mathrm{o}} = 0$ を満たしている

定数を含まない**特解**(求め方はあとで)：

$$y_{\mathrm{p}} = \frac{1}{10} \sin 2x \tag{4}$$

$\longrightarrow (D^2 + 5D + 4)y_{\mathrm{p}} = \cos 2x$ を満たす

↑── HW1

$y_\mathrm{o} + y_\mathrm{p}$ に対し

$$(D^2 + 5D + 4)(y_\mathrm{o} + y_\mathrm{p}) = \cos 2x \quad (5)$$

↑── HW2

ヒント $D^2 + 5D + 4$ は線形演算子

が成立

$y = y_\mathrm{o} + y_\mathrm{p}$ は非同次微分方程式(2)の解，かつ定数を2つ含む

⟶ 一般解

$$\therefore\ y = Ae^{-4x} + Be^{-x} + \frac{1}{10}\sin 2x \quad (6)$$

非同次微分方程式の一般解 ＝ 同次解 ＋ 特解 (7)

4

5

❶ 初期条件が式(29)の場合を考えましょう．三角関数の線形結合の形をした一般解(27)を使ってみましょう．これを使えば式(30)のように，初期条件を満たす解が楽に導出できます．これを指数関数の線形結合の形の一般解(26)を使って解くのはより面倒になります．もちろん，同じ結果を得ることはできますが．

2 次に非同次の場合を扱いましょう．式(1)のように非同次項 $f(x)$ が現れる場合です．

3 例として，微分方程式(2)を解きましょう．まず，対応する同次微分方程式(3)の一般解を求めておきます．そして何らかの方法で，非同次微分方程式を満たす定数を含まない解を見つけます．この場合には式(4)が特解です．もとの非同次微分方程式を満たすことを確めてください(**HW1**)．これをどう求めるかという話はあとでします．

4 同次解と特解の和も非同次微分方程式を満たすこと(式(5))を確めてください(**HW2**)．このことから，この和(6)が非同次微分方程式の一般解となります．2階線形微分方程式の解であり，かつ定数を2つ含むからです．

5 一般に，非同次微分方程式の一般解は式(7)のように構成できます．

5.4.1 特解の見つけ方

❶

例 $y'' - 2y' + 3y = 5$ (8) ❷

非同次項の5は定数．〝似た形〟の $y = C$ (定数) としてさがす

$y = C \longrightarrow y' = 0,\ y'' = 0$ を式(8)に代入

$$3C = 5 \qquad \therefore C = \frac{5}{3}$$

$$\therefore y_{\mathrm{p}} = \frac{5}{3}$$

例 $y'' - 6y' + 9y = 8e^x$ (9) ❸

非同次項は $8e^x$．〝似た形〟の $y = ae^x$ (a は定数) としてさがす

$y = ae^x$ を式(9)に代入

$$(1 - 6 + 9)ae^x = 8e^x$$

$$\therefore a = 2$$

$$\therefore y_{\mathrm{p}} = 2e^x$$

例 $y'' + y' - 2y = e^x$ (10) ❹

非同次項は e^x．$y = ae^x$ (a は定数) としてみる

$y = ae^x$ を式(10)に代入

$$(1 + 1 - 2)ae^x = e^x$$

$$0 \cdot ae^x = e^x$$

$\therefore e^x = 0$ となり $e^x > 0$ に矛盾

$\Longrightarrow y = ae^x$ の形の解はない

レクチャー

❶ さて，残された問題である〝特解をどのようにして見つけるか？〟について説明します．基本は〝似たものの中から探しだす〟という定数変化法と同様の精神です．ここでは，非同次項と似た形で新しい解(特解)を探すようにすればいいのです．

❷ 最初の例は，非同次項が定数です．ですから，特解は定数の形をしているとしてみます．こう仮定してもとの微分方程式に代入すれば，その定数が満たすべき式が出てきて，C が定まりました．確かに，この定数が特解になっていることも容易にチェックできます．

❸ 次の例は，非同次項が指数関数の形をしています．ですので，特解は同じ指数関数に定数が掛かった形をしていると決めてかかって，もとの微分方程式に代入します．すると定数の値が 2 であれば特解になっていることがわかります．

❹ その次の例も非同次項が指数関数なので，すぐ上の **例** と同じ戦略で計算を進めます．すると(指数関数) $= 0$ となって矛盾が生じます．よって，この形での探索は〝失敗〟しました．

一般に使える方法

❶

式(10)は D を使えば

$$(D^2+D-2)y=e^x$$

$$(D-1)(D+2)y=e^x$$

$$\downarrow \quad (D+2)y=u \tag{11}$$

$$(D-1)u=e^x \tag{12}$$

$$u'-u=e^x \tag{13}$$

これは $\dfrac{dy}{dx}+Py=Q$ の形

$$\therefore y=e^{-\int Pdx}\left(\int Qe^{\int Pdx}dx+C\right) \tag{14}$$

$P=-1$, $Q=e^x$. $\int P\,dx=-x+C$. 積分定数をまとめて

$$u=e^x\left(\int e^x e^{-x}dx+C\right) \tag{15}$$

$$=e^x(x+C) \tag{16}$$

❷

式(11)に代入

$$y'+2y=xe^x+Ce^x \tag{17}$$

これも $\dfrac{dy}{dx}+Py=Q$ の形

❸

$$y=e^{-2x}\left(\int(xe^x+Ce^x)e^{2x}dx+C'\right)$$

$$=e^{-2x}\left(\frac{1}{3}xe^{3x}-\frac{1}{9}e^{3x}+\frac{C}{3}e^{3x}+C'\right) \tag{18}$$

↑ HW3

$$\therefore y=\underbrace{\frac{1}{3}xe^x}_{\text{特解}}+\underbrace{Ae^x+Be^{-2x}}_{\text{同次解}} \tag{19}$$

☑**注** 特解を求めるだけなら，途中の定数はすべて0として計算してよい

❹

HW4 式(15)-(18)の計算を $C=C'=0$ として進めて $\dfrac{1}{3}xe^x$ を求めよ

❶　このように〝失敗〟してしまう場合に，一般的に使える方法を紹介します．ここに示したように，まずは D を導入し，因数分解して出てきた式の一部を u とおいて(式(11))，式を書き直します(式(12))．すると u に関する 1 階線形微分方程式(13)となるので，それを前に紹介した公式(14)を利用して解きます．ここでもシンボリックな x 積分の扱いに注意してください．

❷　こうして u を求めることができた(式(16))ので，もとの u の定義式(11)に戻ります．すると式(17)は，u を非同次項とした y の 1 階線形微分方程式です．

❸　したがって，これもまた同じ公式(14)を使って解くことができます．こうして出てきた解(19)を整理すると，同次解＋特解 の形をしていることが確認できます．

❹　実践的には，特解だけを求めれば十分なので，途中の定数を全部 0 として計算を進めてもよかったことになっています．

上の方法を使うと，次の公式が示せる

$$(D-a)(D-b)y = P_n(x)e^{dx} \quad (P_n(x) \text{ は } n \text{ 次多項式}) \tag{20}$$

の特解は

$$y_{\mathrm{p}} = \begin{cases} Q_n(x)e^{dx} & (d \neq a,\ b) & (21) \\ xQ_n(x)e^{dx} & (d = a,\ a \neq b) & (22) \\ x^2 Q_n(x)e^{dx} & (d = a = b) & (23) \end{cases}$$

の形となる．ただし

$$Q_n(x) = C_n x^n + C_{n-1}x^{n-1} + \cdots + C_1 x + C_0$$

❶

例 $y'' + y' - 2y = x^2 - x$　(24)

❷

式(20)の $d=0$ の場合に相当

$$y_{\mathrm{p}} = Ax^2 + Bx + C \tag{25}$$

とおく

$$y_{\mathrm{p}}' = 2Ax + B, \quad y_{\mathrm{p}}'' = 2A \tag{26}$$

式(25)と(26)を，式(24)に $y = y_{\mathrm{p}}$ として代入

$$y_{\mathrm{p}}'' + y_{\mathrm{p}}' - 2y_{\mathrm{p}} = -2Ax^2 + 2(A-B)x + 2A + B - 2C$$

↑ HW5

$$= x^2 - x$$

係数を比較

$$A = -\frac{1}{2}, \quad B = 0, \quad C = -\frac{1}{2}$$

→ HW6

$$\therefore\ y_{\mathrm{p}} = -\frac{1}{2}(x^2 + 1) \tag{27}$$

ゆえに一般解は

$$y = Ae^{-2x} + Be^{x} - \frac{1}{2}(x^2 + 1) \tag{28}$$

❸

同次解　特解

☑**注** 同次解は式(24)に対応する同次微分方程式の特性方程式 $D^2+D-2=(D+2)(D-1)=0$ よりすぐに求まる

❶ いま紹介した，1階線形微分方程式を2回使う方法を使うと，ここに示した〝公式〞が示せます．対応する同次方程式が，相異なる2つの解をもつのか，それとも重根をもつのか，また，それらと同次項に現れる指数関数の肩の係数が等しいのか等しくないのか，という場合分けによって，特解の形が違ってきます(式(21)〜(23))．複雑そうですが例を通して見ると，結局は〝似たものの中から探していく〞という精神でよいことがわかります．

❷ さっそく例を見ていきましょう．はじめの例は，非同次項に指数関数が現れない場合です．これは $d=0$ の場合と見なせます．非同次項は2次多項式なので，2次多項式の形で特解を探してみます(式(25))．上の〝公式〞はこの場合に，こうしたことを意味していることを確認してください．こうして〝似た形〞で探すことで特解(27)が決まります．

❸ こうして一般解(28)が決まりました．

この場合は〝公式〞の場合分けのいちばん上の場合(式(21))だったので，これですんなり決まりました．もしそうでなかったら，この〝公式〞の教えるところは，〝失敗〞した形に x を掛けた形で探しなさい，ということです(式(22))．これでも〝失敗〞したら，さらに x を掛けた形で探せばよい，といっているのです(式(23))．

実践的には〝公式〞の3つの場合分けの条件をおぼえておいて，事前にどの場合か判断して探すというよりは，とりあえず，まずはいちばん上の場合(21)だとして探し，そこで〝失敗〞したら，それに x を掛けた形(22)で探し，それでもダメならさらに x を掛けて探す(式(23))，という方針でかまいません．

例 $y'' + y' - 2y = 4\sin 2x$　(29)

↓

$$Y'' + Y' - 2Y = 4e^{2ix} \quad (30)$$

$$Y = Y_{\mathrm{R}} + iY_{\mathrm{I}} \qquad (Y_{\mathrm{R}}：実部,\ Y_{\mathrm{I}}：虚部)$$

とおく．式(30)は

$$Y_{\mathrm{R}}'' + Y_{\mathrm{R}}' - 2Y_{\mathrm{R}} = 4\cos 2x \qquad (実部)$$

$$Y_{\mathrm{I}}'' + Y_{\mathrm{I}}' - 2Y_{\mathrm{I}} = 4\sin 2x \qquad (虚部) \quad (31)$$

と等価

⟶ 式(30)を解いて Y が得られると，その虚部が式(29)の解

⟶ 式(30)を解く

式(30)と(20)との対応は

$d = 2i$,　$P_n(x) = 4$ → 定数(0次多項式)

$$Y_{\mathrm{p}} = Ae^{2ix} \qquad (A は定数) \quad (32)$$

とおき，式(30)に $Y = Y_{\mathrm{p}}$ を代入

$$(-4 + 2i - 2)Ae^{2ix} = 4e^{2ix}$$

$$A = \frac{4}{2i-6} = -\frac{1}{5}(i+3)$$

↑ HW7

したがって

$$Y_{\mathrm{p}} = -\frac{1}{5}(i+3)e^{2ix} \quad (33)$$

$$= -\frac{1}{5}(i+3)(\cos 2x + i\sin 2x)$$

$$y_{\mathrm{p}} = \mathrm{Im}\,Y_{\mathrm{p}} = -\frac{1}{5}\cos 2x - \frac{3}{5}\sin 2x \quad (34)$$

一般解

$$y = \underbrace{Ae^{-2x} + Be^{x}}_{同次解} \underbrace{-\frac{1}{5}\cos 2x - \frac{3}{5}\sin 2x}_{特解} \quad (35)$$

☑**注** 式(34)の代わりに，$y_{\mathrm{p}} = A\sin 2x + B\cos 2x$ とおいてもよい

❶

❷

❸

例 $(D-1)(D+5)y = 7e^{2x}$

$y_{\mathrm{p}} = Ae^{2x}$ とおく

$y = Ae^{x} + Be^{-5x} + e^{2x}$

特解

HW8

❶ さて次に，非同次項が三角関数の場合．この形も一見〝公式〟の式(20)の形でないように見えますが，対応する指数関数を非同次項にもつ微分方程式(30)を考えることで〝公式〟が使えます．その虚部がもともとの微分方程式になっているわけです(式(31))．そこで，この微分方程式を〝公式〟と対応させて解いてみます．〝公式〟の教えるとおり，まず 3 つの場合分けのうちいちばんシンプルな〝似た形〟(32)で探してみます．すると，あっさり特解(33)が決まってくれます．

あとは慎重に虚部と実部を分けてやって，虚部を取り出せばよいわけです(式(34))．

❷ この結果から予想できるように，sin 関数が非同次項にあったら，その sin 関数と対応する cos 関数の線形結合の形で解を探すのが定石となります．それでもダメなら，それに x を掛けて再トライします．それでもまだダメなら，もう 1 つ x を掛けて探すのです．

❸ さらに例題です．まずは 172 ページの青枠内のいちばん上の場合分け(21)に相当する場合．あっさり特解が求められます．確かに，いちばん上の場合分けの場合に相当していることもチェックしてみましょう．

例 $(D-1)(D+2)y = e^x$ (36)

式(20)と比べる $\longrightarrow a=1,\ b=-2,\ d=1$ で $d=a$

$y_{\mathrm{p}} = Ae^x$ とすると特解は見つからない(**例** で確めた)

$$y_{\mathrm{p}} = xAe^x \tag{37}$$

とおいてみる

$$y_{\mathrm{p}}{}' = A(e^x + xe^x),\quad y_{\mathrm{p}}{}'' = A(2e^x + xe^x)$$

より

$$y_{\mathrm{p}}{}'' + y_{\mathrm{p}}{}' - 2y_{\mathrm{p}} = A\cdot 3e^x$$

↑ HW9

すなわち，式(36)は

$$A\cdot 3e^x = e^x$$

$$\therefore\ A = \frac{1}{3}$$

$$\therefore\ y = \underbrace{Ae^{-2x} + Be^x}_{\text{一般解}} + \underbrace{\frac{1}{3}xe^x}_{\text{特解}}$$

❶

非同次項がいくつかあるとき

❷

$$y'' + y' - 2y = \underset{f_1(x)}{e^x} + \underset{f_2(x)}{4\sin 2x} + \underset{f_3(x)}{x^2 - x} \tag{38}$$

右辺が $f_1(x)$ だけ，$f_2(x)$ だけ，$f_3(x)$ だけのときの特解をそれぞれ y_{p1}，y_{p2}，y_{p3} とする．式(38)の特解 y_{p} は〝重ねあわせ〟

$$y_{\mathrm{p}} = y_{\mathrm{p1}} + y_{\mathrm{p2}} + y_{\mathrm{p3}} \tag{39}$$

☑**注** y_{p1}，y_{p2}，y_{p3} は式(19)，(35)，(28)の特解として与えられている

$$\longrightarrow Ly_i = f_i\ (i = 1, 2, 3) \tag{40}$$

式(39)が正しい理由：式(38)は $L = (D-1)(D+2)$ とおくと

$$Ly = f_1 + f_2 + f_3 \tag{41}$$

となり

$$
\begin{aligned}
Ly_{\mathrm{p}} &= L(y_{\mathrm{p1}} + y_{\mathrm{p2}} + y_{\mathrm{p3}}) \\
&= Ly_{\mathrm{p1}} + Ly_{\mathrm{p2}} + Ly_{\mathrm{p3}} \quad \leftarrow L \text{ は線形演算子} \\
&= f_1 + f_2 + f_3 \quad \leftarrow \text{式(40)}
\end{aligned} \tag{42}
$$

より，確かに式(39)の y_{p} は式(41)つまり式(38)を満たす

参考 微分演算子の線形性

例　$D^2(y_1 + y_2) = y_1'' + y_2'' = D^2y_1 + D^2y_2$

❶　次は 172 ページの青枠内の 2 番目の場合分け(22)に相当する場合．この場合は，x を掛けた形(37)で探しなおして問題解決です．

❷　最後に，非同次項がこれまでの例の和になっている場合(式(38))．この場合，特解はそれぞれの特解の和(39)となります．このことは微分演算子の線形性を考えると示すことができます(式(42))．

CHAPTER 6

多重積分とその応用

高校では，微分も積分も 1 変数の場合だけを考えてきました．大学では，すでに偏微分で見たように多変数の場合を扱います．その積分バージョンがこの章のテーマです．一貫した哲学は〝微小要素を集めて足す〟ことにあります．この章を学ぶと，小学校や中学校で習った円の面積，球の体積，あるいは円錐の体積の公式などを数学的に導出できるようになります．

6.1　二重積分

下の図で

$$\int_a^b y\,dx = \int_a^b f(x)\,dx \tag{1}$$

❶

曲線の〝下〟の面積

‖

$\lim_{\Delta x \to 0}$(テープの面積の和)

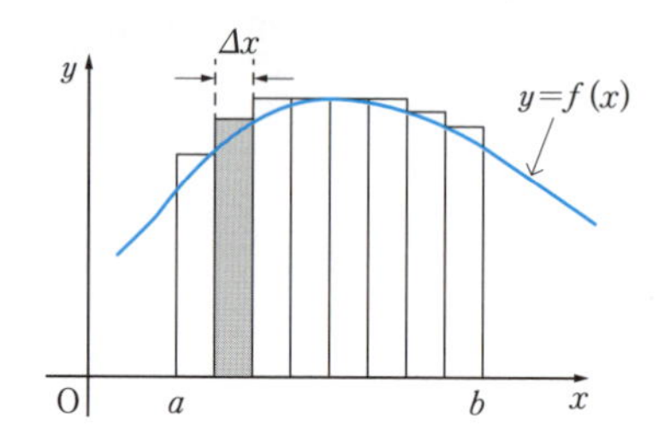

❶　例によって高校数学の復習から入りましょう．高校では図に示したように曲線を考え，これに対して式(1)で積分を考えました．この量は，この区間の(x 軸との間の)曲線の〝下の面積〟に相当し，これを評価するには図に示したような細いテープを考え，それを寄せ集めます．これを一重積分とよびましょう．

❷　次に，次元を1つ上げて**二重積分**を考えましょう．図に示したように〝曲線〟は〝曲面〟となり，〝面積〟は〝体積〟に格上げとなります．区間(a, b)は〝直線領域〟でしたが，今度は〝平面領域〟A となります．すると幾何学的には，二重積分には曲面の〝下の体積〟が対応することが了解されますね．

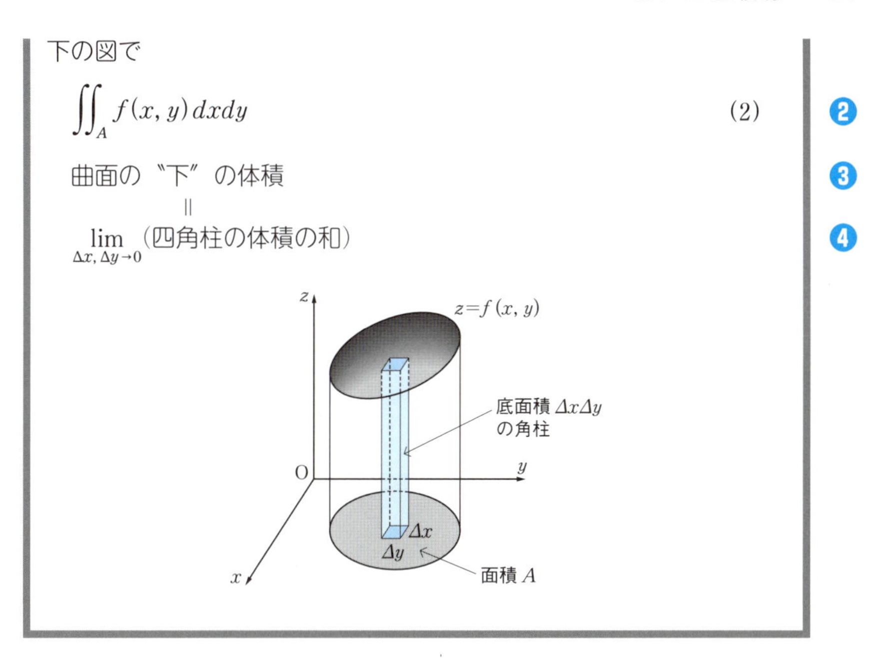

❷

❸

❹

❸　この評価をするには，一重積分のとき区間(a, b)を細かく分けΔxを導入したことに対応して，今度は面積Aを微小面積$\Delta x\Delta y$に分けます．そして〝テープの面積〞には，この微小面積を底面とした〝四角柱の体積〞が対応することになります(式(2))．

❹　これで〝次元上げ〞の一般化は了解できたでしょう．次は，これをどう評価するか．実例を通して見ていきましょう．

6.1.1　くりかえし積分

$z = f(x) = 1 + y$ の〝下〟の体積

$$\iint_{A=\Delta \mathrm{OP_1P_2}} z\,dxdy = \iint_A (1+y)\,dxdy \qquad (3)$$

〝A を $\Delta A = \Delta x \Delta y$ に分け，ΔA を底面とする四角柱を足す〟　(A)

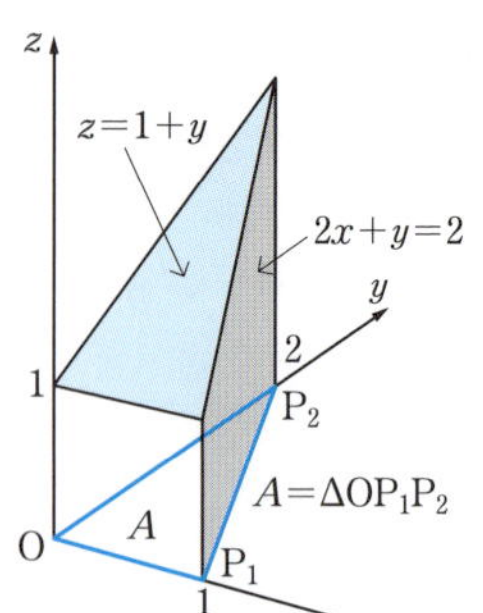

1 y 方向を先に足す

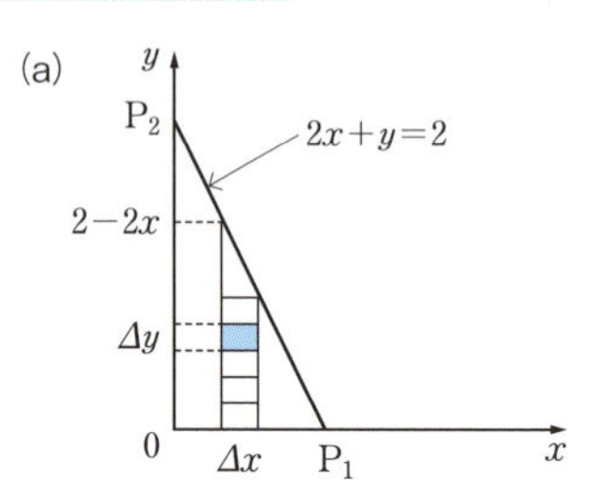

(b)

$z=1+y$

S

xy 面

Δx

〔1〕x を固定して y 方向に足す(図(a))

　⟶ 厚さ Δx の板(図(b))：体積 $S\Delta x$

$$S = \int_0^{2-2x} (1+y)\,dy \qquad (4)$$

$$= \left[y + \frac{y^2}{2} \right]_0^{2-2x} = 4 - 6x + 2x^2 \qquad (5)$$

↑ HW1

〔2〕板を x 方向に足す(図(b))

$$V = \sum S\Delta x = \int_0^1 dx\,S = \frac{5}{3} \qquad (6)$$

↑ HW2

ヒント　$S = 4 - 6x + 2x^2$

レクチャー

❶ 図のように面積領域 A を三角形 OP_1P_2 にとり，平面 $z = f(x) = 1 + y$ の〝下の体積〞を考えましょう（式(3)）.

❷ まずは図(a)のように A を微小要素に分け，その1つに着目しましょう．これに対応した四角柱の体積を，x は固定しておいて，図(a)のように(領域 A 内部で)y 方向に足し上げると図(b)のような厚み Δx の薄板ができます．このような薄板を，今度は(領域 A 内部で)x 方向に足し上げると，求めたい立体の体積が求められます．図(b)の薄板の体積は，図(b)に示した面積 S に Δx を掛ければ得られます.

❸ ここで，面積 S は x を固定したまま計算すればよく，〔1〕に示すように，$z = 1 + y$ を y で積分すれば求められますね(式(4))．これなら高校生のときから知っている一重積分で計算できます．ここで気をつける点は，この y 積分の下端と上端です．面積 $A = \Delta OP_1P_2$ の内部について足し上げるので，下端は $y = 0$ とすぐわかりますね．一方，この上端の境界は $2x + y = 2$ で与えられるので，固定している x の値を使って $y = 2 - 2x$ となります．その結果，面積は x だけの関数となります(式(5)).

❹ 次に，この薄板の体積を足すには，今度は x 積分を完了すればいいですね(式(6))．この積分の上端と下端も面積 A の内部を埋めつくせばよいので，区間(0, 1)となります.

❶

1のまとめ

$$V = \int_{x=0}^{x=1} \left\{ \int_{y=0}^{y=2-2x} (1+y)\,dy \right\} dx$$

$$= \int_0^1 dx \int_0^{2-2x} dy(1+y) \tag{7}$$

積分の順

❷

2 x 方向を先に足す

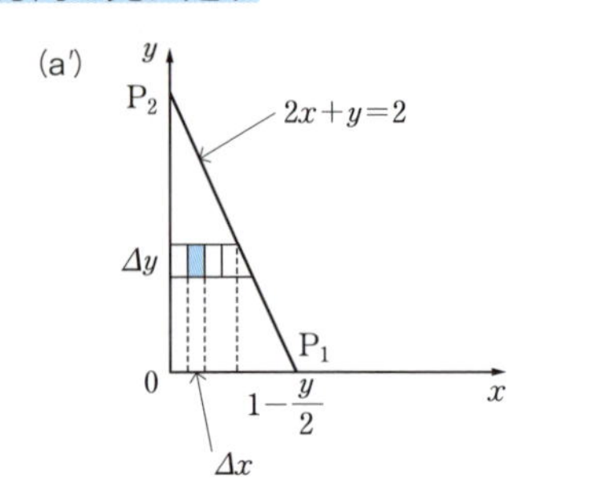

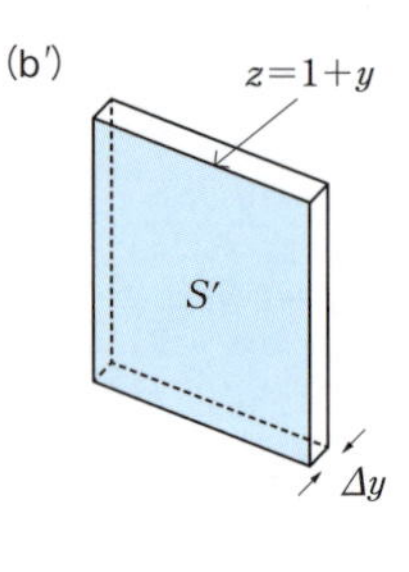

❸

〔1′〕y を固定して x 方向に足す

⟶ 厚さ Δy の板(図(b′))：体積 $S'\Delta y$

$$S' = \int_0^{1-\frac{y}{2}} dx(1+y) = (1+y)\left(1-\frac{y}{2}\right) \tag{8}$$

❹

〔2′〕板 $S'\Delta y$ を足す

$$V = \sum S'\Delta y = \int_0^2 dy S' \tag{9}$$

❺

2のまとめ

$$V = \int_0^2 dy \int_0^{1-\frac{y}{2}} dx(1+y) \tag{10}$$

$$= \int_0^2 dy \Big[(1+y)\,x\Big]_{x=0}^{x=1-\frac{y}{2}} = \int_0^2 dy(1+y)\left(1-\frac{y}{2}\right) = \frac{5}{3} \tag{11}$$

HW3

❻

☑注 1と2で，A によっては難易度が変わる

❶ 以上のプロセスをまとめると，式(7)のようになります．ただし積分の順序は，右から左におこなうという約束にします．

❷ 上の 1 では x を固定して y 方向に足して薄板をつくりましたが，今度は図(a′), (b′)のように，y を固定して x 方向に足して薄板をつくってみましょう．

❸ 今度の面積 S' は〔1′〕に示すように，y を固定したまま，$z = 1 + y$ を x 積分すれば求められます(式(8))．y を固定するということは，x の積分をするときには y を定数と見なすということなので，$(1 + y)$の積分は，単に x を掛けたものになります．この x 積分の上端は，境界を与える $2x + y = 2$ を x について解いた $x = 1 - \dfrac{y}{2}$ となります(式(8))．

❹ さらに，〔2′〕に示すように，こうして求めた薄板を y 方向に足す，つまり y 積分をおこないます．この上端と下端は，やはり面積 A の内部をいきわたるようにとるので，区間(0, 2)となります(式(9))．

❺ まとめを式(10), (11)に示します．

❻ 以上のように，2 通りのやり方を紹介しました．両方の式，すなわち式(7)と(10)を見比べると，積分の順序を交換すると上端と下端を変える必要があることがわかります．またこの場合，2 つのやり方の計算の難易度はあまり変わりません．けれども面積 A がもっと複雑に定義されているときには，どちらの積分を先におこなうかで難しさが変わることもあります．

例 右図の面積 ❶

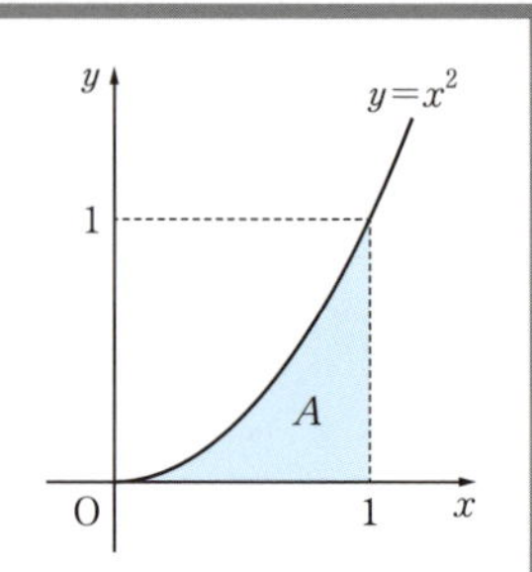

〔1〕一重積分

$$A=\int_0^1 y\,dx=\int_0^1 x^2\,dx$$

$$=\left[\frac{x^3}{3}\right]_0^1=\frac{1}{3}$$

〔2〕二重積分 ❷

$$A=\sum \Delta A \tag{12}$$

$$=\int_0^1 dx\int_0^{x^2} dy \tag{13}$$

$$=\int_0^1 dx\Big[y\Big]_{y=0}^{y=x^2} \tag{14}$$

$$=\int_0^1 dx\,x^2=\frac{1}{3} \tag{15}$$

HW4 式(12)を先に x，次に y を積分して求めよ ❸

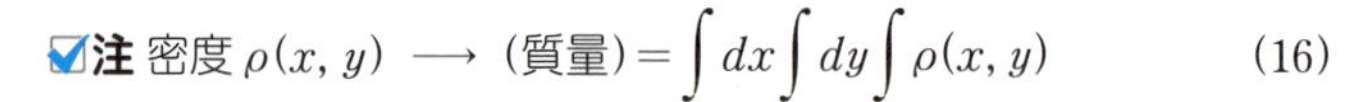

☑注 密度 $\rho(x,y)$ ⟶ (質量) $=\int dx\int dy\int \rho(x,y)$　(16) ❹

6.2　三重積分

例 x 軸まわりに $y=x^2$ を回してできる体積 V (図(a)) ❺

〔1〕一重積分

円板(断面)の体積 $\pi y^2\Delta x$

$$V=\sum \pi y^2 \Delta x$$

$$=\pi\int_0^1 (x^2)^2\,dx \tag{1}$$

↑ $y=x^2$

$$=\frac{\pi}{5} \tag{2}$$

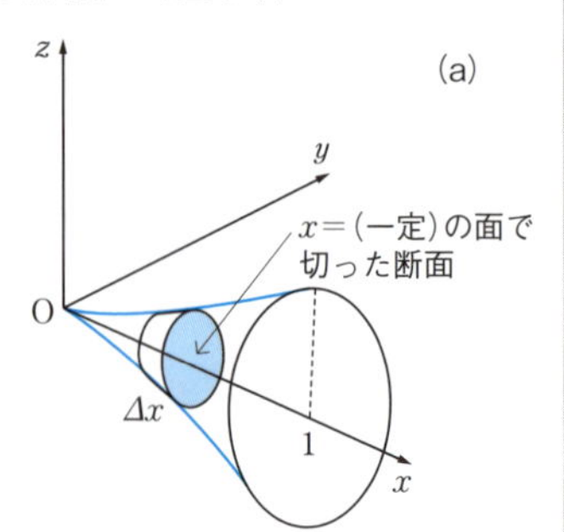

〔2〕二重積分

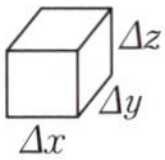

Δx, Δy, Δz のような微小体積 $\Delta V = \Delta x \Delta y \Delta z$ を足す

$$V = \sum \Delta V = \int dx \int dy \int_D dz \tag{3}$$

↑ 領域

❶ この 例 は，〔1〕のように，高校生でも一重積分で簡単に計算できます．

❷ これを〔2〕のように，あえて二重積分で計算してみましょう．テープの足し算を考えるところを，図のように，微小面積の足し算と考えて計算してみます(式(12), (13))．まず，x を固定して y 積分をおこなうと上端は $y = x^2$ となります(式(14))．こうしてできたテープを x 方向に足します(式(15))．

❸ 順番を変えて，まず y を固定して x 方向に足しても同じ結果が出せるので HW4 で計算してみましょう(その場合，上端は $y = 1$ で，下端は $y = x^2$ を x について解いて求めます．わずかですが，こちらのほうが計算は面倒になります)．

❹ この計算は，たとえば密度が一様でないシートの質量を求める場合などに応用できます(式(16))．

5 次に，図のような体積を求めましょう．これは，〔1〕のように，薄い円板に分けて，それを足し合わせる(式(1))と考えれば高校数学の問題．ここでは，〔2〕のように，微小立方体に分けて，それを足し合わせてみましょう．

6 さて，図のような微小体積 ΔV を考えて足し合わせましょう．これは積分で表すことができて，これを考えている体積内部の領域 D について足しつくせば，上と同じ体積が求められるはずです(式(3))．

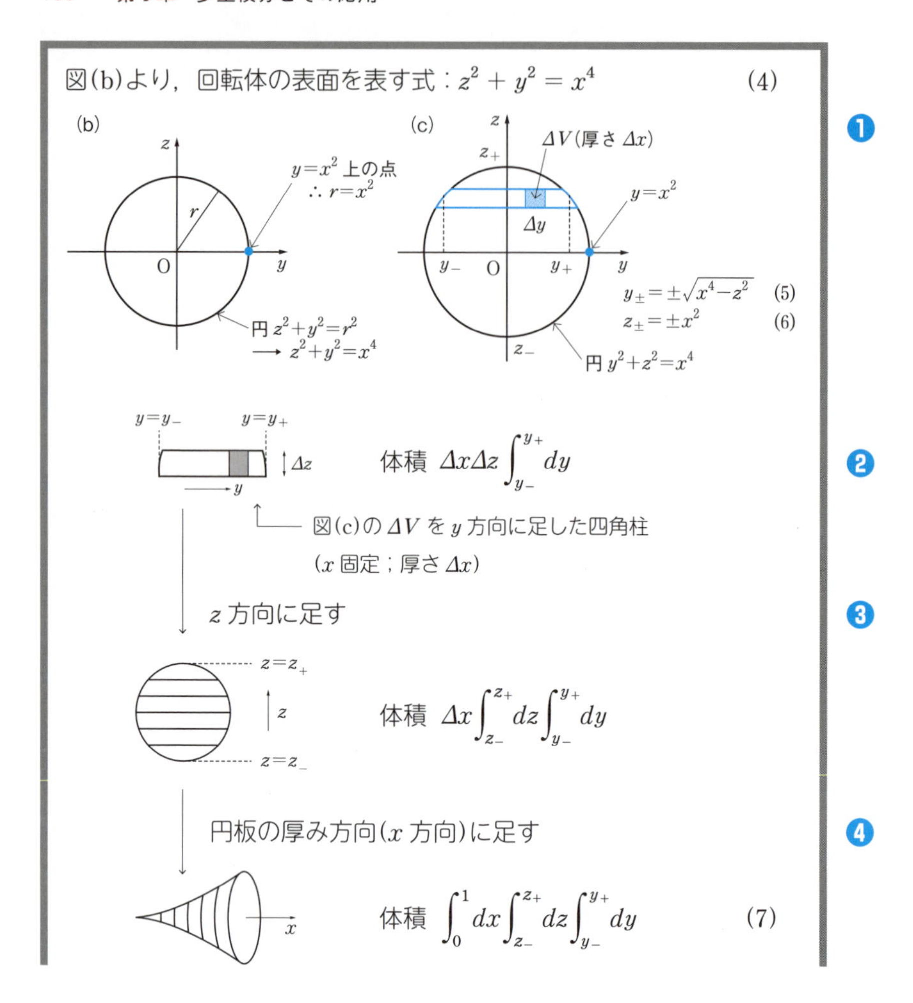

❶　ここで，この立体を x ＝一定の平面で切った断面を見ておきましょう．これは図(b)に示したように半径 r の円となりますが，この円はグラフの y 軸と $y = x^2$ で交わるので $r = x^2$ であることに着目して，回転体の表面を表す式(4)が求められます．

図(c)のように，この立体の断面である円の内部の1点のまわりに微小

☑**注** 182 ページ冒頭の図の例では同ページの(A)に示したように四角柱を足したが，184 ページの式(7)

$$V = \int_{x=0}^{x=1} \left\{ \int_{y=0}^{y=2-2x} (1+y)dy \right\} dx$$

において

$$(1+y) = \int_0^{1+y} dz$$

と見れば，V は微小体積 $\varDelta x \varDelta y \varDelta z$ の寄せ集めと見なせる

$$\begin{aligned} V &= \sum \varDelta x \varDelta y \varDelta z \\ &= \int_0^1 dx \int_0^{2-2x} dy \int_0^{1+y} dz \end{aligned}$$

❺

面積 $\varDelta y \varDelta z$ を考えます．これが厚み $\varDelta x$ をもっていると考え，この微小体積をまず，y 方向に足してみましょう．

❷ すると，断面積 $\varDelta x \varDelta z$ の四角柱ができます．この体積は y 積分で表せ，その下端 y_- と上端 y_+ は，図(c)に示したように，式(4)を(x と z が固定されているとして)y について解いたものとなります(図(c)中の式(5))．

❸ さらに，この四角柱を今度は z 方向に足します．すると円板ができます．この z 積分の下端 z_- と上端 z_+ は，図(c)の断面の円半径 r が図(b)で示したように $r = x^2$ であることから，図(c)中にある式(6)に示したように $z_\pm = \pm x^2$ となります．

❹ この円板を厚み方向(x 方向)に足せば，求めたい体積 V となります(式(7))．

最後の x 積分の区間(0, 1)は，図(a)から容易に了解できますね．

❺ なお，182 ページの冒頭の図の例も，この ☑**注** に示したように三重積分と見なすことができます．

式(7)の計算

$$V = \int_0^1 dx \int_{-x^2}^{x^2} dz \int_{-\sqrt{x^4-z^2}}^{\sqrt{x^4-z^2}} dy \tag{8}$$

$$= \int_0^1 dx \underbrace{\int_{-x^2}^{x^2} dz\, 2\sqrt{x^4 - z^2}}$$

$$= \int_0^1 dx \Big[f(x, z) \Big]_{z=-x^2}^{z=x^2} \tag{9}$$

$$= \int_0^1 dx \underbrace{\{ f(x, x^2) - f(x, -x^2) \}}$$

↓ 積分

$$F(x)$$

$$= \int_0^1 dx\, F(x) \tag{10}$$

$$= F(1) - F(0)$$

$$= \cdots = \frac{\pi}{5} \tag{11}$$

↑ HW1

ヒント　$f(x) = z\sqrt{x^4 - z^2} + x^4 \,\mathrm{Arctan}\left(\dfrac{z}{\sqrt{x^4 - z^2}} \right)$

$F(x) = \dfrac{\pi}{5} x^4$

❶

❶ 上端と下端を陽に書いて，式(7)の計算を進めましょう(式(8))．はじめに y 積分ですが，積分すると y なので，上端と下端の差となります．これは x と z の関数となります．次は z 積分です．この結果は，x と z の関数として書けるはずです(式(9))．z の上端と下端の値を代入して差をとったものは x だけの関数になります．これを x で積分した関数は，$F(x)$ という x だけの関数で書けます(式(10))．この関数を使って，最終結果は xyz のいずれにもよらない式(11)が得られます．いたずらに計算が複雑となりましたが，〔1〕で高校生でも求められる方法で導いた値(186 ページの式(2))に，確かに一致します．途中の積分は，**HW1** で確めてください．ヒントに与えた式は微分してみればすぐチェックできます(導出は付録 A.4 を参照)．

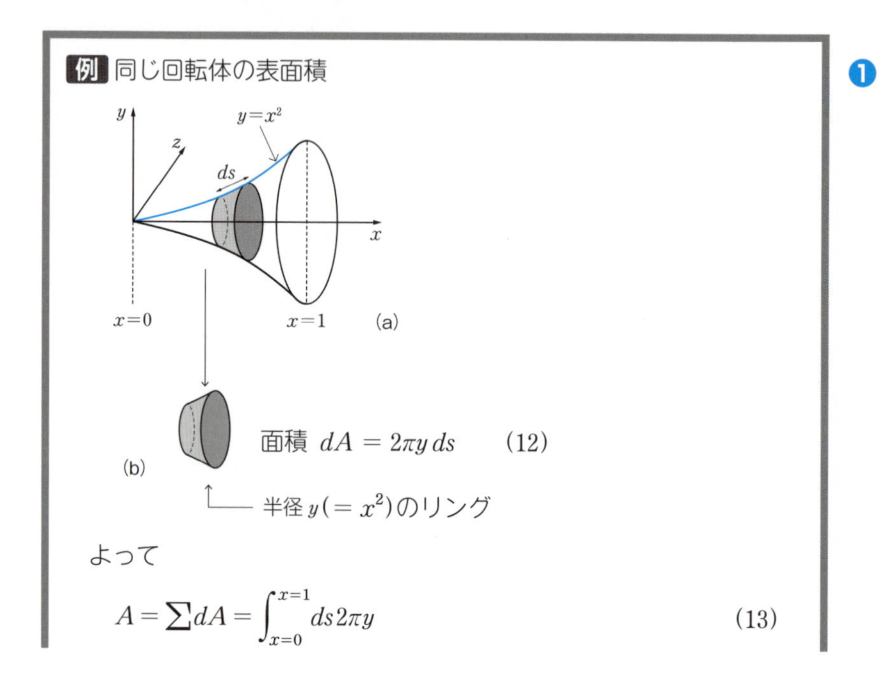

❶

レクチャー

❶ さて今度は，この回転体の表面積を計算してみましょう(図(a))．この回転体の表面積を $x = x$ と $x = x + dx$ という平面で切り出すと，図(b)のようなリングができます．回転体の表面を $z = 0$ という平面で切ると曲線 $y = x^2$ となりますが，これに沿った曲線座標を s とします．この曲線座標に沿った厚みを ds とすると，リングの表面積 dA は式(12)のように書けます．この微小面積を足し合わせれば表面積となるので，A は式(13)のような積分として書けます．

右図より $ds^2 = dx^2 + dy^2$, $dy = \dfrac{dy}{dx}dx$

$$ds = \sqrt{1 + \left(\frac{dy}{dx}\right)^2}\, dx \qquad (14)$$

$$\therefore\ A = \int_0^1 dx\, 2\pi y \sqrt{1 + \left(\frac{dy}{dx}\right)^2}$$

$$= \int_0^1 dx\, \underbrace{2\pi x^2 \sqrt{1 + 4x^2}} \qquad (\because\ y = x^2)$$

↓ 積分

$$F(x) = \frac{\pi}{32}\{2\sqrt{1+4x^2}(x+8x^3) + \log(\sqrt{1+4x^2} - 2x)\}$$

$$= F(1) - F(0) \qquad (15)$$

(c)

☑**注** 式(14)は $ds = \sqrt{\left(\dfrac{dx}{dy}\right)^2 + 1}\, dy$ とも書ける

HW2 次の積分を求めよ

(a) $\displaystyle\int_0^1 dx \int_0^{x^2} dy\, x$　　(b) $\displaystyle\int_0^1 dx \int_0^{x^2} dy\, y$

❷ ここで s と x, y との関係(14)は，図(c)のような微小な三角形を考えると導出できます．式(14)のように ds を x と y で表すと，A は s の積分から x の積分に書きかえられます．その積分を $F(x)$ と表すと，結果はその上端の値と下端の値との差になります(式(15))．ここでも，この積分はこれ以上問題にしません(前と同様に付録 A.4 を参照してください)．

❸ なお ds は，上では dx に置き換えましたが，ここに書いたように変形すれば dy に置き換えることもできます．

❹ ここで **HW2** として，二重積分を 2 つ計算しておきましょう．それぞれの二重積分で右のほうから計算を進めていってください．

6.3　積分における変数変換 — ヤコビアン —

直交座標

　微小面積要素　$dxdy$　(1)

6.3.1　2次元極座標

2次元極座標(r, θ)

　微小面積要素　$rdrd\theta$　(2)

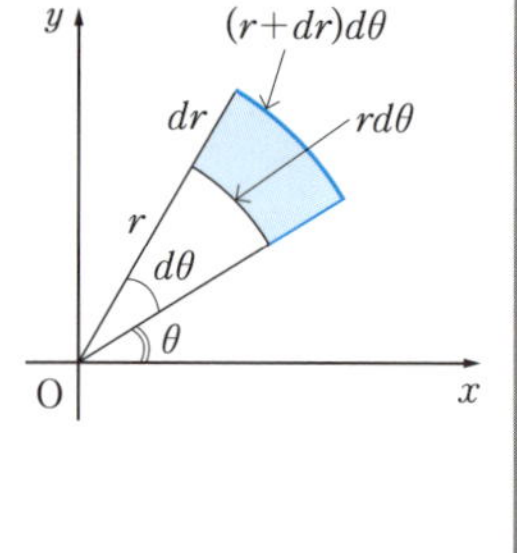

☑**注** 図で，青色で表された微小面積要素について

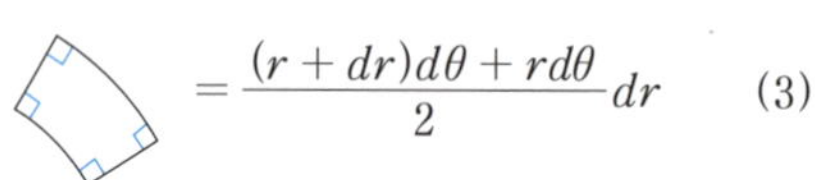

$$= \frac{(r+dr)d\theta + rd\theta}{2}dr \quad (3)$$

$$\xrightarrow{dr, d\theta \to 0} rdrd\theta \quad (4)$$

☑**注** の四隅で線は直交 ⟶ (r, θ)座標系は局所直交座標系．ただし，各点でr方向，θ方向は変化

レクチャー

❶　次に，変数変換を考えます．直交座標系での二重積分では，微小面積要素$dxdy$を考えてきました(式(1))．この要素は，それぞれの変数の方向に微小変位dx, dyを考え，これら直交する微小線分を2辺とする長方形を考えたことになっています．

❷　2次元平面は極座標を使って考えることもできます．このときも図のように，r方向にdr，θ方向に$d\theta$の微小変位を考えてやり，これらの2つの直交する微小線分をもとに長方形を考えると式(2)の微小面積要素ができます．

❸　より正確には，(扇形の弧の長さは半径に比例するため)この式(2)の微小面積は正方形ではなくて，台形だと考えて計算すべきと考えるかもしれ

❺

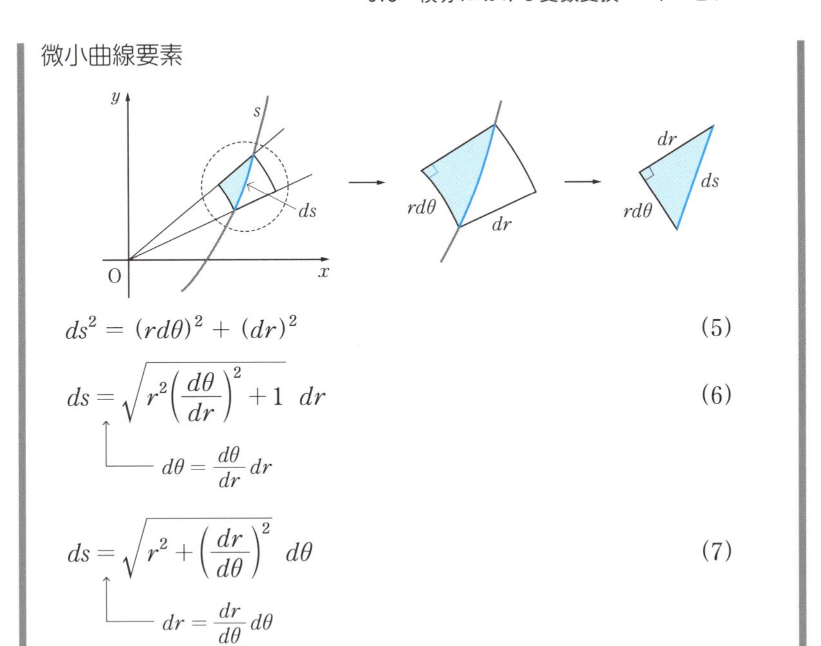

ません(式(3))．しかし仮にそうしたとしても，長方形として計算したものとの差は高次の微小量となり(式(4))，微小極限では式(2)は正しいことになります．

❹ なお r と θ の軸の方向は空間の各点によって変化することに注意してください．ただし軸の方向を表す dr と円弧 $rd\theta$ は〝円周と直径〟の一部であるため，両軸は各点において直交しています．この意味で，$r\theta$ 座標は，局所的には直交座標です．これと区別するため，xyz 座標系をデカルト直交座標ということもあります．こちらは大域的に直交している座標系です．

❺ 次に微小曲線要素を考えましょう．曲線 s に沿った微小長さ ds は，上で考えた微小面積の対角線であると見なせます．この長方形の対角線の長さ ds は式(5)を満たすので，ds を dr または $d\theta$ で表すことができます(式(6)，(7))．ここでデカルト直交座標において，ds を dx(や dy)で表す公式(193ページの式(14))と比べてみてください．

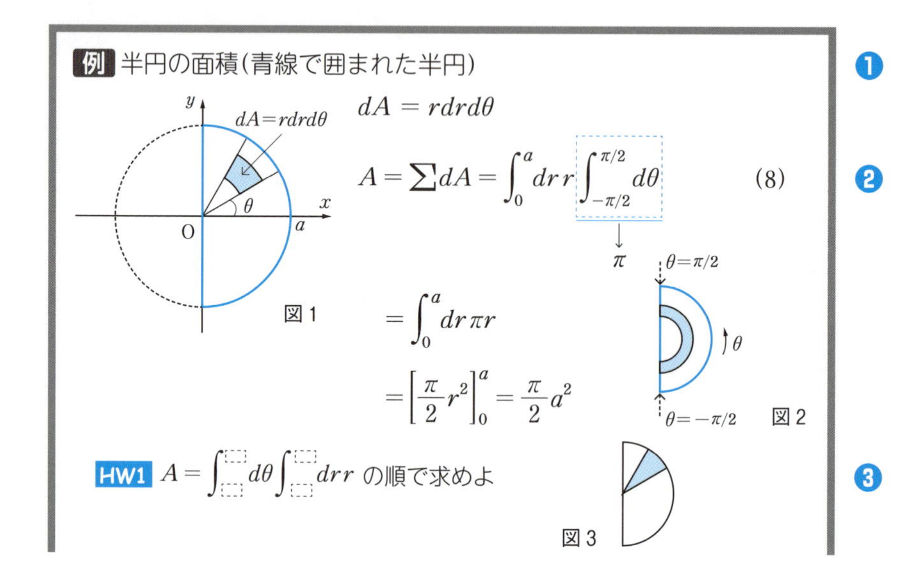

❶　2次元極座標の微小要素 dA を利用して，図1の半円の面積を求めてみましょう．この公式は小学校でも習いますが，皆さんは，この例題を通して，ようやく数学的にきちんと理解することになります．

❷　dA の和をとったものは，式(8)のような二重積分になります(図2)．まず θ のほうから積分をおこなうとすると，このようなドーナッツの半分の形に足し上げます．このことから θ の上端と下端が決まります．そのあとは中心から外側に向かってドーナッツを足していけば半円になります．こうして上端と下端を決めて計算すると，よく知っている半円の面積 $\dfrac{\pi a^2}{2}$ が再現されました!!

各変数の上端と下端は，この例のように，図を使ってよく考えて決めるくせをつけてください．

❸　たとえば，順序を逆にして r から先に積分をおこなうには，図3のよう

例 半円板の〝慣性モーメント〟I_y(y 軸まわり)

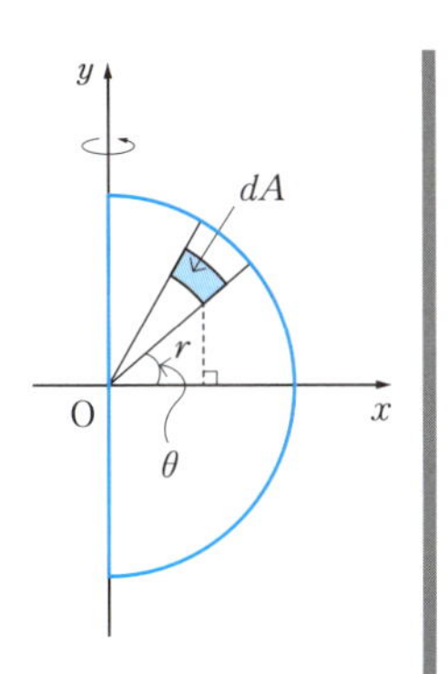

dA と y 軸の距離 $x = r\cos\theta$

$$I_y = \sum_{\text{半円}D} x^2\, dA \tag{9}$$

$$= \underbrace{\int_0^a dr \int_{-\frac{\pi}{2}}^{\frac{\pi}{2}} d\theta\, r}_{dA}\, \underbrace{(r\cos\theta)^2}_{x^2} \tag{10}$$

$$= \frac{\pi}{8}a^4$$

↑── **HW2**

ヒント $\cos^2\theta = \dfrac{1+\cos 2\theta}{2}$

HW3 $\displaystyle\sum_D x\,dA = \frac{2}{3}a^3$ を確めよ

にまずショートケーキのような扇形に足し上げ，それをぐるっと半周足して，半円に足し上げることになるわけです．

❹ 次に，この半円を y 軸まわりに回したときの〝慣性モーメント〟を計算しましょう．ここでは，各微小面積にその面積と回転軸 y との距離の 2 乗を掛けたものを足し合わせたものを〝慣性モーメント〟とよぶことにします(x の〝2 次〟を掛けるので 2 次モーメントということもあります)．半円の領域を D とすると，式(9)のような和として表せます．

❺ θ から先に積分をおこなうとすると，式(10)のような二重積分で書けます．dA を dr と $d\theta$ で書いたので，x も r と θ で表して計算を進めます．計算結果を自分で確めてみましょう(**HW2**)．

❻ 同様にして，x^2 が x に置き換わった量(1 次のモーメント)も計算してみましょう(**HW3**)．

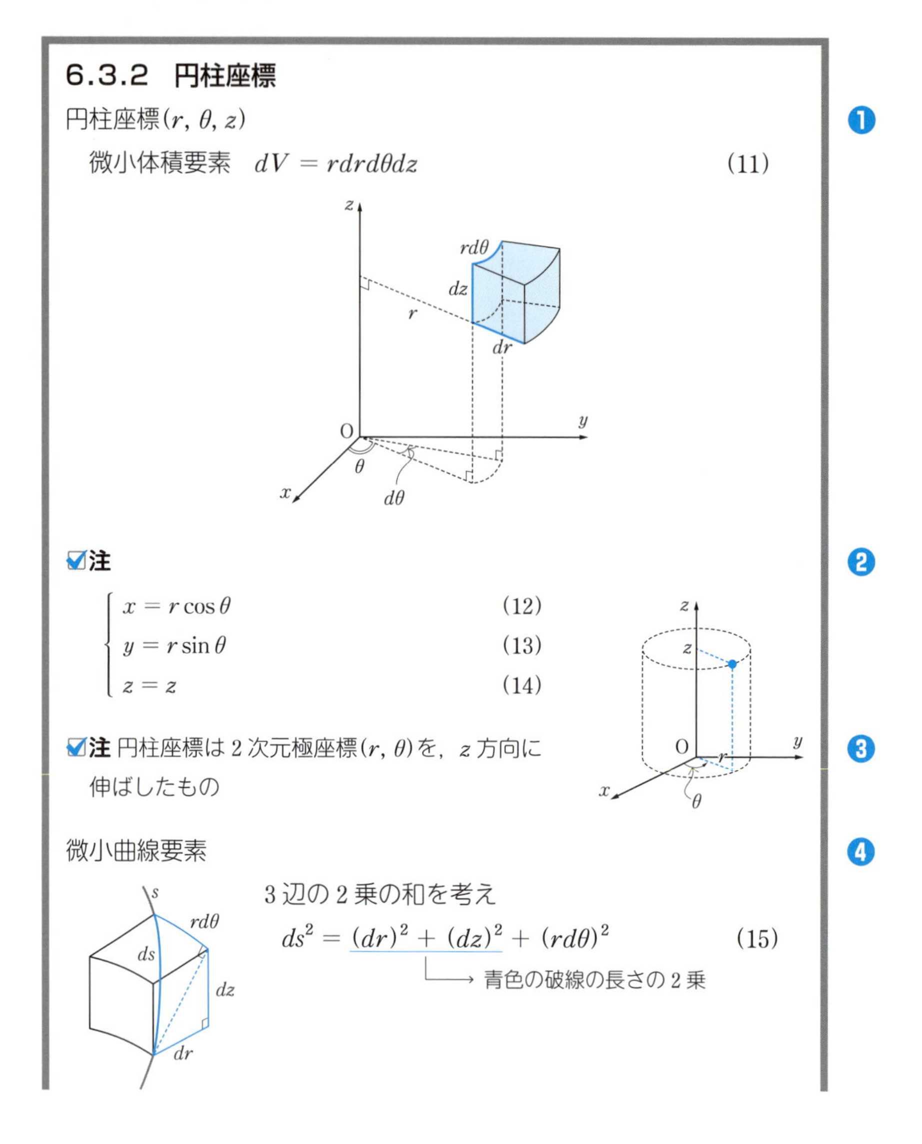

6.3.2 円柱座標

円柱座標(r, θ, z) ❶

微小体積要素　$dV = rdrd\theta dz$　(11)

☑**注** ❷

$$\begin{cases} x = r\cos\theta & (12) \\ y = r\sin\theta & (13) \\ z = z & (14) \end{cases}$$

☑**注** 円柱座標は2次元極座標(r, θ)を，z方向に伸ばしたもの ❸

微小曲線要素 ❹

3辺の2乗の和を考え

$$ds^2 = \underline{(dr)^2 + (dz)^2} + (rd\theta)^2 \quad (15)$$

└→ 青色の破線の長さの2乗

❶ 次に，3次元の円柱座標を考えます．この座標は，着目する点からz軸へ垂線を下ろし，その長さをrとします．この垂線をxy平面$(z = 0)$に射影した直線がx軸となす角をθとします．z座標はxyz座標系のz座標と同じです．この場合も微小体積は各軸の方向に微小変位を考え，それらの直交する3辺をもとに直方体を考えれば構成できます．それは式(11)のよ

6.3.3 球座標

❺

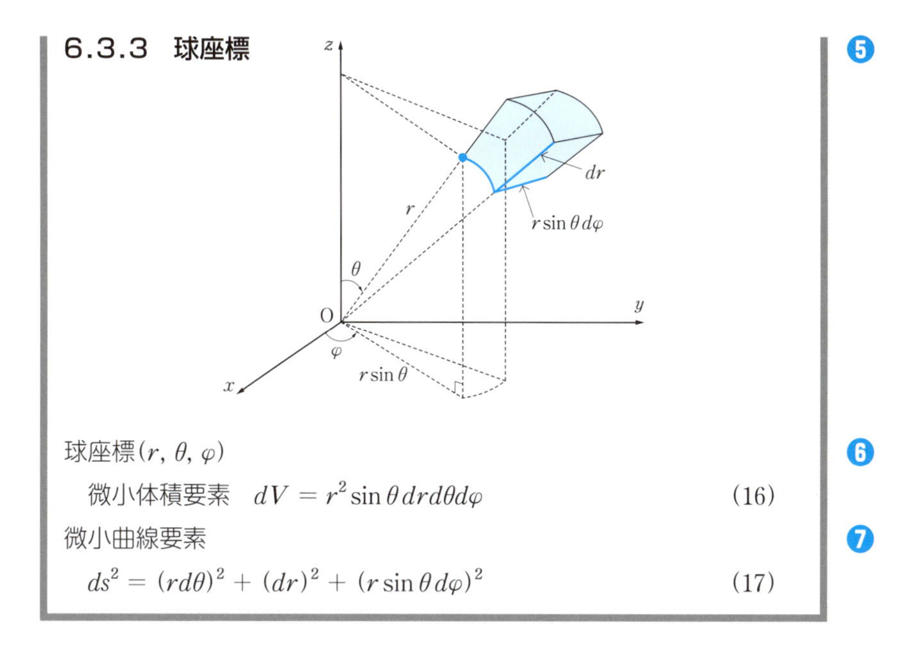

球座標(r, θ, φ) ❻

微小体積要素　$dV = r^2 \sin\theta\, dr d\theta d\varphi$　(16)

微小曲線要素 ❼

$$ds^2 = (rd\theta)^2 + (dr)^2 + (r\sin\theta\, d\varphi)^2 \tag{17}$$

うに与えられます．

❷　この座標系は，xy 平面に射影すると 2 次元の $r\theta$ 座標と同じなので，xyz 座標と円柱座標の座標変換の公式は，式(12)～(14)のようになります．

❸　このように名前の通り，円柱を想像してもいいでしょう．

❹　微小曲線要素は，この立方体の対角線の長さを出せばよいことになります．ピタゴラスの定理を 2 回使うことで，式(15)のように求められます．

❺　次は球座標です．この場合，着目する点と原点との距離を r とします．両者を結ぶ動径が z 軸となす角が θ となります．この動径を xy 平面に射影した直線が x 軸となす角が φ です．

❻　これら 3 方向の微小変位を考え，それらの直交した微小線分を 3 辺とする立方体を考えて微小体積を構成すると，微小体積要素 dV が式(16)のように表せることがわかります．

❼　微小曲線要素は，この立方体の対角線の長さなので，円柱座標のときと同様に 3 辺の長さの 2 乗の和を通して計算できます(式(17))．

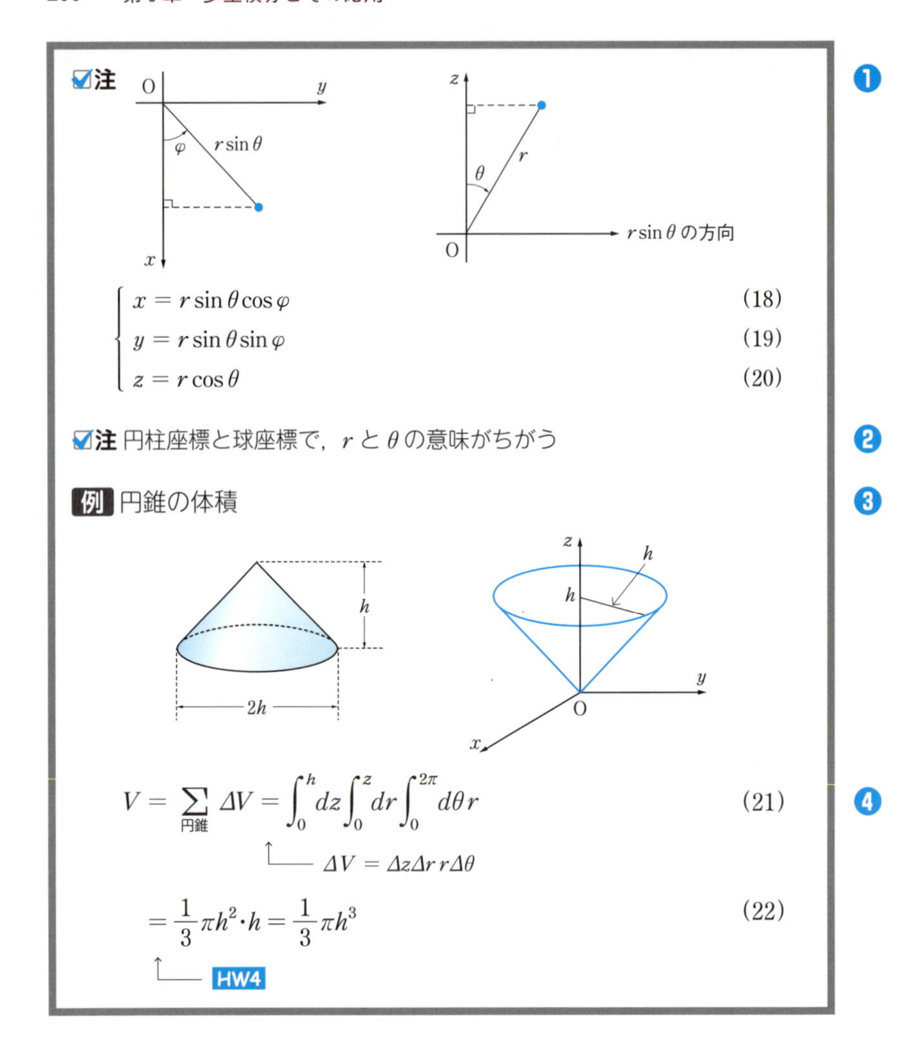

☑**注**

$$
\begin{cases}
x = r\sin\theta\cos\varphi & (18)\\
y = r\sin\theta\sin\varphi & (19)\\
z = r\cos\theta & (20)
\end{cases}
$$

☑**注** 円柱座標と球座標で，r と θ の意味がちがう

例 円錐の体積

$$
V = \sum_{\text{円錐}} \Delta V = \int_0^h dz \int_0^z dr \int_0^{2\pi} d\theta\, r \tag{21}
$$

└── $\Delta V = \Delta z \Delta r\, r \Delta\theta$

$$
= \frac{1}{3}\pi h^2 \cdot h = \frac{1}{3}\pi h^3 \tag{22}
$$

└── **HW4**

❶　前ページの球座標の図で，このように着目する点と原点を結ぶ動径線分を xy 平面に射影した図と，この線分と z 軸でつくられる平面を描いてみることで，xyz 座標と球座標の変数変換の公式が式(18)～(20)のようになることが了解できると思います．

❷ 円柱座標系にも球座標系にも r と θ が出てきましたが，これらの意味は両座標系で異なっていることに注意してください．

❸ 微小要素を寄せ集めて，立体の体積を計算しましょう．まずは小学校以来，公式としてはおなじみの三角錐の体積です．$\dfrac{1}{3}$ の因子の謎が，これから示される計算でようやく解明されます．ここでは底面の半径が h，高さも h の三角錐を考えます．右のような座標をとることにします．

❹ 円柱座標系における微小体積要素を表す 198 ページの式(11)を，円錐の体積内部で寄せ集めて足し上げればよいので，微小量の極限では式(21)のように和が積分に置き換わります．この際，変数を好きな順番に並べて，積分の順序を指定します．そしてその順番に沿って微小体積を大きくしていき，望みの円錐内部の体積にまで足し上げます．各積分の上限と下限が式(21)のように決まることは，これから説明しますので，先に式(22)を確認してください(HW4)．昔から知っている公式〝$\dfrac{1}{3}$×底面積×高さ〞で出てくる結果と一致しましたね！

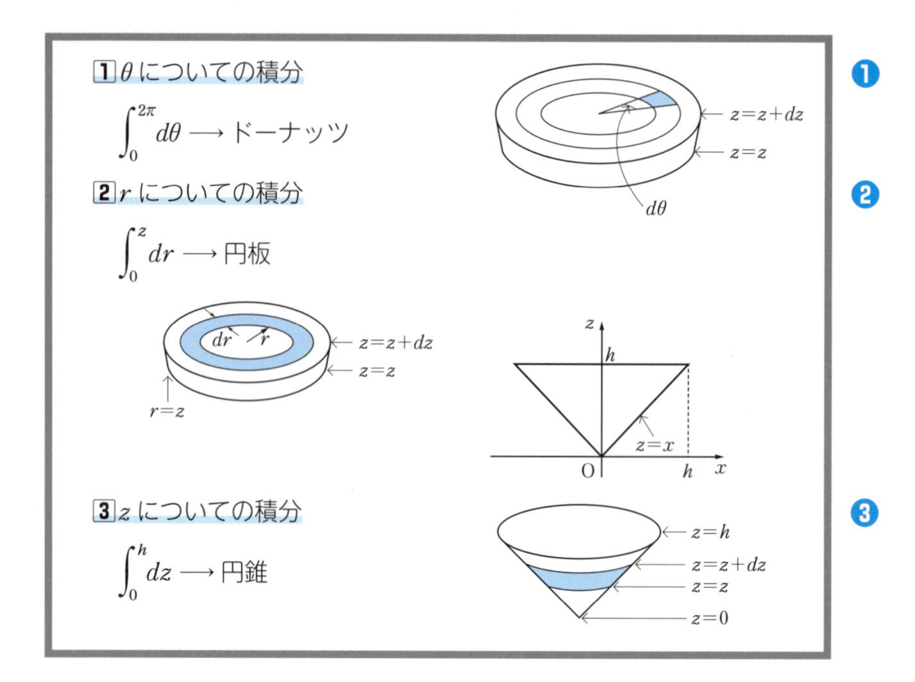

❶　さて，積分の上端と下端の説明をしていきます．ここではまずz, rを固定しておいて，微小体積要素を右の図のようにドーナッツ形に足し上げます．この考察から，θ積分はぐるっと1周分になるので，下端は0と上端は2πと定まります．

❷　次にr積分をおこなうと決めたので，下の左の図のように，このドーナッツを円板に足し上げます．このときの下端は0ですね．一方，上端についてですが，まず，この円錐をxz平面で切ると，(右側の)母線は直線$z=x$となることが右下の図からわかりますね．このことから円錐を平面$z=z$で切ると，その半径は(いまは固定している)zとなることがわかるので，これがr積分の上端となります．

❸ 最後に z 積分ですが，これは円板を $z=0$ から $z=h$ まで積み上げればよいので，これらが下端と上端になります．以上で式(21)の積分区間の説明が終わりました．

この種の計算では，この例で見たように，自分で決めた積分の順番に沿って，幾何学的な考察をしながら慎重に各変数の上端と下端を決めていくことが必要になります．ここにあげた順番と違う順番でも同じ結果が出せるか挑戦してみてください．ただし問題によっては，順番によって難易度が変わる場合があります．〝うまくいかない場合は別の順番に変えてみる〟ということも賢い選択になることもあります．

例 半径 a の球 ❶

$$\Delta V = r^2 \sin\theta \,\Delta r \Delta\theta \Delta\varphi$$

$$V = \sum_{球} \Delta V = \int_0^{2\pi} d\varphi \int_0^{\pi} d\theta \int_0^{a} dr\, r^2 \sin\theta \tag{23}$$

$$= \frac{4}{3}\pi a^3 \tag{24}$$

↑ HW5

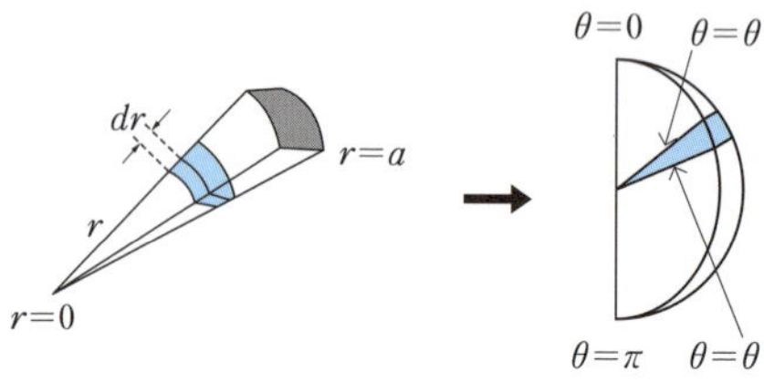

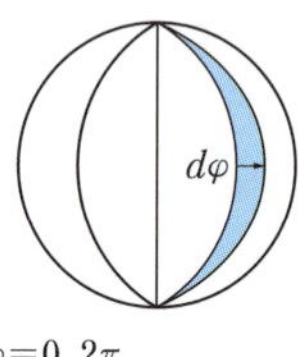

$\int_0^a dr$　　$\int_0^{\pi} d\theta$　　$\int_0^{2\pi} d\varphi$

HW6 $\int d\varphi \int d\theta \int dr$ 以外の順で計算せよ

例 半径 a の球の z 軸まわりの回転モーメント ❷

$$R = r\sin\theta$$

$$I_z = \sum_{球} R^2 \Delta V \tag{25}$$

$$= \int_0^{2\pi} d\varphi \int_0^{\pi} d\theta \int_0^{a} dr\, r^2 \sin\theta (r\sin\theta)^2$$

$$= \frac{4}{3}\pi a^3 \cdot \frac{2}{5} a^2 \tag{26}$$

↑ HW7

ヒント　$\sin^3\theta = \dfrac{1-\cos 2\theta}{2}\sin\theta$

$\cos 2\theta \sin\theta$ については積 → 和の公式

❶　次は，球の体積です．おなじみの公式 $\frac{4}{3}\pi a^3$ も，ようやく数学的に理解できるようになったのです！　これもここに示したように，円錐の場合と

6.3.4　ヤコビアン

❸

$(x, y) \to (r, \theta)$

$$dxdy = r\,drd\theta \tag{27}$$

（r：ヤコビアン）

$(x, y, z) \to (r, \theta, \varphi)$

$$dxdydz = r^2 \sin\theta\, drd\theta d\varphi \tag{28}$$

（$r^2 \sin\theta$：ヤコビアン）

2次元(一般)

$(u, v) \to (s, t)$

$$J = \frac{\partial(u, v)}{\partial(s, t)} = \begin{vmatrix} \dfrac{\partial u}{\partial s} & \dfrac{\partial u}{\partial t} \\ \dfrac{\partial v}{\partial s} & \dfrac{\partial v}{\partial t} \end{vmatrix} \quad \text{ヤコビアン} \tag{29}$$

（行列式）

$$\Longrightarrow dudv = |J|\,dsdt \tag{30}$$

（$|J|$：絶対値）

同様，微小体積の和を積分に置き換えます．そして，積分の順序を指定したのち，図を使いながら，それぞれの下端と上端を慎重に決めていきます(式(23)のそれぞれの変数の積分の上下端を下の図を助けに確認してください)．**HW5** で，おなじみの公式(24)が出てくることを確めてください．ちょっと感動でしょうか？　**HW6** として，他の順番でも，同様に図を使って計算してみましょう．

❷　次は，球内部の z 軸まわりの回転モーメントです．回転モーメントとは，〝着目する微小体積要素に，その要素と z 軸までの距離(垂線の長さ)の 2 乗を掛けたものを足し上げる〟という定義なので，式(25)以下に示したように計算ができます．ヒントを使って式(26)を確めてみましょう(**HW7**)．

❸　次にヤコビアンです．これは式(27)と(28)に示したように，変数変換に付随して現れる因子です．2 次元で一般的に考えると，式(29)，(30)に書いた公式が成立します．

チェック　❶

$(u,\ v)\rightarrow(x,\ y)$,　$(s,\ t)\rightarrow(r,\ \theta)$

$$\begin{cases} x = r\cos\theta & (31) \\ y = r\sin\theta & (32) \end{cases}$$

$$J = \frac{\partial(x,\ y)}{\partial(r,\ \theta)} = \begin{vmatrix} \cos\theta & -r\sin\theta \\ \sin\theta & r\cos\theta \end{vmatrix} \tag{33}$$

($\cos\theta$ ← $\partial x/\partial r$,　$r\cos\theta$ ← $\partial y/\partial\theta$)

$$= r\cos^2\theta + r\sin^2\theta = r \tag{34}$$

3 次元　❷

$(u, v, w) \rightarrow (r, s, t)$

$$J = \frac{\partial(u, v, w)}{\partial(r, s, t)} = \begin{vmatrix} \dfrac{\partial u}{\partial r} & \dfrac{\partial u}{\partial s} & \dfrac{\partial u}{\partial t} \\ \dfrac{\partial v}{\square} & \dfrac{\partial v}{\square} & \dfrac{\partial v}{\square} \\ \dfrac{\partial w}{\square} & \dfrac{\partial w}{\square} & \dfrac{\partial w}{\partial t} \end{vmatrix} \tag{35}$$

$$\Longrightarrow dudvdw = |J|\, drdsdt \tag{36}$$

HW8 $\square$ を埋めよ

❶　式(29), (30)の公式が正しいか，2 次元の極座標で確めてみましょう．$(x,\ y)$と$(r,\ \theta)$の関係(31), (32)を用いて，行列式(33)を計算すると，確かに，194 ページで図形を使って考えた(27)と同じ結果(34)が出てきました．

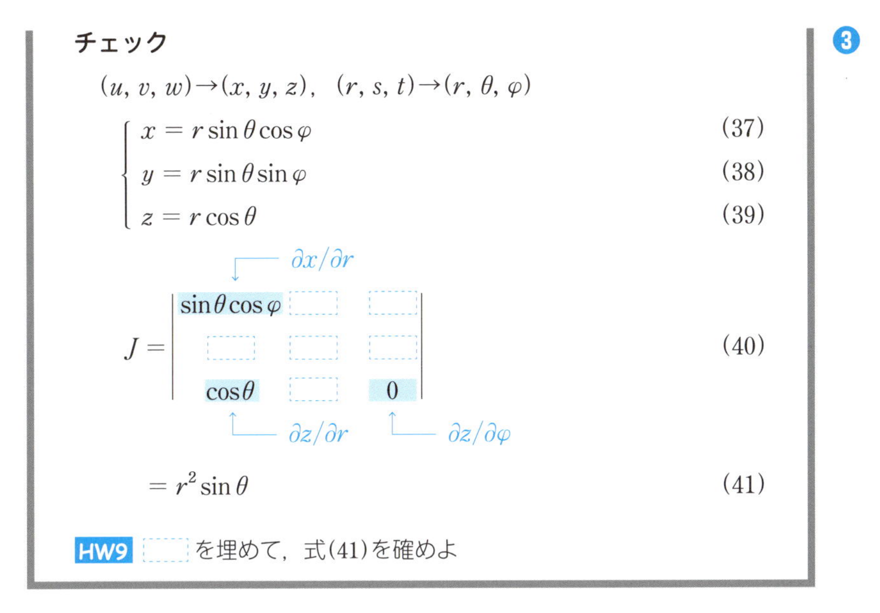

❸

❷　3 次元の場合にも，同様の公式 (35)，(36) が成立します．HW8 の答えは容易に予測できますね．

❸　この公式が正しいことを 3 次元の極座標でチェックしてみましょう．(x, y, z)と(r, θ, φ)の関係(37)～(39)を用いて行列式(40)を計算し，199 ページで図形を使って導出した 205 ページの式(28)と同じ結果(41)が出てくることを確認してください(HW9).

❶

ヤコビアンの導出(2次元)

微小面積要素の構成(復習)

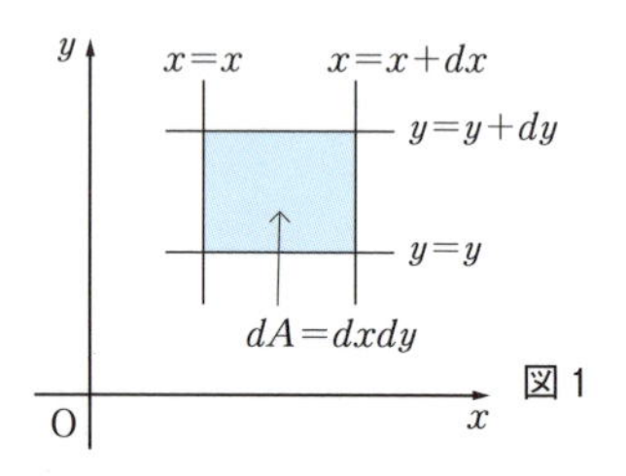

図1

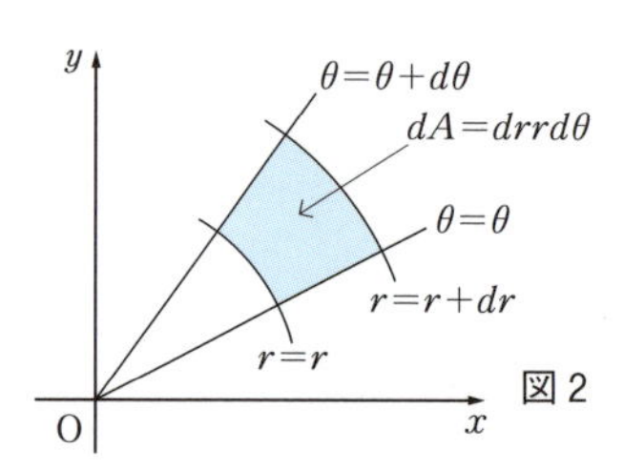

図2

❷

$(x, y) \to (u, v)$ の場合(右図)

点A　$(x(u, v), y(u, v))$

点B　$(x(u+du, v), y(u+du, v))$

点C　$(x(u, v+dv), y(u, v+dv))$

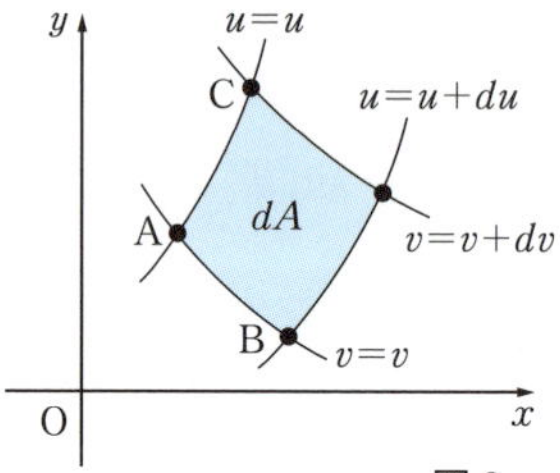

$$\overrightarrow{\mathrm{AB}} = \left(\frac{\partial x}{\partial u}du,\ \frac{\partial y}{\partial u}du,\ 0\right) \tag{42}$$

↑ 3次元ベクトルと見なす

図3

第1成分 $x(u+du, v) - x(u, v)$

一方，$f(x+a) = f(x) + \dfrac{df(x)}{dx}a + \cdots$　(43)

$$\longrightarrow\ x(u+du, v) = x(u, v) + \frac{\partial x}{\partial u}du + \cdots \tag{44}$$

❸

同様に

$$\overrightarrow{\mathrm{AC}} = \left(\frac{\partial x}{\partial v}dv, \frac{\partial y}{\partial v}dv, 0\right)$$

❹

$$dA = |\overrightarrow{\mathrm{AB}} \times \overrightarrow{\mathrm{AC}}|$$

$$= \left|\det\begin{pmatrix} \boldsymbol{e}_1 & \boldsymbol{e}_2 & \boldsymbol{e}_3 \\ \dfrac{\partial x}{\partial u}du & \dfrac{\partial y}{\partial u}du & 0 \\ \dfrac{\partial x}{\partial v}dv & \dfrac{\partial y}{\partial v}dv & 0 \end{pmatrix}\right|$$

$$= \left| \det \begin{pmatrix} \dfrac{\partial x}{\partial u} & \dfrac{\partial y}{\partial u} \\ \dfrac{\partial x}{\partial v} & \dfrac{\partial y}{\partial v} \end{pmatrix} dudv \right| \tag{45}$$

↑ 第 1 行と第 2 行からくくった

$$= |J|\, dudv$$

↑ $\det A^{\mathrm{T}} = \det A$

❶ さて正しいことが例証できたので，ヤコビアンの公式の説明をしましょう．2 次元を例にとります．図 1 と 2 で，微小面積要素がどのように構成されていたか見直してみましょう．

❷ (x, y)と(r, θ)の場合を考えれば，一般の場合はこの図 3 のようにして微小面積要素を定義できることがわかりますね．なので，この場合のヤコビアン J は，この面積を考えれば決まります．

微小量の極限では，これは平行四辺形の面積になります．まずは A, B, C 各点の座標を考えます．$\overrightarrow{\mathrm{AB}}$ の成分(式(42))の計算では，テーラー展開の公式を思い起こしましょう(式(43))．これを 2 変数の場合に考えると，微分が偏微分に置き換わることも思い起こしましょう(式(44))．こうして，(42)のように微小量の極限でのベクトルが決まります．ここで式(42)で，こっそりと第 3 成分として 0 を付け加えました．3 次元のベクトルとして考えることにしただけです．こうするとベクトル積の公式を使って，望みの面積が求められるからです！

❸ 同様に $\overrightarrow{\mathrm{AC}}$ も計算します．

❹ 微小面積 dA はベクトル積で計算できるので，このベクトル積を行列式を使って計算します．第 3 列で余因子展開して，第 1 行と第 2 行からそれぞれ du, dv をくくりだすと，式(45)の形になります．転置をとっても行列式の値が不変であることを思い起こせば，公式が導出できますね．なお 3 次元以上についてはここでは扱いません(付録 A.7.2 参照)．

APPENDIX

付　録

A.1　収束性

A.1.1　公比テスト

❶

$$\rho = \lim_{n\to\infty}\left|\frac{a_{n+1}}{a_n}\right|$$

$\rho < 1$

なら，ある$\sigma(\rho < \sigma < 1)$に対し，$n \geq N$に対しては

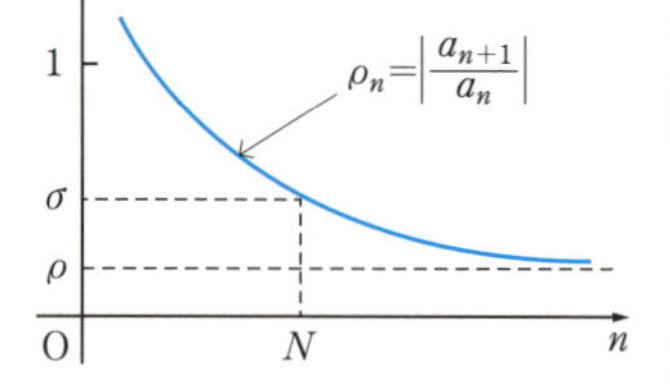

$$\left|\frac{a_{n+1}}{a_n}\right| < \sigma$$

となるようなNが存在

$\longrightarrow\ |a_{n+1}| < \sigma|a_n| \qquad (n \geq N)$

$$|a_N| + \underline{|a_{N+1}|} + \underline{\underline{|a_{N+2}|}} + \cdots < (1+\sigma+\sigma^2+\cdots)|a_N|$$

$< \sigma|a_N|$　$< \sigma|a_{N+1}|$　$< \sigma^2|a_N|$

$(1+\sigma+\sigma^2+\cdots)|a_N| = \dfrac{1}{1-\sigma}|a_N|$　有限

したがって $\displaystyle\sum_{n=N}^{\infty}|a_n|$ は収束 $\longrightarrow$ $\displaystyle\sum_{n=1(0)}^{\infty}|a_n|$ は絶対収束 $\longrightarrow$ 収束

☑**注** もし$\rho > 1$なら，ある$\sigma'(\rho > \sigma' > 1)$に対し

$$\left|\frac{a_{n+1}}{a_n}\right| > \sigma' \qquad (n \geq N)$$

$|a_{n+1}| > \sigma'|a_n|$

$|a_n|$ がどんどん大きくなる(0 に近づかない) $\longrightarrow$ 発散

❶ 本文では扱いきれなかった公比テストの正当化について記します．ここでいう〝公比〟に相当する量はnが十分大きくなれば$\rho\ (< 1)$に近づきます．ですからρよりは大きいけれども1以下のσという量を指定すると，この〝公比〟が，σ以下になるようなNが存在します．このことを認めさえすれば，あとの証明は，スムーズにフォローできるでしょう．

❷ 次も，本文では扱いきれなかった積分テストの正当化です．たとえば式(1)は，両辺の$f(0)$を取り去って考えると，その上の式のように，図1に

A.1.2 積分テスト

$$図1 \longrightarrow f(1)+f(2)<\int_0^2 f(x)\,dx$$

両辺に $f(0)$ を足す

$$\longrightarrow f(1)+f(2)+f(0)<\int_0^2 f(x)\,dx+f(0) \tag{1}$$

$$図2 \longrightarrow f(0)+f(1)+f(2)>\int_0^3 f(x)\,dx \tag{2}$$

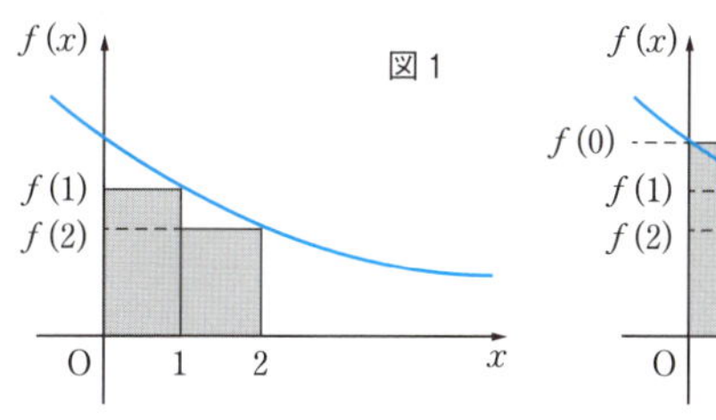

$$f(n)=a_n$$

$$\int_0^3 f(x)\,dx<a_0+a_1+a_2<\int_0^2 f(x)\,dx+a_0 \tag{3}$$

$$\int_{N_0}^{N+1} f(x)\,dx<\sum_{n=N_0}^{N} a_n<\int_{N_0}^{N} f(x)\,dx+a_{N_0} \tag{4}$$

$N \to \infty$

$$\int_{N_0}^{\infty} f(x)\,dx<\sum_{n=N_0}^{\infty} a_n<\int_{N_0}^{\infty} f(x)\,dx+\underline{a_{N_0}}$$

有限

$\longrightarrow \displaystyle\sum_{n=N_0}^{\infty} a_n$ は $\displaystyle\int_{N_0}^{\infty} f(x)\,dx$ が収束すれば収束

示した2つの棒グラフのような長方形の面積の和 $f(1)+f(2)$ は，右辺の積分よりも小さいですね．ですので，この式(1)は正しいとわかります．式(2)も，図を見れば明らかですね．すると不等式(3)は明らかですね．同様に考えれば，次の式(4)も明らか．この式で N を無限大にとれば，問題の和は上限と下限が収束するので，収束します．このようにして，積分テストは正当化されます．

A.1.3 “絶対収束すれば収束する”ことの説明

❶

$\sum_n |a_n|$ が収束するとする

$$b_n = a_n + |a_n| \tag{5}$$

とおくと

$$0 \leq b_n \leq 2|a_n|$$

$$\sum_n b_n \leq 2\underbrace{\sum_n |a_n|}_{\text{収束}} \longrightarrow \sum_n b_n \text{ も収束} \tag{6}$$

$$A_n = \sum_{i=1}^{n} a_i, \quad B_n = \sum_{i=1}^{n} b_i, \quad C_n = \sum_{i=1}^{n} |a_i|$$

とおくと，式(5)より $a_n = b_n - |a_n|$ だから

$$A_n = B_n - C_n$$

$n \to \infty$ とすると B_n, C_n はそれぞれ収束するので A_n も収束

$\longrightarrow \sum_n^{\infty} a_n$ も収束

A.2 線形代数

A.2.1 逆行列の公式について

公式　$A^{-1} \det A = C^{\mathrm{T}}$（$C$ の ij 成分：A の ij 成分の余因子）

を示すため，以下の 2 式を示す

❷

$$AC^{\mathrm{T}} = E \det A \longrightarrow \sum_j a_{ij} c_{kj} = \delta_{ik} \cdot \det A \tag{1}$$

$$C^{\mathrm{T}} A = E \det A \longrightarrow \sum_j c_{ji} a_{jk} = \delta_{ik} \cdot \det A \tag{2}$$

❶ 次は“絶対収束すれば収束する”ことが真であることの説明です．まず b_n を式(5)のように定義して，その収束を確めます．この b_n を使うと，もとの a_n の和が，b_n の和から a_n の絶対値の和と書けます(式(6))．この式は a_n が正の場合と負の場合について，それぞれ考えてみると理解できるでしょう．式(6)を使えば，ここに示したようにして，“絶対収束すれば収

∵ 式(1)の左辺

$$(AC^{\mathrm{T}})_{ij} = \begin{pmatrix} a_{11} & a_{12} & \cdots \\ a_{21} & a_{22} & \cdots \\ \vdots & \vdots & \vdots \end{pmatrix} \begin{pmatrix} c_{11} & c_{21} & \cdots \\ c_{12} & c_{22} & \cdots \\ \vdots & \vdots & \vdots \end{pmatrix} \tag{3}$$

$$(AC^{\mathrm{T}})_{12} = a_{11}c_{21} + a_{12}c_{22} + \cdots$$

$$= \begin{vmatrix} a_{11} & a_{12} & \cdots \\ a_{21} & a_{22} & \cdots \\ \vdots & \vdots & \vdots \end{vmatrix} \tag{4}$$

← この行を a_{11} a_{12} $\cdots$ に置き換えたもの

ヒント 置き換えた第 2 行での余因子展開を考えよ

ただし，c_{ij} = 要素 a_{ij} の余因子

$$(AC^{\mathrm{T}})_{ij} = a_{i1}c_{j1} + a_{i2}c_{j2} + \cdots$$

$$= \det(j\text{ 行を }i\text{ 行で置き換えた行列})$$

$$= \begin{cases} 0 & (i \neq j) \quad (\because \text{同じ行を含む行列式}) \\ \det A & (i = j) \quad (\because \text{実質，置き換えなし}) \end{cases}$$

$$\therefore\ (AC^{\mathrm{T}})_{ij} = \delta_{ij} \cdot \det A$$

$$\longrightarrow A^{-1} = \frac{1}{\det A} C^{\mathrm{T}}$$

HW1 同様にして，式(2)を示せ

束する″が真であることが納得できますね．

2 逆行列の公式が正しいことを，一般的に確めましょう．示すべき式は，ここに書いた 2 つの式(1)と(2)です．

3 まず式(1)について，その左辺の成分を式(3)のように書き出してみます．すると，たとえば(1, 2)成分は，式(4)のように書けます(ヒントを参考にして，各自納得してください)．この例から，一般の(i, j)成分についても同様のことがいえるので，証明が完成です．

4 式(2)についても各自考えてみてください．

A.2.2　行列式の別の定義

❶

$$\det A = \sum_{\sigma = S_n} \mathrm{sign}(\sigma)\, \underline{a_{1\sigma(1)}}\, a_{2\sigma(2)} \cdots a_{n\sigma(n)} \tag{5}$$

$(1, \sigma(1))$成分

S_n：$(1, 2, \cdots, n)$のすべての**置換**の集合 ⟶ $n!$ 通りある　❷

置換 σ は，たとえば $n = 4$ のとき

$(1, 2, 3, 4)$を並べ替えて$(3, 1, 2, 4)$としたとき

$$\sigma = \begin{pmatrix} 1 & 2 & 3 & 4 \\ 3 & 1 & 2 & 4 \end{pmatrix} \begin{matrix} \longleftarrow \text{もとの並び} \\ \longleftarrow \text{あとの並び} \end{matrix} \tag{6}$$

❸

と表せる．このとき

$\sigma(1) = 3, \quad \sigma(2) = 1, \quad \sigma(3) = 2, \quad \sigma(4) = 4$

sign 関数の定義：$\mathrm{sign}(\sigma) = \begin{cases} + & \text{(偶置換)} \\ - & \text{(奇置換)} \end{cases}$　❹

偶置換と奇置換について説明するため**互換**について説明する　❺

たとえば

$$\sigma = \begin{pmatrix} 1 & 2 & 3 & 4 \\ 3 & 2 & 1 & 4 \end{pmatrix}$$

1 と 3 を交換（**互換**の例）⟶ $\sigma = (1, 3)$ と表す

⟵ 互換の表記例

任意の置換は，いくつかの互換の積(くり返し)で書ける．たとえば

$(1, 2)$：1 2 3 4 → 2 1 3 4

$(1, 3)$：2 1 3 4 → 2 3 1 4

$(3, 4)$：2 3 1 4 → 2 4 1 3

⟺

$$\sigma = \begin{pmatrix} 1 & 2 & 3 & 4 \\ 2 & 4 & 1 & 3 \end{pmatrix}$$

⬇

$$\sigma = \underline{(3, 4)(1, 3)(1, 2)}$$

3 つの互換の積で書けた

HW2 σ を別の互換の積で表せ

偶置換と奇置換：σ をこのように表す方法は一意ではない．ただし σ が決まれば，上の σ に対しては，必ず奇数個の互換の積で書ける

⟶ **奇置換**

同様に，任意の σ は一意に奇置換か偶置換のどちらかに定まる　❻

❶ これまで，行列式は余因子を使って定義してきましたが，別の定義もあります．値を計算することに関してはあまり現実的ではないですが，余因子を使ったものと同じ値に帰結します．その定義は，ここに式(5)として示したものです．

❷ この定義を理解するには，1からnまでの整数の並びに関する**置換**についての知識が必要となります．相異なる並べ方はもちろん，$n!$通りありますね．

❸ 式(6)に例示したように，もとの並びとあとの並びを組にして，置換操作を表現します．

❹ さらに，それぞれの置換操作の偶奇性について理解する必要もあります．これによって，定義式のsign関数が理解できます．

❺ このためには，並びの中で1つのペアを取り出して入れかえる**互換**について考えます．ここに示したように，互換操作をくり返すことで，もとの並びからある並びをつくることができます．そして，この順番を積で表すこともできます．しかし，この互換の積は一意には定まりません．簡単な例を考えて，各自確めてみてください(**HW2**)．ところが，積に現れる互換操作の数が偶数個か奇数個かは一意に定まるのです．これを，置換操作の偶奇性と定義します．

❻ 以上の説明から，sign(σ)の意味がわかったので，式(5)の行列式の定義が了解されたと思います．

❶

例 $n=2$ のとき

$$S_n = \sigma_1\sigma_2, \quad \sigma_1 = \begin{pmatrix} 1 & 2 \\ 1 & 2 \end{pmatrix}, \qquad \sigma_2 = \begin{pmatrix} 1 & 2 \\ 2 & 1 \end{pmatrix}$$

偶置換　　　　　　　　　奇置換

$\sigma_1(1)=1, \sigma_1(2)=2$　　$\sigma_2(1)=2, \sigma_2(2)=1$

$$\longrightarrow \det A = a_{1\sigma_1(1)}a_{2\sigma_1(2)} - a_{1\sigma_2(1)}a_{2\sigma_2(2)} = a_{11}a_{22} - a_{12}a_{21}$$

HW3 $n=3$ のとき，$n=2$ のときと同様に余因子展開の結果と一致することを確めよ

❷

☑**注** 式(5)の行列式の定義の意味

- 各行，各列から 1 つずつ選んで n 個の成分の積をとる
- その積を適切な符号で足す

という操作を $n!$ 通り，重複なく，くり返すということになっている

❸

A.2.3　エルミート行列の固有値問題

$N \times N$ 行列 H は

$$H^\dagger = H \quad \longleftrightarrow \quad H_{nm}{}^* = H_{mn} \tag{7}$$

を満たす

このとき，次のことを示す

1 固有値は実数

2 固有値の異なる固有ベクトルは直交する

☑**注** 2＋シュミット直交化 ⟶ 3ユニタリ行列で対角化できる

固有値問題($n=1, \cdots, N$)

❹

$$H|n\rangle = \lambda_n|n\rangle \qquad (n=1, \cdots, N) \tag{8}$$

固有値（λ_n）　固有ベクトル（$|n\rangle$）(列ベクトル ＝ ケットベクトル)

$$\longleftrightarrow \quad H\boldsymbol{u}^{(n)} = \lambda_n \boldsymbol{u}^{(n)} \quad (H_{ij}u_j{}^{(n)} = \lambda_n u_i{}^{(n)}) \tag{9}$$

❺

$\{\lambda_n\}$ の中には値が等しいものもある ⟶ 縮退

❶ $n=2$ のときの〝たすきがけ公式〟$ad-bc$ なら，この **例** のように，この定義でも簡単に再現できますね？ $n=3$ の場合ならば，2つの定義が一致することも直接確めれるでしょう(**HW3**).

❷ 式(5)の行列式の定義はここに示したことになっていますが，$n!$ 通りを系統的に重複なく，くり返すのはそれほど簡単ではないので，余因子を使って計算します.

❸ ここでは，エルミート行列の固有値問題で一般に成り立つ，次の性質 1 ～ 3 を示しておきます.

1 固有値は実数

2 固有値の異なる固有ベクトルは直交する

上の 2 と，シュミットの直交化を用いて，縮退している場合の固有ベクトルどうしが規格直交化できることを合わせると

3 ユニタリ行列で対角化できる

ことも示されることになります.

上の 1 は，量子力学でエネルギーを表すハミルトニアンという量がエルミート行列になるという重要な事実に対応しています(式(7)). ただしエネルギーが散逸される場合には，非エルミート行列がハミルトニアンに使われることもあります.

❹ ここではブラケットベクトルを使って(式(8))，上の 1 と 2 が真であることを見てみましょう.

ケットベクトル $|n\rangle$ は，この文脈では，N 個の文字や数字が縦に並んだ列ベクトルだと思って問題ありません. すると，固有値問題は式(8)のように定義できます. ケットベクトルを使わずにきちんと書くと式(9)が対応します. 式(9)のカッコ内の左辺では j について，アインシュタインの縮約を使っていることに注意してください.

❺ ここで，固有値は縮退していてもかまいません. しかし $N\times N$ 行列には，固有ベクトルは独立なものが N 個求められることは思い起こしてください.

1 と 2 の証明

ケット $|n\rangle$, $|m\rangle$ に対する固有値問題を書いておく

$$\begin{cases} H|n\rangle = \lambda_n |n\rangle & (10) \\ H|m\rangle = \lambda_m |m\rangle & (11) \end{cases}$$

❶

これらとブラ $\langle m|$, $\langle n|$ との内積をとる

$$\begin{cases} \langle m|H|n\rangle = \lambda_n \langle m|n\rangle & (12) \\ \langle n|H|m\rangle = \lambda_m \langle n|m\rangle & (13) \end{cases}$$

❷

☑**注**ブラケット記号

❸

$|m\rangle$：ケットベクトル(列ベクトル)

$\langle n|$：ブラベクトル(行ベクトル)

式(12)には下の式が対応

$$\boldsymbol{u}^{(m)} \cdot H\boldsymbol{u}^{(n)} = \lambda_n \boldsymbol{u}^{(m)} \cdot \boldsymbol{u}^{(n)} \longleftrightarrow u_i^{(m)} H_{ij} u_j^{(n)} = \lambda_n u_i^{(m)} u_j^{(n)}$$

❹

式(13)の複素共役をとる

❺

$$\langle n|H|m\rangle^* = \lambda_m^* \langle n|m\rangle^* \qquad (14)$$

$$\therefore \langle m|H^\dagger|n\rangle = \lambda_m^* \langle m|n\rangle \qquad (15)$$

☑**注** 式(13) ⟶ (15)を成分計算で確める

❻

式(13) $\longleftrightarrow$ $u_i^{(n)*} H_{ij} u_j^{(m)} = \lambda_m u_i^{(n)*} u_i^{(m)}$

複素共役をとる

$$u_i^{(n)} H_{ij}^* u_j^{(m)*} = \lambda_m^* u_i^{(n)} u_i^{(m)*}$$

$$\| \qquad\qquad \|$$

$$u_j^{(m)*} H_{ij}^* u_i^{(n)} \qquad \lambda_m^* u_i^{(m)*} u_i^{(n)}$$

式(15) $\longleftrightarrow$ $= \langle m|H^\dagger|n\rangle \qquad = \lambda_m^* \langle m|n\rangle$

❶ 固有値の定義式を n と m を使って，式(10)と(11)の 2 通りに書いておきます．

ここでブラベクトルを，ケットベクトルのエルミート共役として導入します．ですので，ブラベクトルは行ベクトル，あるいは $1 \times N$ 行列です．

式(12)と(15)，および $H = H^\dagger$（式(7)）より ❼

$$(\lambda_n - \lambda_m{}^*)\langle m|n\rangle = 0 \tag{16}$$

$$\longrightarrow \begin{cases} n \neq m \text{のとき} \ \langle m|n\rangle = 0 & (17) \\ n = m \text{のとき} \ \lambda_n = \lambda_m{}^* \quad (\because \text{ノルム} \ \langle n|n\rangle \neq 0) & (18) \end{cases}$$

$\longrightarrow$ ｛ 異なる固有値に対応する固有ベクトルは直交
固有値は実数

❷ 式(10)と(11)のそれぞれにこのブラベクトルを作用させると，式(12)と(13)を得ます．

❸ ブラケットについて，ここにまとめておきます．

❹ 式(12)を，ブラケットを使わずにくわしく書いた式もチェックすると，ブラケット記号の簡便さがわかるでしょう．

❺ 式(13)より，式(15)を得ます．

❻ 式(13)の複素共役をとった式(14)について，この ☑**注** に書いたようにくわしく見てみると(i, j についてアインシュタインの縮約が使われています)，式(15)が得られることがわかると思います．ブラケットは慣れてくると，とても便利です．

❼ このようにして，H のエルミート性を使うと，式(16)が導かれます．さらに，この式からは式(17)と(18)の2式が帰結されます．それぞれ218ページの **2** と **1** に対応します．なお **2** を結論するには，固有ベクトルがゼロベクトルではない，という前提を利用しています．

A.3 1階常微分方程式

A.3.1 完全微分形

❶

$$\frac{dy}{dx}+\frac{P(x,y)}{Q(x,y)}=0 \iff P\,dx+Q\,dy=0 \tag{1}$$

ただし

$$\frac{\partial P}{\partial y}=\frac{\partial Q}{\partial x} \quad \text{(完全性の条件)} \tag{2}$$

とする

このとき

❷

$$\frac{\partial f}{\partial x}=P, \quad \frac{\partial f}{\partial y}=Q \tag{3}$$

を解いて f が決まるなら

$$df=\frac{\partial f}{\partial x}\,dx+\frac{\partial f}{\partial y}\,dy \quad \longleftarrow \text{ 完全微分} \tag{4}$$

$$=P\,dx+Q\,dy$$

$$=0$$

$$\therefore\ df=0 \longrightarrow \text{一般解 } f(x,y)=C$$

☑**注** 条件(2)は，以下のように f の 2 階微分が当然，満たさなければならない条件になっている

$$\frac{\partial P}{\partial y}=\frac{\partial Q}{\partial x} \longrightarrow \frac{\partial^2 f}{\partial y\partial x}=\frac{\partial^2 f}{\partial x\partial y}$$

↑ 式(3)

つまり，式(3)から f が決まるために式(2)が必要

❶ 1階常微分方程式について，いくつか補足します．まずは**完全微分形**とよばれる微分方程式です．これは式(1)に示したような形の微分方程式です．このとき式(2)の条件が成立していると，ここに紹介する方法を使って解くことができます．この条件を完全性の条件とよぶことにしましょう．

例 $y' = \dfrac{y}{x}$ (5)

$$y\,dx - x\,dy = 0 \quad (6)$$

$$P = y, \quad Q = -x$$

よって

$$\frac{\partial P}{\partial y} = 1 \neq \frac{\partial Q}{\partial x} = -1$$

⟶ 不完全

積分因子 $\dfrac{1}{x^2}$ を式(6)に掛ける

$$\frac{y}{x^2}dx - \frac{1}{x}dy = 0$$

$$P = \frac{y}{x^2}, \quad Q = -\frac{1}{x} \quad (7)$$

$$\therefore \frac{\partial P}{\partial y} = \frac{1}{x^2} = \frac{\partial Q}{\partial x} \quad (8)$$

⟶ “完全”だから，式(3)より

$$\frac{\partial f}{\partial x} = \frac{y}{x^2}, \quad \frac{\partial f}{\partial y} = -\frac{1}{x} \quad (9)$$

❷　この場合，式(3)を満たす f を決めることができるなら，式(4)以下に示したように，f の完全微分が 0 になることがわかります．したがって，f が定数という形で解が求められます．

❸　では，例題を解いてみましょう．式(5)は，このままだと P と Q が必要な条件を満たしません．

❹　そこで“積分因子”とよばれる因子を探し出します．この場合には $\dfrac{1}{x^2}$ をこの因子として掛けると，P と Q に相当する量(式(7))が所望の条件，すなわち完全性の条件を満たします(式(8))．このように，完全性の条件が満たされるようにできる因子を**積分因子**といいます．これは発見的に求めます．

❶

となる f があるはず．実際，式(9)の第 2 式より

$$f = -\frac{y}{x} + C(x)$$

これを x で微分

$$\frac{\partial f}{\partial x} = \frac{y}{x^2} + C'(x)$$

これを，式(9)の第 1 式と比べて

$$C'(x) = 0$$

$$\longrightarrow C(x) = (\text{定数}) = C_1 \longrightarrow f = -\frac{y}{x} + C_1$$

❷

$$\therefore \text{一般解 } f = C_2 \iff y = cx \tag{10}$$

❸

A.3.2　同次形

例 $(x^2 - y^2)\,dx + 2xy\,dy = 0$ (11)

$$y' = -\frac{1}{2}\left(\frac{x}{y} - \frac{y}{x}\right)$$

❹

$y = vx$ とおくと

$$v'x + v = -\frac{1}{2}\left(\frac{1}{v} - v\right)$$

$$-2v'vx = 1 + v^2$$

$$\int \frac{2v}{1+v^2}\,dv = -\int \frac{dx}{x}$$

$$\ln|1+v^2| = -\ln|x| + C_1$$

$$(1+v^2)|x| = C_1$$

$$(1+v^2)\,x = C$$

$$\therefore x^2 + y^2 = Cx \tag{12}$$

❺

☑**注** $\dfrac{dy}{dx} = f\left(\dfrac{y}{x}\right)$ (13)

と書けるとき，$y = vx$ とおくと $\dfrac{dy}{dx} = v'x + v$ より

$$v' = \frac{1}{x}\{f(v) - v\} \qquad \longleftarrow \text{変数分離形に帰着}$$

❶　さて，この場合には積分因子が見つかったので，処方箋に従って f を求め，これが定数だとして解を決めます．こうして一般解(10)が求められました．

❷　この解を，最初の微分方程式(5)に代入して，この微分方程式が満たされることを確めてください．

❸　次は，同次形とよばれるものです．例題から見ていきましょう．

❹　微分方程式(11)で，$y = vx$ とおき，y を v で書きかえると，式(12)のように解くことができます．

❺　この定石は，式(13)に示した形の微分方程式に使えます．事情は，ここに示したとおりです．

A.4　有理関数の積分

❶

A.4.1　部分分数に分ける例

❷

例 $I = \int \frac{x^2+5}{x-1}\,dx$

$$= \int \left(x + 1 + \frac{6}{x-1} \right) dx$$

↑ $x^2+5 = x^2-1+6$

$$\therefore\ I = \frac{x^2}{2} + x + 6\ln|x-1| + C$$

☑**注** 有理関数 $= \dfrac{\text{多項式}}{\text{多項式}}$

$= \text{多項式} + \dfrac{\text{分母より低次の多項式}}{\text{多項式}}$

分母の多項式を因数分解 $(x-a)(x-b)\cdots(x-c)^2\cdots$ して

$$\text{有理関数} = \text{多項式} + \frac{A}{x-a} + \frac{B}{x-b} + \cdots + \frac{C}{x-c} + \frac{D}{(x-c)^2} + \cdots$$

↑ 部分分数分解 ⟶ 必ず積分できる

❶ ここでは，有理関数の積分を見ていきましょう．

❷ この **例** では，被積分関数を部分分数に分けることで積分を完了していますね．このように，多項式を多項式で割った形の式である有理関数は，部分分数に分けることで積分ができます．

❸ この **例** も確めてみてください．なお，この場合は，部分分数に分けずに，逆関数のところ(2.15 節)でおこなった方法でも積分が計算できます．両者の関係については，☑**注** を参照してください．

❹ 次に，変数変換をすると有理関数の積分に持ち込めるものを見ていきます．

例 $I=\int\frac{dx}{1-x^2}$

$$=\frac{1}{2}\int\left(\frac{1}{1-x}+\frac{1}{1+x}\right)dx$$

$$=\frac{1}{2}(-\ln|1-x|+\ln|1+x|)+C$$

$$=\frac{1}{2}\ln\left|\frac{1+x}{1-x}\right|+C \qquad (1)$$

③

☑**注** $x=\tanh y=\frac{e^{2y}-1}{e^{2y}+1}$

とすると

$$e^{2y}=\frac{1+x}{1-x}>0 \qquad (|x|<1)$$

$$\longrightarrow I=\tanh^{-1}x+c$$

↑── 式(1)から $|x|<1$

x
1
$x=\tanh y$
O
y
−1

A.4.2 変数変換による例

④

例 $I=\int\frac{dx}{\sqrt{1+x^2}} \qquad (2)$

⑤

$\sqrt{1+x^2}=t-x$ とおく

$$1+x^2=t^2-2xt+x^2 \qquad (3)$$

$$\therefore\ x=\frac{t^2-1}{2t}$$

式(3)より

$$0=2t\,dt-2dx\,t-2x\,dt$$

$$\therefore\ dx=\left(1-\frac{x}{t}\right)dt$$

⑤ 根号の入った式(2)のようなタイプは，根号$\sqrt{1+x^2}$を$t-x$と置き換えます．

よって

$$I=\int\frac{1-\dfrac{x}{t}}{t-x}dt=\int\frac{1-\dfrac{t^2-1}{2t^2}}{t-\dfrac{t^2-1}{2t}}dt=\int\frac{dt}{t} \tag{4}$$

$$=\ln|t|+C$$

$$=\ln(x+\sqrt{1+x^2})+C \tag{5}$$

❷

☑**注** $x=\sinh y=\dfrac{e^y-e^{-y}}{2}$

とおくと

$2x=e^y-e^{-y}$

$e^{2y}-2xe^y-1=0$

$e^y=x\pm\sqrt{x^2+1}$

$e^y>0$ より

$e^y=x+\sqrt{x^2+1}$　（∵ $x+\sqrt{x^2+1}$ は常に正）

$\longrightarrow I=\sinh^{-1}x+C$

↑ 式(5)

x
x=sinhy
O
y

❸

☑**注** $\sqrt{x^2+ax+b}$ と有理関数からなる積分：

$\sqrt{x^2+ax+b}=t-x$

とおく．たとえば

$$I=\int\frac{dx}{x\sqrt{x^2+1}} \tag{6}$$

において，$\sqrt{x^2+1}=t-x$ とおくと

$$I=\int\frac{2dt}{t^2-1}$$

となり，有理関数の積分に帰着

❶ すると，式(4)のように，被積分関数が有理関数となり積分ができます．

例 $I = \int \frac{dx}{1+\cos x}$ ❹

$$\tan\frac{x}{2} = t \tag{7}$$

とおく

$$\left(1+\tan^2\frac{x}{2}\right)\frac{dx}{2} = dt$$

└ $(\tan x)' = 1 + \tan^2 x$

$$dx = \frac{2}{1+t^2}\,dt$$

$$\therefore\ I = \int\left(\frac{2}{1+t^2}\,dt\right)\frac{1+t^2}{2}$$

└ $1+\cos x = \frac{2}{1+\tan^2\frac{x}{2}}$

$= 2\cos^2(x/2)$

$$= \int dt = t + C = \tan\frac{x}{2} + C$$

❷ この **例** も，逆関数のところ(2.15 節)でおこなった方法でも積分が計算できます．両者の関係についてはやはり，この ☑**注** に示しました．

❸ この節で扱った方法は，この ☑**注** に書いたタイプの場合の一例です．式(6)に，他の例を 1 つ示しておきます．

❹ この **例** は，三角関数が現れる場合．これは式(7)の変換をおこなうとやはり，有理関数の積分に帰着できます．

❶

注 $\sin x, \cos x$ の有理関数の積分

$$\tan\frac{x}{2} = t$$

とおくと，t の有理関数に帰着

$$\sin x = 2\cos\frac{x}{2}\sin\frac{x}{2} = 2\cos^2\frac{x}{2}\tan\frac{x}{2} = \frac{2t}{1+t^2}$$

$$\cos x = \cos^2\frac{x}{2} - \sin^2\frac{x}{2} = 2\cos^2\frac{x}{2} - 1 = \frac{2}{1+t^2} - 1 = \frac{1-t^2}{1+t^2}$$

$\longrightarrow$ $\sin x, \cos x$ は t の有理関数となる

A.5　グラジエントなどの一般直交座標系での表式

❷

A.5.1　スケール因子

❸

曲線要素 ds

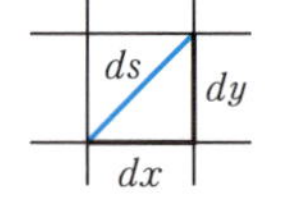

$$ds^2 = dx^2 + dy^2 \tag{1}$$

$$ds^2 = dr^2 + r^2 d\theta^2 \tag{2}$$

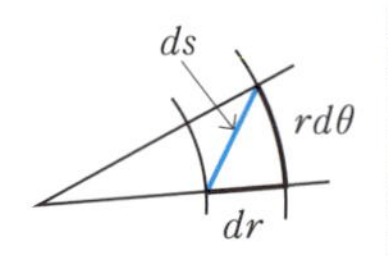

$(x, y), (r, \theta) \to (x_1, x_2)$として一般化

$$ds^2 = h_1{}^2 dx_1{}^2 + h_2{}^2 dx_2{}^2 \tag{3}$$

n 次元直交座標系

$$ds^2 = \sum_{i=1}^{n} h_i{}^2 dx_i{}^2 \tag{4}$$

❹

注 もっと一般の非直交座標系では

$$ds^2 = \sum_{i,j} g_{ij} dx_i dx_j \tag{5}$$

❶　三角関数 $\sin x$，$\cos x$ を含む関数の積分は，$\tan\dfrac{x}{2} = t$ と置換するのが定石です．

例 球座標

$$ds^2 = dr^2 + r^2 d\theta^2 + r^2 \sin^2\theta\, d\varphi^2$$

└── 199ページの図参照

$(r, \theta, \varphi) \to (x_1, x_2, x_3)$．式(4)より

$$h_1 = 1, \quad h_2 = r, \quad h_3 = r\sin\theta \tag{6}$$

5

HW1 円柱座標系で

$$h_1 = 1, \quad h_2 = r, \quad h_3 = 1 \tag{7}$$

を示せ

2　ベクトル解析に出てくるグラジエントなどのベクトル演算子の一般座標系での表式を，解析的に求める方法の補足です．本文で紹介した方法は，ここで紹介する方法よりも(局所直交座標でなくても使えるという意味で)一般的ですが，そのぶん計算が複雑になります．ですので原理的な理解には十分ですが，実際の計算は，局所直交座標系についてはここで示す方法が実用的になります．

3　まずは曲線要素について，2次元のデカルト直交系と極座標系を観察してみると，一般には式(3)のように書けることが予想できます．n次元でも式(4)のように書けます．このh_iが**スケール因子**とよばれる量です．式(1)，(2)では，2次元極座標系のh_2がrで，それ以外のh_iはすべて1になっています．

4　なおこの量は，局所的にも直交していない，もっと一般の座標系の場合には式(5)のように書き表され，g_{ij}はその空間の**計量**とよばれます．これは相対論で大活躍する量です．

5　3次元の球座標で見てみると，h_iは式(6)のようになっています．円柱座標系については，式(7)のようになることを確めてください(**HW1**)．

❶ 〝直交〞座標系では

$$ds = h_1 dx_1 \boldsymbol{e}_1 + h_2 dx_2 \boldsymbol{e}_2 + \cdots \tag{8}$$
$$= \sum_i h_i dx_i \boldsymbol{e}_i$$

を導入すると

$$ds^2 = d\boldsymbol{s} \cdot d\boldsymbol{s} \tag{9}$$

と書ける

❷ A.5.2　グラジエントの表式

❸ 一般の〝直交〞座標系(x_1, x_2, x_3)に対するグラジエント $\nabla\phi$ の表式

$$\frac{d\phi}{ds} = \nabla\phi \cdot \boldsymbol{u} \qquad (|\boldsymbol{u}| = 1) \tag{10}$$

を 7.5 節の式(5)として示した($\boldsymbol{u}$ は s の方向を向くベクトル)

❶ これらの局所直交座標系では，式(8)のようにベクトルを導入すると，そのスカラー積で，この量 ds^2 を式(9)のように表せます．

❷ 以上の予備知識をもとに，局所直交座標系において，微分演算子の表式を考えていきましょう．

❸ まずはグラジエントから．7.5 節で，式(10)を示しました．

❹ たとえば球座標系で，s を φ 方向にとれば，ds は式(11)のように書けます．したがって式(10)は(12)のように書けますが，この右辺は，グラジエントの φ 成分を表します．

❺ 他の 2 方向も同様に考えると，グラジエントは，一般には式(13)あるいは(14)のように書けることがわかりますね．

❻ 次は，ダイバージェンス．これには式(15)を使います．まず，この式が成立する理由を説明します．まず，式(13)で ϕ として x_i をとると式(16)が成立します．

例 球座標系

s を φ 方向にとる $\longrightarrow$ r, θ は固定

$$\longrightarrow \ ds = r\sin\theta\, d\varphi$$
$$= h_3 dx_3 \tag{11}$$

式(10)は

$$\frac{d\phi}{ds} = \nabla\phi\cdot\boldsymbol{e}_\varphi \tag{12}$$

$\nabla\phi$ の φ 成分

④

同様に考えると

$$\nabla\phi = \boldsymbol{e}_1\frac{1}{h_1}\frac{\partial\phi}{\partial x_1} + \boldsymbol{e}_2\frac{1}{h_2}\frac{\partial\phi}{\partial x_2} + \boldsymbol{e}_3\frac{1}{h_3}\frac{\partial\phi}{\partial x_3} \tag{13}$$

$$= \left(\frac{1}{h_1}\frac{\partial\phi}{\partial x_1}, \frac{1}{h_2}\frac{\partial\phi}{\partial x_2}, \frac{1}{h_3}\frac{\partial\phi}{\partial x_3}\right) \tag{14}$$

⑤

A.5.3 ダイバージェンスの表式

⑥

〝直交〞座標系では

$$\nabla\cdot\left(\frac{\boldsymbol{e}_1}{h_2 h_3}\right) = 0, \quad \nabla\cdot\left(\frac{\boldsymbol{e}_2}{h_3 h_1}\right) = 0, \quad \nabla\cdot\left(\frac{\boldsymbol{e}_3}{h_1 h_2}\right) = 0 \tag{15}$$

∵ 式(13)で $\phi = x_i$ とすると

$$\nabla x_1 = \frac{\boldsymbol{e}_1}{h_1}, \quad \nabla x_2 = \frac{\boldsymbol{e}_2}{h_2}, \quad \nabla x_3 = \frac{\boldsymbol{e}_3}{h_3} \tag{16}$$

$\boldsymbol{e}_1, \boldsymbol{e}_2, \boldsymbol{e}_3$ が，この順に右手系をとるように選ぶと(右図)

$\boldsymbol{e}_3$　$\boldsymbol{e}_1$　$\boldsymbol{e}_2$

$$\boldsymbol{e}_1\times\boldsymbol{e}_2 = \boldsymbol{e}_3, \quad \boldsymbol{e}_2\times\boldsymbol{e}_3 = \boldsymbol{e}_1, \quad \cdots \tag{17}$$

⑦

⑦ 次に式(17)を確認してください．

すると

$$\nabla x_1 \times \nabla x_2 = \frac{\boldsymbol{e}_1}{h_1} \times \frac{\boldsymbol{e}_2}{h_2} = \frac{\boldsymbol{e}_3}{h_1 h_2} \tag{18}$$

❶

一方

$$\nabla \cdot (\boldsymbol{A} \times \boldsymbol{B}) = (\nabla \times \boldsymbol{A}) \cdot \boldsymbol{B} - (\nabla \times \boldsymbol{B}) \cdot \boldsymbol{A} \tag{19}$$

❷

$$\nabla \times \nabla \phi = 0 \tag{20}$$

が成立 ⟶ HW2

これらを用いると

$$\nabla \cdot (\nabla x_1 \times \nabla x_2) = \underbrace{(\nabla \times \nabla x_1)}_{=0} \cdot \nabla x_2 - \underbrace{(\nabla \times \nabla x_2)}_{=0} \cdot \nabla x_1 = 0$$

より

$$\nabla \cdot \left(\frac{\boldsymbol{e}_3}{h_1 h_2} \right) = 0$$

同様にして，式(15)の残りの 2 式も示せる　❸

“直交”座標系では　❹

$$\boldsymbol{V} = V_1 \boldsymbol{e}_1 + V_2 \boldsymbol{e}_2 + V_3 \boldsymbol{e}_3 \tag{21}$$

と書ける．これを

$$\boldsymbol{V} = \frac{\boldsymbol{e}_1}{h_2 h_3}(h_2 h_3 V_1) + \frac{\boldsymbol{e}_2}{h_3 h_1}(h_3 h_1 V_2) + \frac{\boldsymbol{e}_3}{h_1 h_2}(h_1 h_2 V_3) \tag{22}$$

❶ すると，式(18)が成立します．

❷ 一方，ここに示した式(19)と(20)の 2 つのベクトル等式(各自確認のこと)を用いれば，ここに示したように，式(15)の第 1 式が示せます．

と書いて，両辺に∇· を作用させ，公式

$$\nabla\cdot(\boldsymbol{V}\phi) = (\nabla\cdot\boldsymbol{V})\phi + \boldsymbol{V}\cdot(\nabla\phi) \tag{23}$$

を用いると，たとえば式(22)の右辺第1項は

$$\nabla\cdot\left\{\frac{\boldsymbol{e}_1}{h_2h_3}(h_2h_3V_1)\right\} = \underbrace{\left(\nabla\cdot\frac{\boldsymbol{e}_1}{h_2h_3}\right)}_{\substack{\| \longleftarrow \text{式(15)} \\ 0}}(h_2h_3V_1) + \frac{\boldsymbol{e}_1}{h_2h_3}\cdot\nabla(h_2h_3V_1) \tag{24}$$

$$= \frac{1}{h_2h_3}\frac{1}{h_1}\frac{\partial}{\partial x_1}(h_2h_3V_1) \tag{25}$$

↑ 式(13)

同様にして　❺

$$\nabla\cdot\boldsymbol{V} = \frac{1}{h_1h_2h_3}\left\{\frac{\partial}{\partial x_1}(h_2h_3V_1) + \frac{\partial}{\partial x_2}(h_3h_1V_2) + \frac{\partial}{\partial x_3}(h_1h_2V_3)\right\} \tag{26}$$

❸　式(15)の残りの2つも同様に示せます．

❹　これで準備は終わりました．本来の目的である，ダイバージェンスの計算に入ります．まず局所直交座標系では，ベクトルは式(21)のように表せます．これを式(22)のように変形し，両辺に∇· を作用させます．ここで右辺には，ベクトル等式(23)（積に関するダイバージェンス）を使います．するとたとえば第1項は，準備した式(15)によって，式(24)の右辺第2項のみが残りますが，これは式(13)を使って，第2番目の変形が完了します(式(25))．

❺　同様にして残りの2つの項も計算すれば，式(26)を得ます．

A.5.4 ラプラシアンの表式

❶

$$\nabla^2\phi = \nabla\cdot\nabla\phi$$

より，$\boldsymbol{V} = \nabla\phi$ と見なして式(14)と(26)を用いる

つまり式(26)で $\boldsymbol{V} = \left(\dfrac{1}{h_1}\dfrac{\partial\phi}{\partial x_1}, \dfrac{1}{h_2}\dfrac{\partial\phi}{\partial x_2}, \dfrac{1}{h_3}\dfrac{\partial\phi}{\partial x_3}\right)$

$$\nabla^2\phi = \frac{1}{h_1h_2h_3}\left\{\frac{\partial}{\partial x_1}\left(\frac{h_2h_3}{h_1}\frac{\partial\phi}{\partial x_1}\right) + \frac{\partial}{\partial x_2}\left(\frac{h_1h_3}{h_2}\frac{\partial\phi}{\partial x_2}\right) + \frac{\partial}{\partial x_3}\left(\frac{h_1h_2}{h_3}\frac{\partial\phi}{\partial x_3}\right)\right\} \tag{27}$$

A.5.5 ローテーションの表式

❷

$$\begin{cases} \nabla x_1 = \dfrac{\boldsymbol{e}_1}{h_1} & \longleftarrow \text{式(16)} \\ \nabla\times\nabla x_1 = 0 & \longleftarrow \text{式(20)} \end{cases}$$

より

$$\nabla\times\left(\frac{\boldsymbol{e}_1}{h_1}\right) = 0, \quad \nabla\times\left(\frac{\boldsymbol{e}_2}{h_2}\right) = 0, \quad \nabla\times\left(\frac{\boldsymbol{e}_3}{h_3}\right) = 0 \tag{28}$$

一方

❸

$$\boldsymbol{V} = \frac{\boldsymbol{e}_1}{h_1}(h_1V_1) + \frac{\boldsymbol{e}_2}{h_2}(h_2V_2) + \frac{\boldsymbol{e}_3}{h_3}(h_3V_3) \tag{29}$$

と書いておいて，$\nabla\times$ を作用させ，公式

$$\nabla\times(\phi\boldsymbol{V}) = \phi(\nabla\times\boldsymbol{V}) - \boldsymbol{V}\times(\nabla\phi) \tag{30}$$

❶ 次にラプラシアンですが，式(14)と(26)を用いて式(27)を得ます．

❷ 次にローテーションですが，これはダイバージェンスのときとよく似たやり方で導出できます．まず準備として，式(16)と(20)から得られる式を使って，式(28)を示します．

を用いると，たとえば式(29)の右辺第1項は

$$\nabla\times\left\{(h_1V_1)\frac{\boldsymbol{e}_1}{h_1}\right\}$$

$$=(h_1V_1)\left(\nabla\times\frac{\boldsymbol{e}_1}{h_1}\right)-\frac{\boldsymbol{e}_1}{h_1}\times\{\nabla(h_1V_1)\} \qquad (31)$$

$\left(\nabla\times\frac{\boldsymbol{e}_1}{h_1}\right)$ ‖ ← 式(28) 0

$\{\nabla(h_1V_1)\}$ ‖ ← 式(13) $\sum_{i=1}^{3}\frac{\boldsymbol{e}_i}{h_i}\frac{\partial}{\partial x_i}(h_1V_1)$

$$=-\frac{\boldsymbol{e}_1\times\boldsymbol{e}_2}{h_1h_2}\frac{\partial}{\partial x_2}(h_1V_1)-\frac{\boldsymbol{e}_1\times\boldsymbol{e}_3}{h_1h_3}\frac{\partial}{\partial x_3}(h_1V_1)$$

$$=-\frac{\boldsymbol{e}_3}{h_1h_2}\frac{\partial}{\partial x_2}(h_1V_1)-\frac{-\boldsymbol{e}_2}{h_1h_3}\frac{\partial}{\partial x_3}(h_1V_1) \qquad (32)$$

↑ 式(17)

同様にして ❹

$$\nabla\times\boldsymbol{V}=\frac{1}{h_1h_2h_3}\begin{vmatrix} h_1\boldsymbol{e}_1 & h_2\boldsymbol{e}_2 & h_3\boldsymbol{e}_3 \\ \dfrac{\partial}{\partial x_1} & \dfrac{\partial}{\partial x_2} & \dfrac{\partial}{\partial x_3} \\ h_1V_1 & h_2V_2 & h_3V_3 \end{vmatrix} \qquad (33)$$

❸ 次にベクトルの定義式を式(29)のように変形しておき，両辺に∇×を作用させます．そして，積に対するローテーション公式(30)を使います．すると，たとえば式(29)の第1項は式(28)によって1項のみになり(式(31))，それは式(13)を使って，式(31)右下の青字の和記号を含む表現となります．この和記号は3つのベクトル成分を含みますが，第1単位ベクトルとベクトル積をとるため，式(32)の2項が残ります．

❹ 残りについても同様に処理すると結局，式(32)を得ます．

HW3 ここで示した公式(13), (26), (27), (33)より，円柱座標系で以下の公式を示せ

❶

(a)　$\nabla\phi = \boldsymbol{e}_r \dfrac{\partial\phi}{\partial r} + \boldsymbol{e}_\theta \dfrac{1}{r}\dfrac{\partial\phi}{\partial\theta} + \boldsymbol{e}_z \dfrac{\partial\phi}{\partial z}$

(b)　$\nabla\cdot\boldsymbol{V} = \dfrac{1}{r}\dfrac{\partial}{\partial r}(rV_r) + \dfrac{1}{r}\dfrac{\partial V_\theta}{\partial\theta} + \dfrac{\partial V_z}{\partial z}$

(c)　$\nabla^2\phi = \dfrac{1}{r}\dfrac{\partial}{\partial r}\left(r\dfrac{\partial\phi}{\partial r}\right) + \dfrac{1}{r^2}\dfrac{\partial^2\phi}{\partial\theta^2} + \dfrac{\partial^2\phi}{\partial z^2}$

(d)　$$\nabla\times\boldsymbol{V} = \boldsymbol{e}_r\left(\frac{1}{r}\frac{\partial V_z}{\partial\theta} - \frac{\partial V_\theta}{\partial z}\right) + \boldsymbol{e}_\theta\left(\frac{\partial V_r}{\partial z} - \frac{\partial V_z}{\partial r}\right) + \boldsymbol{e}_z\frac{1}{r}\left(\frac{\partial}{\partial r}(rV_\theta) - \frac{\partial V_r}{\partial\theta}\right)$$

A.6　ベクトルとテンソル
― マクスウェル方程式の共変形式 ―

❷

マクスウェル方程式

$$\nabla\cdot\boldsymbol{E} = \rho$$

$$\nabla\times\boldsymbol{B} - \frac{\partial\boldsymbol{E}}{\partial t} = \boldsymbol{j}$$

$$\nabla\cdot\boldsymbol{B} = 0$$

$$\nabla\times\boldsymbol{E} + \frac{\partial\boldsymbol{B}}{\partial t} = 0$$

❶　まとめとして，**HW3** に示した式(a)～(d)を，ここに示した公式(13), (26), (27), (33)を使って確めてください．ダイバージェンスの計算は，本文でおこなったより一般的な方法よりもかなり楽な計算で確めることができると思います．

電磁ポテンシャル

$$\boldsymbol{B} = \nabla \times \boldsymbol{A}$$

$$\boldsymbol{E} = -\frac{\partial \boldsymbol{A}}{\partial t} - \nabla \phi \qquad (1)$$

以上の 6 つの式は

$$\partial_\mu F^{\mu\nu} = j^\nu \qquad (2)$$

$$\partial_\mu \widetilde{F}^{\mu\nu} = 0 \qquad (3)$$

と書ける

☑**注** 式(2), (3)の形は〝**共変形式**〟となっていて，ローレンツ変換に対し不変なことを示している(⟶ 相対論)

2 この付録 A.6 では相対論を先取りして，マクスウェルの方程式が 2 つの式にエレガントにまとめ上げられることを見ていきましょう．この形は**共変形式**とよばれ，単にエレガントなだけでなく，〝相対論的不変性〟があらわになっている形です．この節をフォローすれば，相対論に重要な添え字計算のコツも学ぶことができます．

❶

4次元時空 **"反変"** ベクトル

$$x^\mu = (x^0, x^1, x^2, x^3) \tag{4}$$

$$\begin{matrix} \| & \| & \| & \| \\ t & x & y & z \end{matrix}$$

$$= (t, \boldsymbol{x})$$

"共変" ベクトル

$$x_\mu = (x_0, x_1, x_2, x_3)$$

$$= (t, -\boldsymbol{x}) \tag{5}$$

アインシュタインの縮約

$$x_\mu x^\mu \equiv \sum_{\mu=0}^{3} x_\mu x^\mu \tag{6}$$

$$= t^2 + x_i x^i$$

$$x_i x^i \equiv \sum_{i=1}^{3} x_i x^i$$

$$= t^2 - \boldsymbol{x}\cdot\boldsymbol{x}$$

↑ HW1

微分演算

❷

$$\partial_\mu \equiv \left(\frac{\partial}{\partial x^0}, \frac{\partial}{\partial x^1}, \frac{\partial}{\partial x^2}, \frac{\partial}{\partial x^3}\right) \tag{7}$$

$$= \left(\frac{\partial}{\partial t}, \frac{\partial}{\partial x}, \frac{\partial}{\partial y}, \frac{\partial}{\partial z}\right)$$

$$= \left(\frac{\partial}{\partial t}, \nabla\right)$$

$$\partial^\mu = \left(\frac{\partial}{\partial x_0}, \frac{\partial}{\partial x_1}, \frac{\partial}{\partial x_2}, \frac{\partial}{\partial x_3}\right) \tag{8}$$

$$= \left(\frac{\partial}{\partial t}, -\nabla\right)$$

☑**注** 上下を区別する．空間成分は上げ下げで符号が変わる

$$\begin{cases} x^0 = x_0 \\ x^i = -x_i \end{cases}, \quad \begin{cases} \partial_0 = \partial^0 \\ \partial_i = -\partial^i \end{cases}$$

☑**注**

- μ, ν の添え字は 0, 1, 2, 3
- i, j, k の添え字は 1, 2, 3

❸

4元ポテンシャル

$$A^\mu = (\phi, \boldsymbol{A})$$

$$A_\mu = (\phi, -\boldsymbol{A})$$

つまり

$$A^0 = A_0 = \phi$$

$$A^i = -A_i$$

$$(A^1, A^2, A^3) = (A_x, A_y, A_z)$$

❹

❶ まずは時間と空間を1つのベクトルにまとめ上げ，上添え字のベクトルで表します(式(4))．下添え字のベクトルは，空間成分を反転させて定義します(式(5))．アインシュタインの縮約は，この節では上添え字と下添え字のペアについてとります(式(6))．上添え字と下添え字をしっかり区別しましょう．

❷ 微分演算子も，時間微分を含めて定義します(式(7))．やはり，上添え字と下添え字を区別します(式(8))．空間成分は，添え字の上げ下げでマイナス符号がつくことに注意しましょう．

❸ また，ギリシャ文字とローマ字をこの ☑**注** のように区別して使っていきます．

❹ 電磁気のポテンシャルも，ベクトルポテンシャルを空間成分とする4次元の量として導入します．

電磁場テンソル

$$F^{\mu\nu} = \partial^\mu A^\nu - \partial^\nu A^\mu \tag{9}$$

と定義

$$F^{\mu\nu} = -F^{\nu\mu}$$

より，対角成分は 0

$$\begin{aligned} F^{0i} &= \partial^0 A^i - \partial^i A^0 \\ &= \left(\frac{\partial \boldsymbol{A}}{\partial t} + \nabla\phi\right)^i \qquad \left(\because\ \partial^i = -\partial_i = -\frac{\partial}{\partial x^i}\right) \\ &= -(\boldsymbol{E})^i \qquad (\because\ \text{式(1)}) \\ &= -E^i \end{aligned}$$

$F^{ij} = -B^k = -\epsilon^{ijk}B^k$ が成立

（$F^{ij} = -B^k$ について）i, j, k は 1, 2, 3 の順置換

例 $(i, j, k) = (1, 2, 3)$ の場合

$$\partial^1 A^2 - \partial^2 A^1 = -B_z$$

（$=$ は式(9)による）

$$\partial^1 A^2 = -\frac{\partial A_y}{\partial x}, \qquad \partial^2 A^1 = -\frac{\partial A_x}{\partial y}$$

$\therefore\ F^{12} = -B^3 = -\epsilon^{123}B^3$

同様に $F^{23} = -B^1 = -B_x,\ \ F^{31} = -B^2 = -B_y$

$F^{\mu\nu}$ は反対称なので

$$F^{0i} = -F^{i0}$$

$$F^{ij} = -F^{ji}$$

したがって

$$F^{\mu\nu} = \begin{pmatrix} 0 & -E_x & -E_y & -E_z \\ E_x & 0 & -B_z & \square \\ E_y & \square & 0 & -B_x \\ E_z & -B_y & \square & 0 \end{pmatrix} \tag{10}$$

（行・列の添字はそれぞれ 0, 1, 2, 3）

HW2 式(10)の空欄を埋めよ

❶ ❷ ❸

$\partial_\mu F^{\mu\nu} = j^\nu \longleftrightarrow \nabla\cdot\boldsymbol{E} = \rho,\ \nabla\times\boldsymbol{B} - \partial\boldsymbol{E}/\partial t = \boldsymbol{j}$ の確認

$\partial_\mu F^{\mu\nu} = j^\nu$ (式(2)) について調べる($j^\nu = (\rho, j_x, j_y, j_z)$) ❹

$\nu = 0$

$$\underset{\substack{\parallel \\ 0}}{\partial_0 F^{00}} + \underset{\substack{\parallel \\ E_x}}{\partial_1 F^{10}} + \underset{\substack{\parallel \\ E_y}}{\partial_2 F^{20}} + \underset{\substack{\parallel \\ E_z}}{\partial_3 F^{30}} = \underset{\substack{\parallel \\ \rho}}{j^0} \tag{11}$$

$$\Longrightarrow\ \nabla\cdot\boldsymbol{E} = \rho \tag{12}$$

$\nu = 1$

$$\underset{\substack{\parallel \\ -E_x}}{\partial_0 F^{01}} + \underset{\substack{\parallel \\ 0}}{\partial_1 F^{11}} + \underbrace{\underset{\substack{\parallel \\ B_z}}{\partial_2 F^{21}} + \underset{\substack{\parallel \\ -B_y}}{\partial_3 F^{31}}}_{\substack{\parallel \\ (\nabla\times\boldsymbol{B})_x}} = \underset{\substack{\parallel \\ j_x}}{j^1} \tag{13}$$

$$\Longrightarrow\ \nabla\times\boldsymbol{B} - \frac{\partial\boldsymbol{E}}{\partial t} = \boldsymbol{j} \tag{14}$$

❶ 次に，添え字の 2 つある**電磁場テンソル**を式(9)のように定義します．この量は定義により反対称なので，対角成分が 0 です．たとえば $F^{00} = -F^{00}$ となれば，F^{00} は 0 だからです．

❷ この $F^{\mu\nu}$ の中身を調べるために，添え字について場合分けをして調べていきます．

❸ 丹念に調べていくと式(10)のように，このテンソルの成分は電場や磁場の成分になっていることがわかります．添え字の計算の練習として，**HW2** をぜひやってみてください．経験を積むと，うまく場合分けができるようになってくるでしょう．

❹ さて，1 つ目のエレガントな式(2)の中身を，場合分けして調べてみましょう．確かに式(12)と(14)のように，マクスウェルの方程式が出てきますね．なお式(11)と(13)では $j^\nu = (\rho, j_x, j_y, j_z)$ に注意してください．

ここで，$\widetilde{F}^{\mu\nu}$ を導入する

$$\widetilde{F}^{\mu\nu} = \frac{1}{2}\varepsilon^{\mu\nu\rho\sigma}F_{\rho\sigma} \tag{15}$$

❶

ただし

$$\varepsilon^{\mu\nu\rho\sigma} = \begin{cases} 1 & (\mu\nu\rho\sigma \text{ が } 0123 \text{ の偶置換}) \\ -1 & (\quad〃\quad \text{奇置換}) \\ 0 & (\text{それ以外}) \end{cases} \tag{16}$$

☑**注** ギリシャ文字の上下の添え字のペアについては，0123 についての和をとる(あとで)

例 $\varepsilon^{0123} = 1$

$\varepsilon^{1230} = -1$

└── 1230 は 0123 の奇置換

$$\begin{matrix} 1 & 2 & 3 & 0 \\ 1 & 2 & 0 & 3 \\ 1 & 0 & 2 & 3 \\ 0 & 1 & 2 & 3 \end{matrix} \quad \Longleftrightarrow \quad 1\ 2\ 3\ 0$$

3 回置換

☑**注** 添え字が 1 つ重複しても 0．例：$\varepsilon^{0012} = 0$

$\widetilde{F}^{\mu\nu}$ の成分を調べる

❷

$$\widetilde{F}^{01} = \frac{1}{2}(\varepsilon^{0123}F_{23} + \underline{\varepsilon^{0132}}\,\underline{\underline{F_{32}}}) \tag{17}$$

$\varepsilon^{0132} = -\varepsilon^{0123}$，$F_{32} = -F_{23}$

$$= \varepsilon^{0123}F_{23}$$

$$= F_{23} = -F^{2}{}_{3} = F^{23} = -B_x$$

↑ 1, 2, 3 の添え字の上げ下げは 1 回につき，マイナス符号が 1 つ要る

❶ 次に 4 次元のエディントンのイプシロンを使って，もう 1 つ電磁場テンソル(15)を導入します．ここで，偶置換と奇置換(式(16))について説明し

同様に

$$\widetilde{F}^{02} = \varepsilon^{0231}F_{31} = \varepsilon^{0123}F_{31} = F^{31}$$

$$\widetilde{F}^{03} = \varepsilon^{0312}F_{12} = \varepsilon^{0123}F_{12} = F^{12}$$

$$\widetilde{F}^{12} = \varepsilon^{1230}F_{30} = -\varepsilon^{0123}F_{30} = -F_{30} = F^{30}$$

↑ 0 の上げ下げは，符号なし

$$\widetilde{F}^{23} = \varepsilon^{2301}F_{01} = \varepsilon^{0231}F_{01} = \varepsilon^{0123}F_{01} = -F^{01}$$

$$\widetilde{F}^{31} = \varepsilon^{3102}F_{02} = \varepsilon^{0312}F_{02} = \varepsilon^{0123}F_{02} = -F^{02}$$

以上より

$$\widetilde{F}^{\mu\nu} = \begin{pmatrix} 0 & -B_x & -B_y & -B_z \\ \square & 0 & E_z & \square \\ \square & \square & 0 & E_x \\ \square & E_y & \square & \square \end{pmatrix} \tag{18}$$

（列・行の添え字：0, 1, 2, 3）

HW3 式(18)の空欄を埋めよ ❸

ます．ある並び $\mu\nu\rho\sigma$ について，となりあった添え字の交換を何回おこなうと 0123 に戻せるかを考えます．そして，その回数が偶数回ならもとの $\mu\nu\rho\sigma$ を偶置換とよび，奇数回なら奇置換とよびます．**例** を見ると，すぐに了解できると思います．4 次元になると，3 次元のときに使えた 3 つの数字を円に並べて時計まわり，反時計まわりで，これらを区別する方法は使えなくなることに注意してください．A.2.2 項の行列式のところでは，もっとくわしく説明しましたが，実用的には，いまの説明がわかっていれば十分です．

❷ さて，このテンソル(17)の成分についても丹念に調べてください．

❸ **HW3** は，必ずやってみてください．

$\partial_\mu \widetilde{F}^{\mu\nu} = 0 \longleftrightarrow \nabla\cdot\boldsymbol{B} = 0,\ \nabla\times\boldsymbol{E} + \partial\boldsymbol{B}/\partial t = \boldsymbol{0}$ の確認

❶ $\partial_\mu \widetilde{F}^{\mu\nu} = 0$（式(3)）について調べる

$\nu = 0$

$$\partial_1 \widetilde{F}^{10} + \partial_2 \widetilde{F}^{20} + \partial_3 \widetilde{F}^{30} = 0$$

$$\widetilde{F}^{10} = -\widetilde{F}^{01} = B_x$$

$$\Longrightarrow \nabla\cdot\boldsymbol{B} = 0 \tag{19}$$

$\nu = 1$

$$\partial_0 \widetilde{F}^{01} + \partial_1 \widetilde{F}^{11} + \overbrace{\partial_2 \widetilde{F}^{21} + \partial_3 \widetilde{F}^{31}}^{-(\nabla\times\boldsymbol{E})_x} = 0$$

$$\widetilde{F}^{01} = -B_x,\quad \widetilde{F}^{11} = 0,\quad \widetilde{F}^{21} = -\widetilde{F}^{12} = -E_z,\quad \widetilde{F}^{31} = E_y$$

$$\Longrightarrow \nabla\times\boldsymbol{E} + \frac{\partial\boldsymbol{B}}{\partial t} = \boldsymbol{0} \tag{20}$$

❶　2番目のエレガントな式(3)も，以下のように手際よく場合分けできれば，式(19)と(20)のように簡単に確認ができます．

❷　ベクトル解析は**微分形式**を導入すると，シンプルでエレガントに表記できます．マクスウェル方程式を2つの式で表せるようになったり，ヤコビアンなどの計算にも利用できたりします．ここでは，空間3次元に対応した変数 $\{x^i\} = (x, y, z)$ の場合を扱います．あとで，これに時間変数も加えた場合も考えます．この節では，x の成分は常に上つき添え字とします．

❸　式(1)に，微分形式の1形式（1次微分形式ともいう）の一般形を示しま

2

A.7　微分形式(空間３次元)

A.7.1　微分形式

1 形式

$$\begin{matrix} dx, & dy, & dz \\ \| & \| & \| \\ dx^1, & dx^2, & dx^3 \end{matrix}$$

3

一般形：$f_i dx^i = f_1 dx^1 + f_2 dx^2 + f_3 dx^3 = \boldsymbol{f} \cdot d\boldsymbol{x}$　(1)

↑ f_i：(x, y, z)の関数

4

2 形式

$dx \wedge dy,\quad dy \wedge dz,\quad dz \wedge dx$　など　(2)

$\| \;(dx \wedge dy)$

$-dy \wedge dx$　(3)

$\longrightarrow\ dx \wedge dx = 0,\quad dy \wedge dy = 0,\quad dz \wedge dz = 0$　(4)

式(3)と(4)は〝外積〟と同じ性質

∧：微分形式の外積 ＝ **ウェッジ積**

一般形：$f_1 \underbrace{dx^2 \wedge dx^3}_{= ds_1} + f_2 \underbrace{dx^3 \wedge dx^1}_{= ds_2} + f_3 \underbrace{dx^2 \wedge dx^1}_{= ds_3} \equiv \boldsymbol{f} \cdot d\boldsymbol{s}$　(5)

す．$d\boldsymbol{x}$ の成分には上の添え字を対応させます．１形式は，積分記号をつければ，ベクトルの線積分と対応していることがわかりますね．

4　式(2)に２形式(２次微分形式)の例をあげます．これは外積(ベクトル積)と似た性質をもちます．これから計算をするときは，dx, dy, dz はベクトルのように考え，ウェッジ積はその外積のように考えて，順番に注意します．２形式は微小面積要素を対応させると，ベクトルの面積分と関係していることがわかりますね(式(5))．

❶

3 形式

$$dx \wedge dy \wedge dz \tag{6}$$

一般形：$f\,dx \wedge dy \wedge dz$

❷

0 形式

一般形：$f(x, y, z)$

❸

☑**注** 微分形式のウェッジ積

普通に展開し，$\{dx^i\}$ 以外は前に引っぱり出す

例：$f dx^1 \wedge (g dx^2 + h dx^3) = fg dx^1 \wedge dx^2 + fh dx^1 \wedge dx^3$

ただし dx^i の順を $\wedge$ をまたいで変えるとマイナス符号がつく

❹

A.7.2　ヤコビアンの計算

2 次元極座標

$(x, y) \to (r, \theta)$

$$\begin{cases} x = r\cos\theta \\ y = r\sin\theta \end{cases}$$

$$dx = \frac{\partial}{\partial r}(r\cos\theta)\,dr + \frac{\partial}{\partial \theta}(r\cos\theta)\,d\theta$$

$$= \cos\theta\,dr - r\sin\theta\,d\theta$$

$$dy = \sin\theta\,dr + r\cos\theta\,d\theta$$

$$dx \wedge dy = (\cos\theta\,dr - r\sin\theta\,d\theta) \wedge (\sin\theta\,dr + r\cos\theta\,d\theta)$$

← 普通に展開して $(dr, d\theta)$ 以外は前に引っぱり出す

$$= r\cos^2\theta\,dr \wedge d\theta - r\sin^2\theta\,d\theta \wedge dr$$

$dr \wedge dr = 0,\ d\theta \wedge d\theta = 0$

$$= r\,dr \wedge d\theta \qquad (\because\ d\theta \wedge dr = -dr \wedge d\theta) \tag{7}$$

❺

ヤコビアン

❻

☑**注** ヤコビアンが得られるカラクリ

変数変換

$u = f(x, y),\quad v = g(x, y)$

$$du = \frac{\partial f}{\partial x}dx + \frac{\partial f}{\partial y}dy$$

$$dv = \frac{\partial g}{\partial x}dx + \frac{\partial g}{\partial y}dy$$

$$du \wedge dv = \left(\frac{\partial f}{\partial x}dx + \frac{\partial f}{\partial y}dy\right) \wedge \left(\frac{\partial g}{\partial x}dx + \frac{\partial g}{\partial y}dy\right)$$

← 普通に展開して(dx, dy)以外は前に引っぱり出す

$$= \left(\frac{\partial f}{\partial x}\frac{\partial g}{\partial y} - \frac{\partial f}{\partial y}\frac{\partial g}{\partial x}\right)dx \wedge dy$$

← $dx \wedge dx = dy \wedge dy = 0,\ dy \wedge dx = -dx \wedge dy$

$$= \det\begin{pmatrix} \frac{\partial f}{\partial x} & \frac{\partial f}{\partial y} \\ \frac{\partial g}{\partial x} & \frac{\partial g}{\partial y} \end{pmatrix} dx \wedge dy$$

$$= \underbrace{\frac{\partial(f, g)}{\partial(x, y)}}_{\text{ヤコビアン}} dx \wedge dy$$

❶　式(6)は 3 形式(3 次微分形式)の例です．これは体積積分に対応していますね．

微分形式は，このように多重積分と密接な関係をもちます．あとで具体例が出てきます．

❷　なお，このほかに，微分形式には 0 形式(0 次微分形式)とよばれるものもあり，これは単に関数 f になります．

❸　なお，この本では簡単のために，微分形式どうしのウェッジ積は〝普通に展開し，$\{dx^i\}$ 以外は引っぱり出して〟計算を進めます．

❹　これでヤコビアンを計算する準備ができました．さっそく計算してみましょう．

❺　まずは 2 次元極座標の場合．2 形式 $dx \wedge dy$ を微小面積ベクトルと見なして，普通に展開し，$(dr, d\theta)$以外は前に引っぱり出し，これまでに決めたルールに従って計算を進めると，ヤコビアンが出てきました(式(7))．

❻　その理由は，☑**注** に示したとおりです．

3 次元極座標

❶

$$\begin{cases} x = r\sin\theta\cos\varphi \\ y = r\sin\theta\sin\varphi \\ z = r\cos\theta \end{cases}$$

$$dx = \frac{\partial}{\partial r}(r\sin\theta\cos\varphi)\,dr + \frac{\partial}{\partial\theta}(r\sin\theta\cos\varphi)\,d\theta + \frac{\partial}{\partial\varphi}(r\sin\theta\cos\varphi)\,d\varphi$$

$$= \sin\theta\cos\varphi\,dr + r\cos\theta\cos\varphi\,d\theta - r\sin\theta\sin\varphi\,d\varphi$$

$$dy = \sin\theta\sin\varphi\,dr + r\cos\theta\sin\varphi\,d\theta + r\sin\theta\cos\varphi\,d\varphi$$

$$dz = \cos\theta\,dr - r\sin\theta\,d\theta$$

$$dx\wedge dy\wedge dz$$

$$= r^2\sin^2\theta\cos^2\varphi(-\sin\theta)\,dr\wedge d\varphi\wedge d\theta$$
$$+ r^2\cos\theta\sin\theta\cos^2\varphi\cos\theta\,d\theta\wedge d\varphi\wedge dr$$
$$- r^2\sin^2\theta\sin^2\varphi(-\sin\theta)\,d\varphi\wedge dr\wedge d\theta$$
$$- r^2\sin\theta\cos\theta\sin^2\varphi\cos\theta\,d\varphi\wedge d\theta\wedge dr$$

→ $r^2\sin^2\theta\sin\theta$
→ $r^2\cos^2\theta\sin\theta$

（∵ dr, $d\theta$, $d\varphi$ を 1 つずつ含むものだけが残る）

$$= r^2\sin\theta\,dr\wedge d\theta\wedge d\varphi \tag{8}$$

↑ヤコビアン

❶　3 次元極座標の場合にも，$dx\wedge dy\wedge dz$ を体積要素と見なして，いままでのルールを使って計算すると，やはりヤコビアンを再生できました！（式(8)）

❷　余力のある人は，2 次元のときに 248 ページの ☑**注** に示した議論を，3 次元の場合にも確めて，式(9)を示してください．この式は，A.2.2 項の行列式の定義からは，ほとんど当たり前ですが，ここでは，それを使わず示してみてください．

❸　次に**外微分演算子** d を，式(10)で定義した演算として導入します．ただ

☑**注** 3 次元のヤコビアンについて次式が成立

$$dx^1 \wedge dx^2 \wedge dx^3 = \underbrace{\frac{\partial(x^1,\ x^2,\ x^3)}{\partial(u^1,\ u^2,\ u^3)}}_{\text{ヤコビアン}} du^1 \wedge du^2 \wedge du^3 \tag{9}$$

$$\because\ \text{左辺} = \frac{\partial x^1}{\partial u^l}\frac{\partial x^2}{\partial u^m}\frac{\partial x^3}{\partial u^n} du^l \wedge du^m \wedge du^n \quad \left(\because\ dx^i = \frac{\partial x^i}{\partial u^j}du^j\right)$$

⟵ $l = 1, 2, 3$ の場合に分ける

☑**注** 実は A.2.2 項の行列式の定義を使えば，右辺が式(9)の右辺に等しいことは自明

$$= \frac{\partial x^1}{\partial u^1}\frac{\partial(x^2,\ x^3)}{\partial(u^2,\ u^3)} du^1 \wedge du^2 \wedge du^3$$

$l = 1$ の場合

$m = (2, 3)$ or $(3, 2)$

$$-\frac{\partial x^1}{\partial u^2}\frac{\partial(x^2,\ x^3)}{\partial(u^3,\ u^1)} du^1 \wedge du^2 \wedge du^3 + (l = 3\ \text{の場合})$$

$l = 2$ の場合

$du^2 \wedge du^3 \wedge du^1 = -du^1 \wedge du^2 \wedge du^3$

$$= \frac{\partial(x^1,\ x^2,\ x^3)}{\partial(u^1,\ u^2,\ u^3)} du^1 \wedge du^2 \wedge du^3$$

A.7.3　外微分演算子

外微分演算子 d　0 形式とそれ以外で別に定義

$$dX \equiv dx^i \wedge \partial_i X \tag{10}$$

$\partial_i = \partial/\partial x^i$

X：1 形式，2 形式，…

$$df \equiv dx^i \partial_i f \quad \longleftarrow \text{全微分の公式} \tag{11}$$

$= \partial_1 f dx^1 + \partial_2 f dx^2 + \partial_3 f dx^3$

f：“0 形式”

しこの式(10)は，1 形式から 3 形式に対しての定義です．0 形式のときだけは，式(11)のように定義します．

❶

☑注 d 演算の X

X は $\{dx^i\}$ 以外は前に引っぱり出したもの

例：$f dx^1 \wedge g dx^2 \longrightarrow f g dx^1 \wedge dx^2 = X$

A.7.4　ストークスの定理

❷

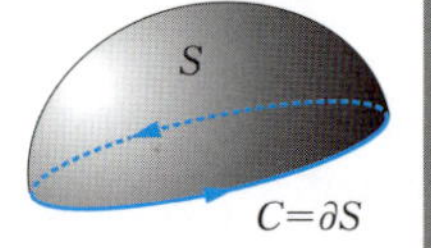

$$\oint_C \boldsymbol{A}\cdot d\boldsymbol{x} = \iint_S (\nabla\times\boldsymbol{A})\cdot d\boldsymbol{s} \tag{12}$$

上式は $S\to D$ とすると

$$\int_{\partial D} \omega = \int_D d\omega \tag{13}$$

と書ける．ただし，ここでは

ω：1 形式 $\longrightarrow$ 線積分

$d\omega$：2 形式 $\longrightarrow$ 面積分

式(13)の証明

❸

1 形式 $\omega = A_i dx^i = \boldsymbol{A}\cdot d\boldsymbol{x}$ に d を作用

$$d(A_1dx^1 + A_2dx^2 + A_3dx^3) = dA_1dx^1 + dA_2dx^2 + \cdots$$

$$dA_1dx^1 = dx^i \wedge \partial_i A_1 dx^1 \qquad (\because \text{式}(10))$$

$$= \partial_2 A_1 dx^2 \wedge dx^1 + \partial_3 A_1 dx^3 \wedge dx^1$$

↑── $\{dx^i\}$ 以外は前に引っぱり出す

$$= (\partial_2 A_3 - \partial_3 A_2) dx^2 \wedge dx^3 + (\partial_3 A_1 - \partial_1 A_3) dx^3 \wedge dx^1 + \cdots$$

$$= (\nabla\times\boldsymbol{A})\cdot d\boldsymbol{s} = d\omega$$

↑── $\{dx^i\}$ 以外は前に引っぱり出す

❶　この本では簡単のため，d を作用させるときは，X は $\{dx^i\}$ 以外は前に引っぱり出したものとし，微分記号 ∂ は〝ベクトル〟(dx など)には無関係，$\wedge$ は関数(f など)には無関係であるとして計算します．

❷　外微分演算子 d を導入したので，これと微分形式を使ってストークスの定理(12)を見直してみましょう．左辺の積分記号を除いたものは 1 形式になっています．実は，ストークスの定理は式(13)で表せてしまいます．

A.7.5　ガウスの定理

$$\iint_S \boldsymbol{A}\cdot d\boldsymbol{s} = \iiint_V \nabla\cdot\boldsymbol{A}\,dV \tag{14}$$

❹

上式で $S\to\partial V$, $V\to D$ と書くと

$$\int_{\partial D}\omega = \int_D d\omega \tag{15}$$

と書ける．この場合

ω：2 形式 $\longrightarrow$ 面積分

$d\omega$：3 形式 $\longrightarrow$ 体積積分

ストークスの定理もガウスの定理も，同じ形に書ける！

式(15)の証明

$$\omega = \boldsymbol{A}\cdot d\boldsymbol{s} = A_1dx^2\wedge dx^3 + A_2dx^3\wedge dx^1 + A_3dx^2\wedge dx^1 \tag{16}$$

$$d\omega = (\partial_1A_1+\partial_2A_2+\partial_3A_3)\,\underbrace{dx^1\wedge dx^2\wedge dx^3}_{\longleftrightarrow\, dV} \tag{17}$$

たとえば

$$\begin{aligned} d(A_1dx^2\wedge dx^3) &= dx^i\wedge\partial_iA_1dx^2\wedge dx^3 \\ &= \partial_1A_1dx^1\wedge dx^2\wedge dx^3 \end{aligned}$$

$\{dx^i\}$ 以外は前に引っぱり出す

$$= (\nabla\cdot\boldsymbol{A})\,dV \tag{18}$$

❸　実際，$d\omega$ を計算して，247 ページの式(5)に示した微小面積ベクトルとの対応を考えます．すると，これをストークスの定理の右辺と見なすことができます．だからストークスの定理は，先ほどの式(13)に表せます．

❹　ガウスの定理(14)も，微分形式の言葉で見直してみます．左辺の積分記号の中身は，2 形式に対応させることができます(式(16))．これに外微分演算子 d を作用させ，前述の体積要素との対応を考えます(式(17))．すると，これはダイバージェンスの体積積分と見なせます(式(18))．このようにガウスの定理も，ストークスの定理と形式上同じ形に書けてしまうことがわかりましたね．

A.7.6　ホッジスター演算子

❶

$$*dx = dy\wedge dz,\quad *dy = dz\wedge dx,\quad *dz = dx\wedge dy \tag{19}$$

$$*(dx\wedge dy) = dz,\quad *(dy\wedge dz) = dx,\quad *(dz\wedge dx) = dy \tag{20}$$

$$*(dx\wedge dy\wedge dz) = 1 \tag{21}$$

$$*1 = dx\wedge dy\wedge dz \tag{22}$$

$$** = 1$$

↑ HW1

ヒント　$**dx = *(dy\wedge dz) = dx$ など

❷

式(19), (20), (22)は

$$*dx^i = \frac{1}{2!}\epsilon_{ijk}dx^j\wedge dx^k \tag{23}$$

$$*(dx^i\wedge dx^j) = \epsilon_{ijk}dx^k \tag{24}$$

$$*1 = \frac{1}{3!}\epsilon_{ijk}dx^i\wedge dx^j\wedge dx^k \tag{25}$$

と書ける

例　$*dx^1 = \frac{1}{2!}(\epsilon_{123}dx^2\wedge dx^3 - \epsilon_{132}dx^3\wedge dx^2)$

$$= dx^2\wedge dx^3 \qquad (\because\ dx^3\wedge dx^2 = -dx^2\wedge dx^3)$$

HW2　式(23), (24), (25)をチェックせよ

❶　さらに，ベクトル解析で出てきたナブラを含む表現の座標変換を微分形式を使って見直します．このために**ホッジスター演算子**を以下の規則(19)～(22)で定義します．

❷　上のルール(19), (20), (22)は，エディントンのイプシロンを使って式(23)～(25)のように書くこともできます．**例** にならって，**HW2** もチェックしてください．

❸

☑**注** 上で見てきた関係は

$$*(dx^{i_1}\wedge dx^{i_2}\wedge\cdots\wedge dx^{i_p})$$
$$=\frac{1}{(n-p)!}\epsilon_{i_1i_2\cdots i_pi_{p+1}\cdots i_n}dx^{i_{p+1}}\wedge\cdots\wedge dx^{i_n}\quad(p=0,1,2,\cdots,n)\tag{26}$$

と書ける($n=3$). ここで

$$\epsilon_{i_1i_2\cdots i_n}=\begin{cases}1 & (i_1i_2\cdots i_n\text{ が }1\,2\cdots n\text{ の偶置換})\\ -1 & (\quad\text{〃}\quad\text{奇置換})\\ 0 & (\text{それ以外})\end{cases}\tag{27}$$

☑**注** $*$は$\{dx^i\}$への演算

例：$*(fdx^1)=f*dx^1=fdx^2\wedge dx^3$

↑—— $\{dx^i\}$以外は前に引っぱり出す

A.7.7 グラジエント，ラプラシアン，ダイバージェンス，ローテーション

❹

スカラー関数fに対し

$$df=(\nabla f)_idx^i\tag{28}$$

$$*d(*df)=\nabla^2f\tag{29}$$

ベクトル関数$\boldsymbol{v}$に対し，$v=v_idx^i$とすると

$$*(d*v)=\nabla\cdot\boldsymbol{v}\tag{30}$$

$$*dv=(\nabla\times\boldsymbol{v})_idx^i\tag{31}$$

❸ 一般的には，式(26)に示したように書くことができます．

❹ グラジエント，ラプラシアン，ダイバージェンス，ローテーションは，微分形式とは式(28)～(31)のような対応があります．

❶

式(28)の説明

0 形式の定義から

$$df = dx^i \partial_i f$$

$$\partial_i f \Longleftrightarrow \left(\frac{\partial f}{\partial x^1}, \frac{\partial f}{\partial x^2}, \frac{\partial f}{\partial x^3}\right)$$

$$(x^1, x^2, x^3) = (x, y, z)$$

より $df = (\nabla f)_i dx^i$ は明らか

式(29)の説明

$$\begin{aligned} *df &= *(dx^1\partial_1 f + dx^2\partial_2 f + dx^3\partial_3 f) \\ &= \partial_1 f dx^2 \wedge dx^3 + \partial_2 f dx^3 \wedge dx^1 + \partial_3 f dx^1 \wedge dx^2 \end{aligned}$$

└── $*$ は $\{dx^i\}$ への演算．$\{dx^i\}$ 以外を引っぱり出す

したがって

$$\begin{aligned} d(*df) &= (dx^1\partial_1 + dx^2\partial_2 + \cdots) \wedge \partial_1 f dx^2 \wedge dx^3 + \cdots \\ &= \partial_1{}^2 f dx^1 \wedge dx^2 \wedge dx^3 + \partial_2{}^2 f dx^2 \wedge dx^3 \wedge dx^1 \\ &\qquad + \partial_3{}^2 f dx^3 \wedge dx^1 \wedge dx^2 \end{aligned}$$

└── ∂_i は $\{dx^i\}$ 以外への演算．$\{dx^i\}$ 以外は引っぱり出す

$$= \nabla^2 f dx^1 \wedge dx^2 \wedge dx^3$$

$$(\because\ dx^2 \wedge dx^3 \wedge dx^1 = -dx^2 \wedge dx^1 \wedge dx^3 = dx^1 \wedge dx^2 \wedge dx^3 \quad \text{など})$$

$$\therefore *d(*df) = \nabla^2 f \qquad (\because *(dx^1 \wedge dx^2 \wedge dx^3) = 1)$$

式(30)の説明

$$*v = v_1 dx^2 \wedge dx^3 + v_2 dx^3 \wedge dx^1 + v_3 dx^1 \wedge dx^2$$

より

$$\begin{aligned} d*v &= \partial_1 v_1 dx^1 \wedge dx^2 \wedge dx^3 + \partial_2 v_2 dx^2 \wedge dx^3 \wedge dx^1 \\ &\qquad + \partial_3 v_3 dx^3 \wedge dx^1 \wedge dx^2 \qquad (32) \\ &= \partial_i v_i dx^1 \wedge dx^2 \wedge dx^3 \end{aligned}$$

したがって

$$*(d*v) = \nabla \cdot \boldsymbol{v}$$

式(31)の説明

$$*dv = *d(v_i dx^i)$$
$$= *(dx^j \partial_j \wedge v_i dx^i)$$
$$= \partial_j v_i * (dx^j \wedge dx^i)$$

↑── ∂_i は $\{dx^i\}$ 以外への演算．$*$ は $\{dx^i\}$ への演算
　　⟶ $\{dx^i\}$ 以外を引っぱり出し，残りに $*$ 演算を作用

$$= \partial_j v_i \epsilon_{jik} dx^k$$
$$= \epsilon_{ijk} \partial_i v_j dx^k$$
$$= (\nabla \times \boldsymbol{v})_k dx^k$$

❶ 順に計算をフォローして，これらの式を確めてください．

A.7.8　変数変換

❶

$(x_1, x_2, \cdots) \to$ 局所直交座標系$(u^1, u^2, \cdots)$

微小変位ベクトル

❷

$$d\boldsymbol{x} = \frac{\partial \boldsymbol{x}}{\partial u^i} du^i \tag{33}$$

と書くと，図より u^i 方向の単位ベクトル $\boldsymbol{u}_i$ は $\partial \boldsymbol{x}/\partial u^i$ の向きをもつので

$$\boldsymbol{u}_i = \frac{1}{h_i} \frac{\partial \boldsymbol{x}}{\partial u^i} \tag{34}$$

と書けるはず（右辺は縮約なし；h_i はこれらが決める）

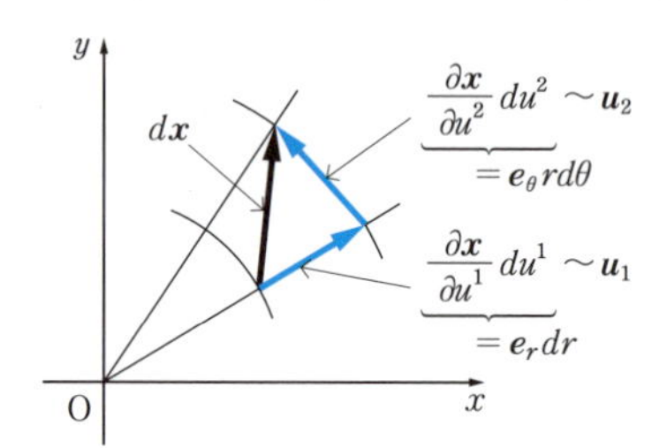

$$\therefore\ \boldsymbol{u}_i \cdot \boldsymbol{u}_i = \frac{1}{h_i^{\,2}} \frac{\partial \boldsymbol{x}}{\partial u^i} \cdot \frac{\partial \boldsymbol{x}}{\partial u^i} \qquad \text{（縮約なし）} \tag{35}$$

よって，$\boldsymbol{u}_i \cdot \boldsymbol{u}_i = 1$ より

$$h_i^{\,2} = \frac{\partial \boldsymbol{x}}{\partial u^i} \cdot \frac{\partial \boldsymbol{x}}{\partial u^i} \tag{36}$$

式(33)，(34)より

$$d\boldsymbol{x} = h_1 \boldsymbol{u}_1 du^1 + h_2 \boldsymbol{u}_2 du^2 + \cdots \tag{37}$$

ここで局所直交性より

$$\boldsymbol{u}_i \cdot \boldsymbol{u}_j = \delta_{ij}$$

に注意すると，新しい座標系で見た $d\boldsymbol{x}$ の成分は

$$dx^{u^i} = d\boldsymbol{x} \cdot \boldsymbol{u}_i \tag{38}$$

$$\therefore\ dx^{u^i} = \underline{h_i du^i} \qquad (\because \text{式}(37)) \tag{39}$$

❸

↑── 縮約なし

☑**注** u 座標系の成分であることを示すために dx^{u^i} とした．こうして，x 座標系の単位ベクトルを $\boldsymbol{e}_i$ としたときの $d\boldsymbol{x}\cdot\boldsymbol{e}_i = dx^i$ と区別する

例：$(u^1, u^2, u^3) = (r, \theta, \varphi)$ なら

$$\{dx^{u^i}\} = (dx^r, dx^\theta, dx^\varphi)$$

❶ これからの議論は，付録 A.5 と対応させて見てください．付録 A.5 での x_i がここでの u^i に対応し，ここでの $\boldsymbol{u}$ ベクトルが付録 A.5 での $\boldsymbol{e}_i$ ベクトルに対応します．

❷ 以下の議論は，デカルト直交座標系から局所直交座標系への変換についてです．微小変位ベクトルを新しい座標系の各方向の変位の和として式(33)のように表します．図に示したような 2 次元極座標の場合を念頭に置くと図に書き込んだ式や，式(34)は了解されるでしょう．すると，式(35)，(36)も了解できますね．

❸ このようにして，新しい座標系で見た $d\boldsymbol{x}$ ベクトルの成分に関する公式(39)が成り立ちます．h_i はスケール因子とよばれます．

以下では x 座標での i 成分と u 座標での i 成分を区別する必要が出てきます．そこで $d\boldsymbol{x}$ の x 座標での i 成分を，いままでと同じく dx^i と表し，u 座標での i 成分を dx^{u^i} と区別します．

微分形式の座標変換不変性

以上の議論より

$$d\boldsymbol{x} = dx^1\boldsymbol{e}_1 + dx^2\boldsymbol{e}_2 + dx^3\boldsymbol{e}_3 \tag{40}$$

$$= dx^{u^1}\boldsymbol{u}_1 + dx^{u^2}\boldsymbol{u}_2 + dx^{u^3}\boldsymbol{u}_3 \tag{41}$$

同様に任意のベクトル $\boldsymbol{f}$ に対し

$$\boldsymbol{f} = f_1\boldsymbol{e}_1 + f_2\boldsymbol{e}_2 + f_3\boldsymbol{e}_3$$

$$= f_{u^1}\boldsymbol{u}_1 + f_{u^2}\boldsymbol{u}_2 + f_{u^3}\boldsymbol{u}_3$$

これらと $\boldsymbol{e}_i\cdot\boldsymbol{e}_j = \boldsymbol{u}_i\cdot\boldsymbol{u}_j = \delta_{ij}$ より

$$\boldsymbol{f}\cdot d\boldsymbol{x} = f_1dx^1 + f_2dx^2 + f_3dx^3 \tag{42}$$

$$= f_{u^1}dx^{u^1} + f_{u^2}dx^{u^2} + f_{u^3}dx^{u^3} \quad (= f_{u^i}dx^{u^i}) \tag{43}$$

↑ 1形式は座標変換不変

2形式も3形式も不変(あとで示す)

$$\boldsymbol{f}\cdot d\boldsymbol{s} = f_1\underbrace{dx^2\wedge dx^3}_{ds^1} + f_2\underbrace{dx^3\wedge dx^1}_{ds^2} + f_3\underbrace{dx^1\wedge dx^2}_{ds^3}$$

$$= f_{u^1}\underbrace{dx^{u^2}\wedge dx^{u^3}}_{ds^{u^1}} + f_{u^2}\underbrace{dx^{u^3}\wedge dx^{u^1}}_{ds^{u^2}} + f_{u^3}\underbrace{dx^{u^1}\wedge dx^{u^2}}_{ds^{u^3}} \tag{44}$$

$$\longleftrightarrow \frac{1}{2}\epsilon_{ijk}f_i dx^j\wedge dx^k = \frac{1}{2}\epsilon_{ijk}f_{u^i}dx^{u^j}\wedge dx^{u^k} \tag{45}$$

$$fdv = fdx^1\wedge dx^2\wedge dx^3 = fdx^{u^1}\wedge dx^{u^2}\wedge dx^{u^3} \tag{46}$$

ホッジスター演算の不変性(dx^{u^i} ベース)

1形式 $\omega_1 = f_idx^i = f_{u^i}dx^{u^i}$

↑ 式(43)

$$*\omega_1 = \frac{1}{2}\epsilon_{ijk}f_idx^j\wedge dx^k = \frac{1}{2}\epsilon_{ijk}f_{u^i}dx^{u^j}\wedge dx^{u^k}$$

↑ 式(23)　↑ 式(45)

2形式 $\omega_2 = *\omega_1$

$$*\omega_2 = \frac{1}{2}\epsilon_{ijk}f_i\epsilon_{jkl}dx^l = f_idx^i = f_{u^i}dx^{u^i}$$

↑ 式(24)　↑ $\epsilon_{ijk}\epsilon_{ljk} = 2\delta_{il}$　↑ 式(43)

3 形式 $\omega_3 = dx^1 \wedge dx^2 \wedge dx^3 = dx^{u^1} \wedge dx^{u^2} \wedge dx^{u^3}$

↑ 式(46)

$$*\omega_3 = 1 \qquad (*1 = \omega_3)$$

外微分演算の不変性(du^i ベース)

$$df = \frac{\partial f}{\partial x^i} dx^i = \frac{\partial f}{\partial x^i} \frac{\partial x^i}{\partial u^j} du^j = \frac{\partial f}{\partial u^j} du^j$$

$$dx^i = \frac{\partial x^i}{\partial u^j} du^j \qquad \frac{\partial f}{\partial u^i} = \frac{\partial f}{\partial x^j} \frac{\partial x^j}{\partial u^i}$$

$$\rightarrow dx^i \frac{\partial}{\partial x^i} = du^i \frac{\partial}{\partial u^i}$$

$$\therefore d \leftrightarrow dx^i \frac{\partial}{\partial x^i} \wedge = du^i \frac{\partial}{\partial u^i} \wedge$$

❶ 式(40)と(41)を対比させると，dx^i と dx^{u^i} が対応していることに気づきます．この対応は式(42)と(43)でも鮮明です．さらに 2 形式，3 形式においても(あとで示しますが)，対応関係が自然な形で保たれているのです．

式(42)と(43)を結ぶ等号は，両辺を $\boldsymbol{f} = f_1\hat{\boldsymbol{e}}_1 + f_2\hat{\boldsymbol{e}}_2 + f_3\hat{\boldsymbol{e}}_3$ と対応させると(ただし，ここで $\hat{\boldsymbol{e}}_i$ は一般の単位ベクトル)，同じ〝ベクトル〟を異なる〝単位ベクトル〟$\{dx^i\}$ と $\{dx^{u^i}\}$ で表現していることに対応しています．式(44)の 2 番目の等号も，同じ〝ベクトル〟を異なる〝単位ベクトル〟$\{ds^i\}$ と $\{ds^{u^i}\}$ で表現していると見ることもできます．

❷ ホッジスター演算 $*$ や外微分演算 d は，以下に見る意味で座標変換不変になっています．$*$ は dx^{u^i} ベースで，d は du^i ベースで見ると(それぞれ青字の対応する式を見比べてみるとわかるように)座標不変になっています．

例 グラジエント

❶

式(28)より

$$df = (\nabla f)_i dx^i = (\nabla f)_{u^i} dx^{u^i} \tag{47}$$

↑ $\nabla f = (\nabla f)_{u^i} \boldsymbol{u}^i$ + 式(38)

一方

$$df = \frac{\partial f}{\partial x^i} dx^i = \frac{\partial f}{\partial u^i} du^i = \sum_i \frac{1}{h_i} \frac{\partial f}{\partial u^i} dx^{u^i} \tag{48}$$

↑ 式(43) ↑ 式(39)

式(47)と(48)の最後の表式を見比べれば

$$(\nabla f)_{u^i} = \frac{1}{h_i} \frac{\partial f}{\partial u^i} \tag{49}$$

❷

3 次元極座標の場合

$(x, y, z) \leftrightarrow (r, \theta, \varphi)$

式(33)は

❸

$$d\boldsymbol{x} = \boldsymbol{e}_r dr + \boldsymbol{e}_\theta r d\theta + \boldsymbol{e}_\varphi r \sin\theta \, d\varphi = \sum_i \boldsymbol{u}_i \underline{h_i du^i} \tag{50}$$

$= dx^{u^i}$

と書けるので

$$(h_1, h_2, h_3) = (1, r, r\sin\theta) \tag{51}$$

❹

となっている．したがって式(49)より

$$(\nabla f)_r = \frac{\partial f}{\partial r}, \quad (\nabla f)_\theta = \frac{1}{r} \frac{\partial f}{\partial \theta}, \quad (\nabla f)_\varphi = \frac{1}{r\sin\theta} \frac{\partial f}{\partial \varphi} \tag{52}$$

❺

例 ダイバージェンス

$v = v_i dx^i = v_{u^i} dx^{u^i}$

↑ 式(43)

以下，u 座標で計算を進める

面倒なので添え字 u^i は i で代用する

$$* v = \underline{v_1 dx^2 \wedge dx^3} + v_2 dx^3 \wedge dx^1 + v_3 dx^1 \wedge dx^2 \tag{53}$$

↑ $v_{u^1} dx^{u^2} \wedge dx^{u^3}$ の略記

❶　さて，これから∇を含む表現が，$\{u^i\}$ 座標系でどのように表されるかを微分形式を用いて考えていきます．まずは，グラジエントの公式(28)を思い起こします．$d\boldsymbol{x}$ と ∇f についての u 座標系での成分を考えると，式(47)を得ます．

全微分 df と u 座標での微分に書きかえて式(48)を得ます．これを式(47)と比べ，式(49)を得ます．この公式(49)は，新しい座標系での成分表示です．

❷　3次元極座標(球座標)で，考えてみましょう．

❸　幾何学的に考えると，式(33)は(50)のように書けることがわかると思います．したがって，スケール因子は式(51)のようになっていることがわかります．

❹　したがって公式(49)より，グラジエントの表式は式(52)のようになります．

❺　ダイバージェンスについて，d や $*$ の不変性を用い，u 座標で計算を進めます．式(30)より1形式 $v_i dx^i$ を考え，dx^{u^i} ベースでそのホッジスターを考えます(式(53))，その外微分は du^i ベースで考えます(式(54)，(55))．さらにホッジスターをとると，ダイバージェンスになります(式(30)参照)．f を u の関数と見なして，$*(d*v)$ を計算するには，上で説明した不変性に留意して，このように，ホッジスターは dx^{u^i} での表現で，外微分は du^i での表現で，それぞれ演算をおこなうことに留意して計算を進めます．

$d = du^i \dfrac{\partial}{\partial u^i} \wedge$ を作用するために du^i で書きかえる

$$*v = h_2h_3v_1du^2 \wedge du^3 + h_3h_1v_2du^3 \wedge du^1 + h_1h_2v_3du^1 \wedge du^2 \tag{54}$$

↑ 式(39)

$$d*v = \partial_1(h_2h_3v_1)\,du^1 \wedge du^2 \wedge du^3 + \partial_2(h_3h_1v_2)\,du^2 \wedge du^3 \wedge du^1 + \partial_3(h_1h_2v_3)\,du^3 \wedge du^1 \wedge du^2 \tag{55}$$

↑ $\partial_i = \partial/\partial u^i$

ホッジスター演算をとるため，$dx^i = dx^{u^i}$ の微分形式に戻す

$$d*v = \frac{1}{h_1h_2h_3}\{\partial_1(h_2h_3v_1) + \partial_2(h_3h_1v_2) + \partial_3(h_1h_2v_3)\}\,dx^1 \wedge dx^2 \wedge dx^3 \tag{56}$$

↑ 式(39)

この式に＊を演算した式と式(30)を比べる(式(56)と(32)を比べてもよい)

$$\nabla \cdot \boldsymbol{v} = \frac{1}{h_1h_2h_3}\sum_i \frac{\partial}{\partial u^i}\left(\frac{h_1h_2h_3}{h_i}v_i\right) \tag{57}$$

❶

まとめ(縮約なし)

❷

$$(\nabla f)_i = \frac{1}{h_i}\frac{\partial f}{\partial u^i} \tag{58}$$

$$\nabla \cdot \boldsymbol{v} = \frac{1}{h_1h_2h_3}\sum_i \frac{\partial}{\partial u^i}\left(\frac{h_1h_2h_3}{h_i}v_i\right) \tag{59}$$

$$(\nabla \times \boldsymbol{v})_i = \sum_{i,j,k}\frac{h_i}{h_1h_2h_3}\epsilon_{ijk}\frac{\partial}{\partial u^j}(h_kv_k) \tag{60}$$

$$\left(\nabla \times \boldsymbol{v} = \frac{1}{h_1h_2h_3}\begin{vmatrix} h_1\hat{\boldsymbol{u}}_1 & h_2\hat{\boldsymbol{u}}_2 & h_3\hat{\boldsymbol{u}}_3 \\ \dfrac{\partial}{\partial u^1} & \dfrac{\partial}{\partial u^2} & \dfrac{\partial}{\partial u^3} \\ h_1v_1 & h_2v_2 & h_3v_3 \end{vmatrix}\right)$$

$$\nabla^2 f = \frac{1}{h_1h_2h_3}\sum_i \frac{\partial}{\partial u^i}\left(\frac{h_1h_2h_3}{h_i^2}\frac{\partial f}{\partial u^i}\right) \tag{61}$$

HW3 公式(60)と，公式(61)を示せ

❸

不変性(44)と(46)について

準備

式(34)

$$\boldsymbol{u}_1 = \frac{1}{h_1}\frac{\partial x^i}{\partial u^1}\boldsymbol{e}_i \tag{62}$$

$$\boldsymbol{u}_1 = \boldsymbol{u}_2 \times \boldsymbol{u}_3 = \frac{1}{h_2 h_3}\begin{vmatrix} \boldsymbol{e}_1 & \boldsymbol{e}_2 & \boldsymbol{e}_3 \\ \dfrac{\partial x^1}{\partial u^2} & \dfrac{\partial x^2}{\partial u^2} & \dfrac{\partial x^3}{\partial u^2} \\ \dfrac{\partial x^1}{\partial u^3} & \dfrac{\partial x^2}{\partial u^3} & \dfrac{\partial x^3}{\partial u^3} \end{vmatrix}$$

$$= \frac{1}{h_2 h_3}\left(\boldsymbol{e}_1 \frac{\partial(x^2,\ x^3)}{\partial(u^2,\ u^3)} + \boldsymbol{e}_2 \frac{\partial(x^3,\ x^1)}{\partial(u^2,\ u^3)} + \boldsymbol{e}_3 \frac{\partial(x^1,\ x^2)}{\partial(u^2,\ u^3)}\right) \tag{63}$$

式(62)と(63)の内積をとる

$$1 = \frac{1}{h_1 h_2 h_3}\left(\frac{\partial x^1}{\partial u^1}\frac{\partial(x^2,\ x^3)}{\partial(u^2,\ u^3)} + \frac{\partial x^2}{\partial u^1}\frac{\partial(x^3,\ x^1)}{\partial(u^2,\ u^3)} + \cdots\right)$$

$$\therefore\ h_1 h_2 h_3 = \frac{\partial(x^1,\ x^2,\ x^3)}{\partial(u^1,\ u^2,\ u^3)} \quad \longleftarrow \text{ヤコビアン} \tag{64}$$

❶ このようにして式(57)を得ます．u 座標で計算してきた式(56)の $d*v$ と x 座標で計算した式(32)の $d*v$ は，d と $*$ 演算の不変性から，等しい量になっているはずであることに注意してください．

❷ このように，式(28)～(31)と式(39)，そして d や $*$ の不変性を使うと，以下の公式(58)～(61)を示すことができます．グラジエントとダイバージェンスについてはすでに示しました．ローテーションとラプラシアンについては **HW3** とします．これらの場合にも，ダイバージェンスの場合のように，d 演算は u^i 表示でおこない，$*$ 演算は x^{ui} 表示でおこなって計算すれば，正しい結果が得られます．

❸ ここで不変性(44)と(46)に戻ります．準備として $\boldsymbol{u}_i$ と $\boldsymbol{e}_i$ の関係とヤコビアンの公式を導いておきます．

不変性(44)

ds^{u^i} を次式で定義

$$d\boldsymbol{s} = ds^i \boldsymbol{e}_i = ds^{u^i} \boldsymbol{u}_i \qquad (65)$$

$$\longrightarrow ds^{u^i} = \frac{1}{2}\epsilon_{ijk} dx^{u^j} \wedge dx^{u^k} \text{ と書ける(あとで示す)} \qquad (66)$$

このとき $\boldsymbol{f} = f_i \boldsymbol{e}_i = f_{u^i} \boldsymbol{u}_i$ より

$$\boldsymbol{f} \cdot d\boldsymbol{s} = f_i ds^i = f_{u^i} ds^{u^i} \longleftrightarrow \text{式(44)}$$

同じ"ベクトル"を異なる"単位ベクトル" $\{ds^i\}$ と $\{ds^{u^i}\}$ で表すことに対応

式(66)の正当化

$ds^i = \frac{1}{2}\epsilon_{ijk} dx^j \wedge dx^k$ より

$$ds^i \boldsymbol{e}_i = \frac{1}{2}\epsilon_{ijk} \boldsymbol{e}_i dx^j \wedge dx^k$$

$$dx^j \wedge dx^k = \frac{\partial x^j}{\partial u^l} du^l \wedge \frac{\partial x^k}{\partial u^m} du^m$$

$$= du^2 \wedge du^3 \left(\boldsymbol{e}_1 \frac{\partial(x^2,\ x^3)}{\partial(u^2,\ u^3)} + \boldsymbol{e}_2 \frac{\partial(x^3,\ x^1)}{\partial(u^2,\ u^3)} + \cdots \right)$$

$(l, m) = (2, 3)$ と $(3, 2)$ に注目

$i = 1, 2, 3$ の場合に分けた

第1項は $i = 1$ の場合：$(n, m) = (2, 3)$ or $(3,2)$

$$+ du^3 \wedge du^1 \left(\cdots\cdots \right) + du^1 \wedge du^2 \left(\cdots\cdots \right)$$

$$= du^2 \wedge du^3 h_2 h_3 \boldsymbol{u}_1 + du^3 \wedge du^1 h_3 h_1 \boldsymbol{u}_2 + \cdots$$

式(63)

$$= dx^{u^2} \wedge dx^{u^3} \boldsymbol{u}_1 + \cdots$$

$$\therefore d\boldsymbol{s} = \frac{1}{2}\epsilon_{ijk} \boldsymbol{u}_i dx^{u^j} \wedge dx^{u^k}$$

これと式(65)を比べると式(66)を得る

❶ 以下では dx^i と dx^{u^i} の区別を復活します．ds^{u^i} を導入し，それが dx^i と dx^{u^i} の対応から自然に期待される式(66)で表されることを認めると，式(44)は明らかです．

❷ 以下は，式(66)の正当化です．

❸

不変性(46)

$$
\begin{aligned}
&dx^1 \wedge dx^2 \wedge dx^3 \\
&= \frac{\partial(x^1,\ x^2,\ x^3)}{\partial(u^1,\ u^2,\ u^3)} du^1 \wedge du^2 \wedge du^3
\end{aligned}
$$

└── 251ページの式(9)

$$
= h_1 h_2 h_3 du^1 \wedge du^2 \wedge du^3
$$

└── 式(64)

$$
= dx^{u^1} \wedge dx^{u^2} \wedge dx^{u^3}
$$

❹

A.7.9　マクスウェル方程式

$$
\begin{cases}
\nabla \cdot \boldsymbol{E} = \rho & (67) \\
\nabla \cdot \boldsymbol{B} = 0 & (68) \\
\nabla \times \boldsymbol{B} = \dfrac{\partial \boldsymbol{E}}{\partial t} + \boldsymbol{j} & (69) \\
\nabla \times \boldsymbol{E} + \dfrac{\partial \boldsymbol{B}}{\partial t} = \boldsymbol{0} & (70)
\end{cases}
$$

は

$$
F = -\frac{1}{2} F_{\mu\nu} dx^\mu \wedge dx^\nu \tag{71}
$$

$$
J = \rho dt + j_i dx^i \tag{72}
$$

❸　不変性(46)についても，以下のように示せます．

このようにして，式(44)，(46)で見た自然な対応関係が示されました．

❹　いままでは空間3次元で微分形式を考えましたが，時間も入れて4次元空間を考えると，微分形式を使ってマクスウェル方程式(67)～(70)が2つの式で書けます．そのためにはFとJを，それぞれ2形式と1形式で，式(71)と(72)のように定義します．

を導入すると，式(68)と(70)（$\longleftrightarrow$ 239ページの式(3)の $\partial_\mu \widetilde{F}^{\mu\nu}=0$）は

$$dF=0 \tag{73}$$

式(67)と(69)（$\longleftrightarrow$ 239ページの式(2)の $\partial_\mu F^{\mu\nu}=j^\nu$）は

$$*d*F=J \qquad \longleftarrow \quad d*F=*J \tag{74}$$

と書ける

❶

なお，式(71)は，242ページの式(10)より

$$F=-E_i dt\wedge dx^i+B_1 dx^2\wedge dx^3+B_2 dx^3\wedge dx^1+B_3 dx^1\wedge dx^2 \tag{75}$$

❷

$dF=0 \Longleftrightarrow \nabla\cdot\boldsymbol{B}=0,\ \nabla\times\boldsymbol{E}+\partial\boldsymbol{B}/\partial t=\boldsymbol{0}$　の確認

$$\begin{aligned}dF&=\left(dt\wedge\frac{\partial}{\partial t}+dx^i\wedge\partial_i\right)F\\&=\frac{\partial B_1}{\partial t}dt\wedge dx^2\wedge dx^3+\frac{\partial B_2}{\partial t}\boxed{}+\boxed{}\\&\qquad-\frac{\partial E_1}{\partial x^2}dx^2\wedge dt\wedge dx^1-\frac{\partial E_1}{\partial x^3}dx^3\wedge dt\wedge dx^1\\&\qquad+\frac{\partial B_1}{\partial x^1}dx^1\wedge dx^2\wedge dx^3+\boxed{}\end{aligned} \tag{76}$$

❸

❹

$$\begin{aligned}\therefore\ dF&=\left(\partial_1E_2-\partial_2E_1+\frac{\partial B_3}{\partial t}\right)dt\wedge dx^1\wedge dx^2\\&\qquad+\left(\boxed{}\right)dt\wedge dx^2\wedge dx^3\\&\qquad+\left(\boxed{}\right)dt\wedge dx^3\wedge dx^1\\&\qquad+(\partial_1B_1+\partial_2B_2+\partial_3B_3)\,dx^1\wedge dx^2\wedge dx^3\end{aligned} \tag{77}$$

❺

HW4 式(77)の破線で示した空欄を埋めよ

つまり

$$dF=0 \quad\Longleftrightarrow\quad \begin{cases}\nabla\times\boldsymbol{E}+\dfrac{\partial\boldsymbol{B}}{\partial t}=\boldsymbol{0}\\ \nabla\cdot\boldsymbol{B}=0\end{cases}$$

$d*F = *J \iff \nabla\cdot\boldsymbol{E} = \rho,\ \partial\boldsymbol{E}/\partial t - \nabla\times\boldsymbol{B} = \boldsymbol{j}$　の確認

準備：4 次元のホッジスター演算子の定義 ❻

$*$が下記を満たすとする

$*(-dt) = dx^1\wedge dx^2\wedge dx^3,\qquad *(dx^1) = dx^2\wedge dx^3\wedge dt,$

$*(dx^2) = dx^3\wedge dx^1\wedge dt,\qquad *(dx^3) = dx^2\wedge dx^1\wedge dt.$

$*(dt\wedge dx^1) = dx^2\wedge dx^3,\qquad *(dt\wedge dx^2) = dx^3\wedge dx^1,$

$*(dt\wedge dx^3) = dx^1\wedge dx^2.$

$*(dx^1\wedge dx^2) = dx^3\wedge dt,\qquad *(dx^2\wedge dx^3) = dx^1\wedge dt,$

$*(dx^3\wedge dx^1) = dx^2\wedge dt$

❶ すると，式(73)と(74)の 2 つの式にまとめ上げられます．これらは，付録 A.6 で学んだ 2 つの共変形式に対応しています．

❷ 付録 A.6 で調べた電磁場テンソルの成分を思い起こすと，2 形式は式(75)のように表せます．

❸ この行は $dt\wedge\dfrac{\partial}{\partial t}$ を F に作用したものを書いてあります．$dt\wedge\dfrac{\partial}{\partial t}$ は dt を含む項に作用すると $dt\wedge dt = 0$ より 0 になるため，この行は $\dfrac{\partial B_i}{\partial t}$ の項だけになります．この行で省略されているところを埋めてみてください．

❹ 式(76)について，省略されたところを埋めてみてください．

❺ 式(77)の空白を埋めていく作業をおこなうと，式(73)が理解できると思います．

❻ 式(74)について考えるのに，まずホッジスター演算子を以下のように定義します．

255 ページの式(26)において($n=4$)

$dt=-dx^0$

としたものになっている

$\epsilon_{\alpha\beta\gamma\delta}$ は式(27)で定義

例　$\epsilon_{1230}=-\epsilon_{0123}=-1$

例　$*dx^0=\frac{1}{3!}\epsilon_{0ijk}dx^i\wedge dx^j\wedge dx^k$

$=dx^1\wedge dx^2\wedge dx^3$

$*dx^1=-dx^2\wedge dx^3\wedge dx^0\qquad(\because\ \epsilon_{1230}=-1)$

以上の $*$ の定義により，式(75)から

$$*F=-(E_1dx^2\wedge dx^3+E_2dx^3\wedge dx^1+E_3dx^1\wedge dx^2)+B_idx^i\wedge dt$$

$$\begin{aligned}d*F&=\left(dt\wedge\frac{\partial}{\partial t}+dx^i\wedge\partial_i\right)*F\\&=-\left(\frac{\partial E_1}{\partial t}dt\wedge dx^2\wedge dx^3+\frac{\partial E_2}{\partial t}\boxed{}\right.\\&\quad+\boxed{}\\&\quad+\partial_1E_1dx^1\wedge dx^2\wedge dx^3+\partial_2E_2\boxed{}\\&\quad+\boxed{}\\&\quad+dx^i\wedge\partial_i(B_1dx^1+B_2dx^2+B_3dx^3)\wedge dt\end{aligned}\tag{78}$$

$=(\partial_1B_2dx^1\wedge dx^2+\partial_1B_3dx^1\wedge dx^3)\wedge dt+\cdots$

$(\because\ dx^1\wedge dx^1=0)$

$$\begin{aligned}\therefore\ d*F=&-(\partial_1E_1+\partial_2E_2+\partial_3E_3)dx^1\wedge dx^2\wedge dx^3\\&+\left(\frac{\partial E_1}{\partial t}-\partial_2B_3+\partial_3B_2\right)dt\wedge dx^2\wedge dx^3\\&+\left(\frac{\partial E_2}{\partial t}-\partial_3B_1+\partial_1B_3\right)dt\wedge dx^3\wedge dx^1\\&+\left(\frac{\partial E_3}{\partial t}-\partial_1B_2+\partial_2B_1\right)dt\wedge dx^1\wedge dx^2\end{aligned}\tag{79}$$

一方，式(72)

$$J = \rho dt + j_1 dx^1 + j_2 dx^2 + j_3 dx^3$$

より

$$*J = -\rho dx^1 \wedge dx^2 \wedge dx^3 + (j_1 dx^2 \wedge dx^3 + j_2 dx^3 \wedge dx^1 + j_3 dx^1 \wedge dx^2) \wedge dt \tag{80}$$

式(79)と(80)より

$$d*F = *J \iff \begin{cases} \nabla\cdot\boldsymbol{E} = \rho \\ \dfrac{\partial \boldsymbol{E}}{\partial t} - \nabla\times\boldsymbol{B} = \boldsymbol{j} \end{cases}$$

❶　ここに示したように，これらのホッジスター演算子の定義は，255ページの ☑注 で紹介した式(26)と(27)に整合しています．

❷　これらのホッジスター演算子の定義に従って，式(78)の空白を埋めてもらえば，第2式(74)も理解できると思います．

A.8 フロベニウスの方法とベッセル関数

❶

A.8.1 フロベニウス級数

もし微分方程式の解が $y = \sqrt{x}\sin x$ だったら？ ❷

$$y = x^{\frac{1}{2}}\underbrace{\left(x - \frac{x^3}{3!} + \cdots\right)}_{\sin x\text{ の級数展開}}$$

⟶ 解を $\sum_{n=0}^{\infty} a_n x^n$ の形に書けない

一般化級数 ❸

$$y = x^s \sum_{n=0}^{\infty} a_n x^n \qquad (a_0 \neq 0) \tag{1}$$ ❹

↓

第1項が $a_0 x^s \propto x^s$ とおいて，s を決めながら解く

⟶ **フロベニウスの方法**

A.8.2 ベッセルの微分方程式

ベッセルの微分方程式 ❺

$$\underbrace{x^2 y'' + xy'}_{= x(xy')'} + (x^2 - p^2)\,y = 0 \tag{2}$$

p(定数)：“ベッセル関数の次数”

式(2)に

$$y = \sum_{n=0}^{\infty} a_n x^{n+s} \tag{3}$$

を代入

$$x^2 y = \sum_{n=0}^{\infty} a_n x^{n+s+2}$$ ❻

$$= \sum_{m=2}^{\infty} a_{m-2} x^{m+s} \qquad (\because\ n = m-2) \tag{4}$$

$m = 0, 1$ の項はない

$$-p^2 y = \sum_{n=0}^{\infty}(-p^2 a_n)\, x^{n+s}$$
$$= \sum_{m=0}^{\infty}(-p^2 a_m)\, x^{m+s} \qquad (\because\ n=m) \tag{5}$$

❶　第13章で扱う級数解法をすこし拡張した方法を紹介します．

❷　もし微分方程式の解が，べき級数(マクローリン展開)の形に書けなかったとしたら，いままでの方法は使えません．

❸　そこで式(1)のような，第1項がxのs乗である一般化級数を考えます．このときa_0は0でない，としておきます．そうしないと第1項がxのs乗に定まらないからです．

❹　この一般化級数(1)を**フロベニウス級数**ともよびます．

❺　この方法を使って，式(2)に示したベッセルの微分方程式を解いてみましょう．まず，左辺のはじめの2項をこのようにまとめて書いておきます．そして，フロベニウス級数(3)を代入します．

❻　ベッセルの微分方程式(2)の左辺第2項を，式(4)と(5)の2つに分けて書いておきます．ここで，和の中のxのべきが$m+s$になるようにしておきました．また和の添え字mの下限に注意します．式(4)ではmが0, 1のときの項は存在しません．

$$\left(xy' = \sum_{n=0}^{\infty}(n+s)\,a_n x^{n+s} \qquad (6)\right)$$ ❶

$$x\,(xy')' = \sum_{n=0}^{\infty}(n+s)^2 a_n x^{n+s}$$

$$= \sum_{m=0}^{\infty}(m+s)^2 a_m x^{m+s} \qquad (7)$$

ベッセルの微分方程式 $\Longleftrightarrow$ 式(4)＋式(5)＋式(7)＝0 だから ❷

$\longrightarrow$ 式(4), (5), (7)の x^{m+s} の係数の和 ＝ 0

$$a_{m-2} - p^2 a_m + (m+s)^2 a_m = 0 \qquad (m = 0, 1, \cdots) \qquad (8)$$

↑ $m = 0, 1$ のときにはない‼

まず s を決める

$m = 0$ のとき，式(8)は ❸

$$(-p^2 + s^2)a_0 = 0 \qquad (9)$$

$a_0 \neq 0$ だから

$$s^2 - p^2 = 0 \qquad (指数決定方程式) \qquad (10)$$

$$\therefore\ s = \pm p \qquad (11)$$

❶　書き直したベッセルの微分方程式のはじめの項の計算として，まず式(6)を書いておきます．これを見ながら，その次の式が書けると思います．さらに式(7)で，やはり和の中の x のべきが $m+s$ になるようにしておきます．

❷　これら3つの式(4), (5), (7)の和をとったものが0になるべきですので，〝係数の和が0〟という式(8)が得られます．

$m = 1$ のとき，式(8)は

$$-p^2 a_1 + (1+s)^2 a_1 = 0 \tag{12}$$

式(10)より $p^2 = s^2$ を代入

$$(1+2s)a_1 = 0 \tag{13}$$

以下

$$s = p, \quad p > 0 \tag{14}$$

とする

$1 + 2s = 1 + 2p > 0$ だから式(13)より

$$a_1 = 0 \tag{15}$$

$m \geq 2$ のとき，式(8)は $m \to n$ とすると

$$\underbrace{\{(n+s)^2 - p^2\}}_{= n^2 + 2np} a_n = -a_{n-2} \qquad (n \geq 2)$$

$$\therefore a_n = -\frac{a_{n-2}}{n(n+2p)} \tag{16}$$

❹

❺

❻

❸　m が 0 のとき，式(8)は式(9)となり，この式から，s が 2 通りに定まります(式(11))．

❹　m が 1 のときの式(12)から，式(13)を得ます．

❺　以下，式(14)をつけて考えます．すると a_1 が 0 との結論(式(15))が得られます．

❻　m が 2 以上のときには，式(16)が得られます．

式(16)と $a_1 = 0$(式(15))より ❶

$$a_3 = 0, \quad a_5 = 0, \quad \cdots, \quad a_{奇} = 0 \tag{17}$$

$a_{偶}$? ⟶ $n = 2m$ とすると式(16)は

$$a_{2m} = -\frac{a_{2(m-1)}}{2^2 m(m+p)} \qquad (m \geq 0) \tag{18}$$

$$a_2 = -\frac{a_0}{2^2(1+p)} = -\frac{\Gamma(1+p)}{2^2\Gamma(2+p)} a_0 \tag{19}$$ ❷

☑注 $\Gamma(p+1) = p\Gamma(p)$

$$\Gamma(p+2) = (p+1)\Gamma(p+1)$$
$$\Gamma(p+3) = (p+2)\Gamma(p+2)$$
$$= (p+2)(p+1)\Gamma(p+1)$$
$$\vdots \qquad \vdots$$

$$a_4 = -\frac{a_2}{2^3(2+p)} = \frac{a_0}{2!\ 2^4(1+p)(2+p)} = \frac{\Gamma(1+p)}{2!\ 2^4\Gamma(3+p)} a_0 \tag{20}$$ ❸

$$a_6 = \cdots\cdots = -\frac{\Gamma(1+p)}{3!\ 2^6\Gamma(4+p)} a_0 \tag{21}$$ ❹

↑ HW1

❶ 式(16)より，奇数添え字の a は 0 であることがわかります(式(17))．偶数添え字のときには，$n = 2m$ と置き換えて式(18)を得ます．

❷ m が 1 のときは，ガンマ関数を使うと式(19)のように書けます．

❸ m が 2 のときには，式(16)を 2 回使って，a_0 で書き表し，さらにガンマ関数を使って書き直します(式(20))．

❹ m が 3 のときの式(21)を確認してください．

❺

$$\therefore\ y = x^p (a_0 + a_2 x^2 + a_4 x^4 + \cdots)$$

$$= a_0 x^p \Gamma(1+p) \left\{ \frac{1}{\Gamma(1+p)} - \frac{1}{\Gamma(2+p)} \left(\frac{x}{2}\right)^2 + \frac{1}{2!} \frac{1}{\Gamma(3+p)} \left(\frac{x}{2}\right)^4 - \cdots \right\} \tag{22}$$

$$= a_0 x^p \Gamma(1+p) \left\{ \frac{1}{\Gamma(1)\Gamma(1+p)} - \frac{1}{\Gamma(2)\Gamma(2+p)} \left(\frac{x}{2}\right)^2 + \frac{1}{\Gamma(3)\Gamma(3+p)} \left(\frac{x}{2}\right)^4 - \cdots \right\} \tag{23}$$

$\Gamma(1) = 1 = 0!$,　$\Gamma(2) = 1 = 1!$,　$\Gamma(3) = \frac{1}{2!}$

a_0 を選ぶ(どう選んだか ⟶ HW2)

⟶ **第1種ベッセル関数** $J_p(x)$

$$J_p(x) = \frac{1}{\Gamma(1)\Gamma(1+p)} \left(\frac{x}{2}\right)^p - \frac{1}{\Gamma(2)\Gamma(2+p)} \left(\frac{x}{2}\right)^{p+2} + \cdots \tag{24}$$

$$= \sum_{n=0}^{\infty} \frac{(-1)^n}{\Gamma(n+1)\Gamma(n+1+p)} \left(\frac{x}{2}\right)^{p+2n} \tag{25}$$

❻

❺　以上より，解を書き下します．式(22)のようになりますが，さらに各項に，ガンマ関数の因子を増やします．式(23)から，a_0 を選んで得られたのが次の第1種ベッセル関数(24), (25)です．HW2 として，a_0 をどう選んだか考えてみてください．この場合は，有限の次数で切れる多項式解にはなっていないことにも注目してください．

❻　ところでベッセルの微分方程式には，2つの独立な解があるはずです．残りの1つ，第2種ベッセル関数は，p が整数のときには，フロベニウス級数では求めることができない形をしています．ここでは，第2種ベッセル関数については，これ以上扱いません．

A.8.3　ベッセル関数のグラフとゼロ点

❶

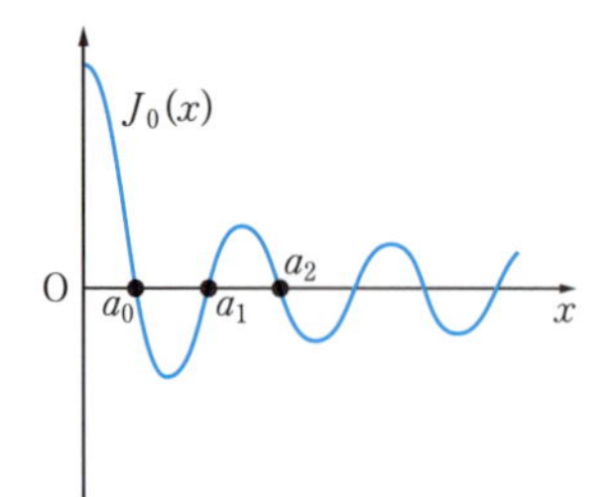

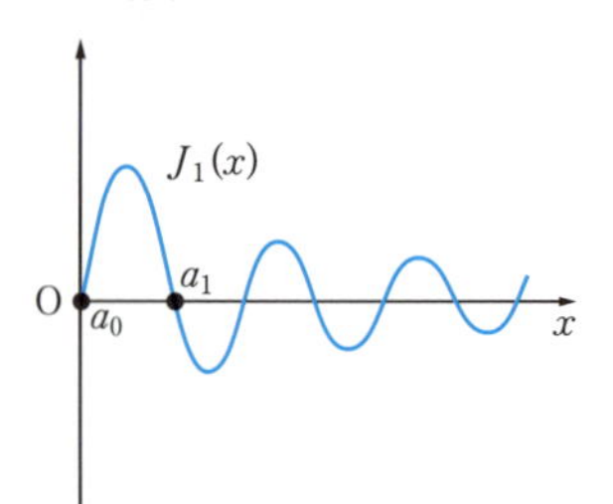

$a_0, a_1, a_2, \cdots$ はゼロ点．一定間隔でない

A.8.4　ベッセル関数の漸化式

❷

$$\frac{d}{dx}\{x^p J_p(x)\} = x^p J_{p-1}(x)$$

$$J_{p-1}(x) + J_{p+1}(x) = \frac{2p}{x} J_p(x)$$

などが知られている

A.8.5　ベッセル関数の直交性

$J_p(x)$ と $\sin x$ の類似

ゼロ点　❸

$\sin x = 0,\ x = n\pi$	$J_p(x) = 0,\ x = a_n$
$\longrightarrow\ \sin n\pi x = 0,\ x = 1$	$\longrightarrow\ J_p(a_n x) = 0,\ x = 1$

直交性　❹

$\int_0^1 \sin n\pi x \sin m\pi x\, dx = 0 \quad (n \neq m)$	$\int_0^1 x\, J_p(a_n x)\, J_p(a_m x)\, dx = 0 \quad (n \neq m)$ x ↑ 重み関数

(26)

式(26)より

❺

$\{\sqrt{x}\ J_p(a_n x)\}$ は(0, 1)で直交

$\Longleftrightarrow \{J_p(a_n x)\}$ は(0, 1)で重み関数 x のもとで直交

❶　第 1 種ベッセル関数のグラフは，このようにゼロ点をもち，sin 関数や cos 関数と類似しています．

❷　漸化式もいろいろ知られています．

❸　ゼロ点をもつ sin 関数と対比して，ベッセル関数の直交性を議論します．グラフで説明したようなゼロ点 a_n を用いて，ゼロ点をこのように書き表します．

❹　直交性については，sin 関数との類似を使って書くと式(26)のようになります．ここに x が入っていることに注意してください．これは重み関数の一例です(II 巻 266 ページ参照)．

❺　ベッセル関数の直交性の式(26)から，このような 2 通りの言い方ができます．

索　引

著者略歴

奥村　剛（おくむら　こう）
1967年生まれ．1990年慶應義塾大学理工学部物理学科卒業．同大大学院，ニューヨーク市立大学シティカレッジ大学院を経て，1994年分子科学研究所理論研究系助手．2000年お茶の水女子大学理学部物理学科助教授，2003年同教授，現在に至る．1999年から2003年にかけての13か月間，コレージュ・ド・フランスにおいて研究．専門は理論物理学，ソフトマター物理学．博士(理学)．
おもな著書，翻訳書に『印象派物理学入門 ― 日常にひそむ美しい法則 ―』（日本評論社，2020），『表面張力の物理学（第2版）― しずく，あわ，みずたま，さざなみの世界 ―』（吉岡書店，2008）がある．

ナビゲーション　物理・情報・工学で使う数学 I

2025年2月25日　第1版1刷発行

検印省略

定価はカバーに表示してあります．

著作者　奥村　剛
発行者　吉野和浩
発行所　東京都千代田区四番町8-1
電話　03-3262-9166(代)
郵便番号　102-0081
株式会社　裳華房
印刷所　創栄図書印刷株式会社
製本所　株式会社　松岳社

一般社団法人
自然科学書協会会員

ISBN 978-4-7853-2830-6